SDN网络核心技术

陈 福 著

人民交通出版社股份有限公司
China Communications Press Co.,Ltd.

内容提要

本书首先对SDN的概念和背景进行了系统的论述；然后全面深入地梳理了SDN的核心技术体系，针对SDN网络架构中各个层次的关键技术进行了重点讲解。本书共分8章，具体内容包括：软件定义网络、OpenFlow协议、SDN网络仿真、Mininet编程、SDN流调度、SDN与网络管理、SDN与数据中心网络、SDN前沿问题。

本书可供SDN技术产品研发工程师、网络运营服务从业人员、相关专业的高校学生，以及对SDN感兴趣的人员，参考使用。

图书在版编目(CIP)数据

SDN网络核心技术 / 陈福著. — 北京 ：人民交通出版社股份有限公司，2015.12

ISBN 978-7-114-12717-5

Ⅰ.①S… Ⅱ.①陈… Ⅲ.①计算机网络—网络结构 Ⅳ.①TP393.02

中国版本图书馆CIP数据核字(2015)第303859号

书　　名：**SDN网络核心技术**
著 作 者：陈　福
责任编辑：张江成
出版发行：人民交通出版社股份有限公司
地　　址：(100011)北京市朝阳区安定门外外馆斜街3号
网　　址：http://www.ccpress.com.cn
销售电话：(010)59757973
总 经 销：人民交通出版社股份有限公司发行部
经　　销：各地新华书店
印　　刷：北京中石油彩色印刷有限责任公司
开　　本：787×1092　1/16
印　　张：14
字　　数：283千
版　　次：2015年12月　第1版
印　　次：2015年12月　第1次印刷
书　　号：ISBN 978-7-114-12717-5
定　　价：30.00元

前　言

随着大数据、云计算技术及其相关应用的飞速发展，为了向用户提供各种基于云的应用服务和存储服务，建造大规模的数据中心网络成为必然，云数据中心网络应运而生，且逐步走向大型化、自动化、虚拟化。越来越多的分布式、数据密集型应用部署在云环境中，如 MapReduce、Storm、Spark 等，云网络中产生超大规模东西向数据流量已经成为必然趋势。云数据中心网络流动着巨大的流量，而且增长速度很快。上层应用共享底层物理网络带宽，网络拥塞成为常见现象，云业务服务质量需要保障。网络拥塞、服务器超载或服务器负载过低运行等日益成为必须面对的严峻问题。在云计算和大数据时代到来之际，如何有效地解决这些问题，显得尤为重要。

软件定义网络（Software-Defined Networking）是应对上述挑战的一种重要手段，得到了广泛关注。软件定义网络也是目前未来网络研究方向之一。SDN 网络架构将数据平面与控制平面分离，通过软件控制器对整个网络进行集中控制，使得网络南向面向设备、北向面对应用具有可编程性，对数据中心网络管理具有重要意义。与此同时，数据中心网络的发展需求，促进了 SDN 的发展。SDN 解耦了控制层面和数据层面，从基础的网络设备中剥离了控制层面，并将控制层面的工作转移给一个集中式、可编程软件控制器，从而简化了底层硬件的复杂度；SDN 定义了统一的控制层面与数据层面接口、抽象了底层硬件，从而屏蔽了底层硬件的区别；上层应用可以通过软件控制器提供的 API 操作底层设备从而控制整个网络。由于软件控制器的数量远远小于传统网络中网络设备的数量，配置和检查的工作均被大大简化。SDN 具有控制平面和数据平面分离、底层硬件依赖性低、网络配置简单、向上层应用提供网络的全局视图等优点，但 SDN 仍然面临许多问题，包括集中式控制平台的处理能力有限、全局视图信息的收集代价过大、数据层面到控制层面时延较大、底层硬件实现的限制等。

要验证使用 OpenFlow 协议的 SDN 网络在数据中心网络中的应用效果，需要搭建 OpenFlow 实验环境，使用 SDN 交换机 Open vSwitch、网络仿真工具 Mininet 和 SDN 开源控制器 Floodlight，可以构建一个 SDN 网络仿真平台。在实验环境下，可以建立不同拓扑结构的数据中心网络，并对其设置不同的参数，进行实验和管理，以了解拓扑结构对数据中心网络的重要影响。

综上可见,加强软件定义网络的研究具有重要意义。本书试图从软件定义网络的定义、OpenFlow 协议、SDN 网络模拟、SDN 流调度、SDN 在数据中心管理中的应用、SDN 前沿问题探讨等几个方面展开论述。

本书的出版得到了国家自然科学基金“面向下一代互联网的网络服务建模基础理论研究(No. 61170209)”、“软件定义网络理论模型、体系结构及其控制机理(No. 61432009)”、“基于博弈论的信息安全理论与方法研究(No. 61272398)”、“信息中心网络中内嵌缓存和请求路由动态优化模型研究(No. 61502038)”、“教育部新世纪优秀人才支持计划资助(No. NCET-13-0676)”、2011 协同创新中心重点课题“网络大数据驱动的中国文化国际影响力量化分析研究(No. BFSU2011-ZD04)”等课题的资助。本课题相关研究工作得到了北京外国语大学中国文化走出去协同创新中心、北京对外文化交流与世界文化研究基地资助。另外,我的学生周诗琪、龚宁馨、温皓森分别整理了 OpenFlow 协议、Mininet 资料,倪艺涵和姜小佛对部分书稿进行整理。对各位同学辛苦而又高效的工作表示感谢。

由于作者水平有限,从事相关研究的深度和广度不够,且相关研究持续演进、不断发展变化,书中错误和不足之处在所难免,恳请专家、读者予以指正。

陈福

2015 年 10 月于北京

目　　录

第1章　软件定义网络

1.1 SDN 定义

2006 年斯坦福大学、美国国家自然科学基金委员会(National Science Foundation, NSF)以及工业界合作伙伴共同启动了 Clean Slate(Clean-Slate Design for the Internet)项目。在此项目中 Martin Casado 及其团队成员提出了 Ethane 架构,这被认为是 SDN 概念及 OpenFlow 技术的发展根源。Ethane 通过一个中央控制器向基于流(Flow)的以太网交换机下发策略,从而对流的准入和路由进行统一管理。在此基础上,2007 年,Martin Casado、Nick McKeown、Scott Shenker 共同创建了致力于网络虚拟化的 Nicira 公司,并提出了 SDN 的概念。2008 年 Nick McKeown 发表《OpenFlow:Enabling Innovation in Campus Networks》,首次提出了 OpenFlow 协议。此后 SDN 技术开始飞速发展,并受到互联网公司的重视。Google、Yahoo 等互联网公司对 SDN 领域的研发加大投资,并开始逐步部署。SDN 的产生对于设备商来说同样是革命性的改变,在未来 SDN 组网环境中,传统设备已经不具备成本优势。随着 SDN 市场前景的日趋明确,为了在未来 SDN 网络中占据一席之地,各通信设备商也开始积极投入 SDN 技术、设备以及解决方案的探索和研究之中。随着 SDN 标准的日趋成熟和完善及 OpenFlow 标准的发布,思科、华为等厂商也陆续推出了自己的 SDN 解决方案。

正如 Current Analysis 首席分析师 Mike Fratto 所说:一个可以用来描述任何事物的词,这个词其实并无实质含义(Once a term is used to mean anything, it means nothing)。软件定义网络这个词在网络领域就像“大数据”这个概念一样近年来被广泛而频繁的提及。正是因为如此,Heavy Reading and Synergy Research 首席分析师 Sam Masud 于 2013 的一篇名为《Software-Defined Networking Definition = Still Dont kNow》的文章专门讨论 SDN 这个缩写词。但到目前为止,到底什么是软件定义网络,大家有一个模糊的泛性认同的同时又无统一规范的定义。根据 Open Networking Foundation(ONF)于 2012 年 4 月 13 日发表的《Software-Defined Networking:The New Norm for Networks》所述,SDN 是数据平面、控制平面分离,控制器网络集中式控制,网络资源外部可编程的新型网络体系结构。据 Wikipedia 所述的 SDN 定义为:通过决定流量传输路径的管理平面和转发数据到目的地的数据平面分离、以功能抽象的形式管理网络服务的网络体系结构。更加广泛认同的 SDN 定义为:SDN 是一个动态的、可管理的、高性价比的、自适应的网络体系结构,是高带宽、高动态的网络应用理想的网络体系结构。SDN 的核心目标是让网络工程师和管理员能够快速响应不断变化的业务需求和网络流量模式。

总的说来,SDN 基本思想是把当前 IP 网络互连节点中决定报文如何转发的复杂控制逻辑从交换机、路由器等设备中分离出来，以便通过软件编程实现硬件对数据转发规则的控制，最终达到对流量进行自由操控的目的。

1.2　SDN背景分析

传统互联网由极其复杂的交换机、路由器、终端以及其他设备组成，这些网络设备使用着封闭、专有的内部接口，并运行着大量的分布式协议。网络运营商需要通过配置策略来响应范围纷繁复杂的网络事件和网络应用。网络管理者需通过把这些高层次的应用需求通过低层次的配置命令实现，使用有限的工具完成这些非常复杂的应用逻辑任务。所以，网络管理和网络性能调整工作具有极大挑战性且易于出错。网络管理和研究人员面临的另外一个困惑是所谓的"因特网僵化"(Internet Ossification)。目前互联网作为极其重要的关键基础设施和业已存在的网络设备存量，使得网络硬件体系结构改变、协议行为更新及性能调整变得日趋困难。而网络应用和网络服务的需求已经发生重大改变，因特网软硬件体系结构和协议目前很难与之同舞。在目前这种网络环境中，对网络管理人员、第三方开发人员、研究人员，甚至设备商而言网络创新变得十分困难。传统网络设备支持的协议体系庞大且高度复杂，不仅限制了IP网络的技术发展，更无法满足当前云计算、大数据和服务器虚拟化等应用趋势。因特网及其应用高速发展了几十年，服务类型、网络规模、计算能力、存储能力和流量转发速度和流量大小都已经发生了巨大变化。近十多年来国际上十分重视未来网络体系结构的研究。例如美国、欧盟相继提出FIND、GENI、FIRE、4WARD等未来网络体系结构研究项目，以提供开放、可编程的网络环境，为网络创新提供结构性支撑，对未来网络的架构、虚拟化技术等开展研究。特别是近年来移动设备的广泛使用与终端内容急剧扩容、服务器虚拟化、云计算和大数据的出现促使学术界、产业界重新审视传统的网络分层以太网交换机体系结构。传统静态僵化的C/S网络体系结构已无法满足今天的企业数据中心网络的动态计算及存储需求。特别是对Google、Amazon、Facebook等大公司而言，这些大公司的数据中心占地范围通常从250000到500000多平方英尺，容纳10万～50万台物理服务器，用传统的管理方法通过命令行接口的手动配置管理数千台路由器、交换机存在巨大困难。通过命令行接口的手动配置阻碍了网络虚拟化的发展，操作费用高，网络更新慢，容易引入差错。以管理平面和数据平面分离、硬件资源、网络资源可编程为核心的SDN思想应运而生。传统的封闭网络节点如图1-1所示。

综上，加剧网络体系结构改变的核心需求包括：

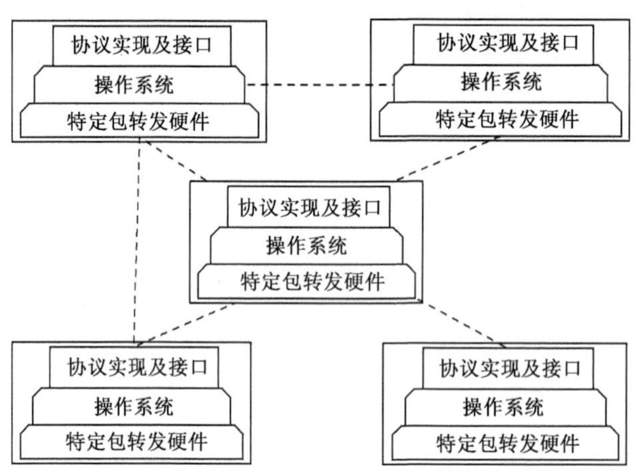

图 1-1 传统的封闭网络节点

(1)流量模式改变。企业数据中心网络流量行为特征已经发生巨大变化,如东西向流量的激增。服务器虚拟化带来数量庞大的虚拟机,本质上改变了流量传输模式。虚拟机迁移、优化和服务器负载均衡使得网络流持续变化。应用的进化可以从 Juniper 给出的图 1-2 可以看出数据流量的模型正在发生改变,但当前的网络体系架构并没有为此改变。

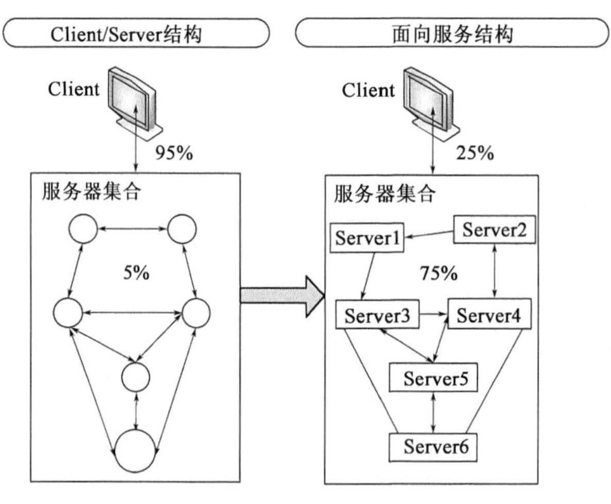

图 1-2 网络流量变化

(2)移动接入能力需求。智能手机、平板电脑和笔记本及各种移动设备可以从任意设备、任意地点和任意时间访问内容与应用。声音、数据、视频及不同的业务模式具有不同的 QoS 服务要求,而满足这些要求的具体实现需要太多的人工干预。不同的网络、不同的业务系统、不同的业务类型有对网络资源不同的要求,在传统的网络中只能按照一种硬件网络设备设计好的路径转发,不能灵活地为不同的业务类型提供不同的选路方案。

如图 1-3 所示，当第一个业务 1 优先级占用了 A－＞B－＞E 路径后，业务 2 和业务 3 就再也没有办法申请到路径了。但是如果可以从全局的视图分析当前的业务需求的时候，会很容易发现只要把业务 1 放到 A－＞D－＞E 路径后，业务 2 和业务 3 都可以申请到路径转发流量。

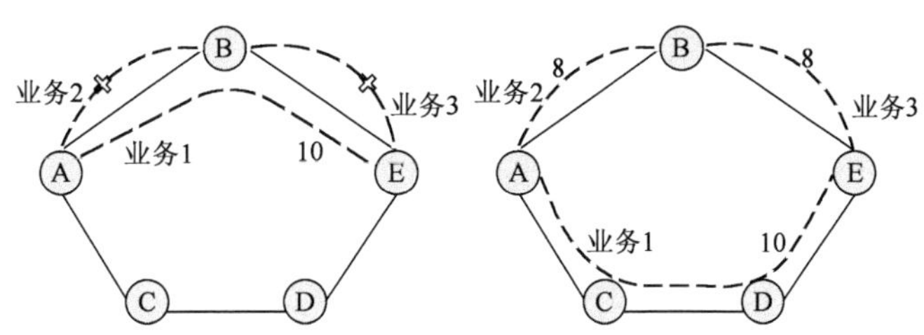

图 1-3　优先级处理(1)

注：1. 业务 1：A—E，10，第一优先级；业务 2：A—B，8，第二优先级；业务 3：B—E，8，第二优先级；业务 2 和 3 失败，则失败带宽为 16。

2. 为了直观，假设：链路权重都是 1、链路容重都是 10、无向图，所有业务都成功，则失败带宽为 0。

如图 1-4 所示，当希望最高优先级别的业务必须选择最短路径时，优先级二和优先级三的业务都不能通行，或许优先级一业务真的必须选择 A-＞B-＞E。但如果优先级一的业务可以选择 A-＞C-＞D-＞E 时，就可以让优先级二和优先级三的业务有路可用了。这种方案的选择在传统网络中是硬件设备提供商或者 IETF(Internet Engineering Task Force)的协议已经把规则固化在硬件设备中，给到用户调整的空间很少，用户只能按照固化的规则进行业务部署。由众多的业务部署场景中可知，网络的路径选择并不是最贴合业务需求的，这些方案的选择应该交给网络的使用者进行选择，甚至应该交由上层的业务应用层进行选择。网络的使用者控制路径选择的逻辑算法，甚至可以为每种不同类型的业务应用，提供不同的网络选路算法。

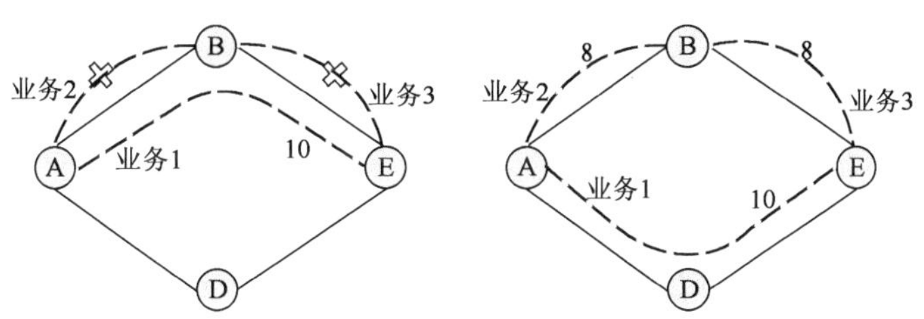

图 1-4　优先级处理(2)

注：1. 业务 1：A—E，10，第一优先级；业务 2：A—B，8，第二优先级；业务 3：B—E，8，第二优先级；业务 2 和 3 失败，则失败带宽为 16。

2. 为了直观，假设：链路权重都是 1、链路容重都是 10、无向图，所有业务都成功，则失败带宽为 0。

(3)大数据的带宽需求。数十 GB 内存支撑的大数据处理需求已经非常常见，数万服务器的大量并行处理成为数据中心处理主流，服务器间融合和分割成为客观现实，大数据及其应用的持续增长,引发对数据中心网络容量持续增长的需求。超大规模数据中心网络会面临维护任意节点之间的不中断服务的巨大压力。

(4)数据中心规模快速增长。网络传输数据的规模、速度和流量模式急剧变化,配置和管理数千网络转发和接入设备,采用传统的基于流量特征预测的链路增长方式扩大网络规模已经因为高度的动态性而变得不可能。Google、Yahoo 和 Facebook 等大公司面部署了并行处理算法和相关数据处理任务,计算节点的数量暴涨,这些企业的网络面临现实的网络可扩展性挑战。

(5)多租户模式带来附加值差异化服务:网络要满足不同用户群的差异化应用和性能需求。流量定制、性能控制和按需交付使得网络实现异常复杂。运营商和企业通过部署新的服务和功能来快速响应不断变化的商业及用户需求。

综上,本质上是传统网络的静态结构特性与当前服务需求的动态内在特征存在巨大鸿沟,复杂且难以管理。难以根据规则对网络进行配置和根据错误和负载的变化再配置。SDN 网络体系结构的控制面从转发面分离出来,对用户和管理域提供可编程能力。控制面从之前紧耦合到开放网络资源,使得底层网络设施成为上层应用和网络服务的通用抽象,网络成为一个逻辑或虚拟的实体。管理平面和数据平面分离并非新的概念。传统的商用路由器和交换机管理接口和数据转发接口就是分离的,允许网络管理人员配置和管理网络接入和转发设备。管理界面包括命令行接口、图形用户界面(GUI),可以通过简单网络管理协议(Simple Network Management Protocol,SNMP)进行一定的编程访问和设置。运营商使用这些接口访问和管理设备实现网络运营商可以设定静态路由表或其他静态转发表项等网络管理功能。但传统的网络接入和转发设备对底层操作细节隐藏,仅允许通过向设备操作系统发出请求来实现管理功能。无法对网络设备进行编程。因为设备并未对未知协议的支持,使得新的路由协议实现变得非常困难。SDN 的核心目标就是使得网络设备可编程,将网络控制与物理网络转发分离,使得硬件成为网络架构的可编程资源。

SDN 的目的就是使得开发者、管理者对网络基础设施,有如开发者使用计算和存储设备一样灵活。目前在学术界和工业界中 SDN 都获得了足够的关注。为了解决如何在网络设备上灵活编程,类似 PC 的开放分层体系结构,实现数据平面和控制平面可编程、通用化。网络用户可以实现类似像软件一样对网络架构进行修改,满足企业对整个网络结构的调整、扩容或升级及路由控制,底层的交换机、路由器等硬件以资源的形式开放给软件工程师。SDN 支持一系列用来实现通用网络服务的 API,包括路由、多播、安全、访问控制、带宽管理、能耗利用率、任意形式的策略管理,以及商业目标的定制化服务,且不需要关注网络实现的细节。

这种网络可编程、控制与管理分离的思路其实已经存在多年。开放信令(Open Signaling)：始于1995年的开放信令(OPENSIG)工作组致力于“使ATM、因特网,移动网络更加开放、可扩展、可编程”。当时已经充分认识到,交换机和路由器构成的封闭的网络环境及管理和转发的同网结构,很难应对复杂的网络应用和灵活的变更网络环境。开放信令的核心是通过开放、可编程的网络接口实现对网络硬件单元的访问;提供分布式编程环境。受此启发,IETF成立了一个工作组并发布了通用交换机管理协议(General Switch Management Protocol,GSMP)。GSMP通过控制器在交换机间建立和删除连接,在多播连接中添加和删除叶节点,管理交换机端口,端口配置,请求和删除交换机资源预留,端口统计等。

主动网络(Active Networking),出现于20世纪90年代中期,提出了自定义服务可编程的网络基础设施思想。两种主要方法：一是,用户可编程交换机,有带内数据转移和带外管理信道;二是,封装体,即可以在用户信息中携带的程序段,程序段将被路由器解释和执行。因为安全性和性能的问题,主动网络并未得到业界的广泛认可和部署。

DCAN(Devolved Control of ATM Networks)：设计和开发可扩展控制和管理设计和开发必要的基础设施。控制和管理功能应该从设备本身中解耦合,并委托给外部实体,这基本上是SDN的概念。DCAN假定管理器和网络之间有最低限度的协议实现。

4D项目：开始于2004年的4D强调分离路由决策逻辑和控制网络元素间交换的协议。该项目提出在网络全局角度给出“决策”平面,由“传播”和“发现”平面提供服务,控制“数据”平面转发流量。这些概念直接启发了以后的工作。

NETCONF：2006年,IETF网络配置工作组提出NETCONF,作为调整网络设备配置的管理协议。该协议允许网络设备开放一个API,通过这个API可以传送和恢复可扩展的配置数据。另一个网络管理协议SNMP提出于20世纪80年代晚期,被证明是一个非常受欢迎的网络管理协议,使用结构管理接口(SMI)来获取管理信息库(MIB)中包含的数据。它也可以用于改变MIB中的变量,以调整配置设置。之后可以明显看出,虽然SNMP一开始是为了配置网络设备,但是后来并没有用于这一用途,而是作为一个性能和差错监测工具。此外,在SNMP的概念中也检测出了很多缺点,最令人注意的一点是安全性不强。在该协议的以后的版本提出了这一点。NETCONF在被IETF提出时,许多人把它看作是网络管理的一种新方法,可以弥补SNMP前面提到的缺点。虽然NETCONF协议实现了简化设备(重新)配置的目标,并作为管理的组成部件,但是没有分离数据和控制平面。SNMP也是如此。带有NETCONF的网络不能被认为是完全可编程的,因为任何新功能既可网络设备实现,又可在管理器实现,以便能够提供新功能性;此外,设计NETCONF主要是为了帮助自动配置,而不是允许直接控制状态或允许创新服务和应用的快速配置。然而,NETCONF和SNMP是有用的管理工具,可以在混合式交换机中平行使用,支持其他允许可编程网络化的解决办法。

1.3 SDN体系结构

1.3.1 目前的SDN体系结构

ForCES和OpenFlow是目前两个有名的SDN体系结构。OpenFlow和ForCES都遵循基本的SDN原则,即控制与转发平面的分;且二者都标准化了平面间的信息交换。但两者在设计、体系结构、转发模型、协议接口等方面都明显不同。

ForCES由IETF的ForCES(转发和控制元素分离)工作组提出,重新定义了网络设备的内部体系结构,使控制元素从转发元素中分离。但是,网络设备仍然呈现为单一实体。ForCES工作组提供的案例在一个网络设备中把新转发硬件和第三方控制结合。因此,控制和数据平面保持很接近。与此相反,在"类OpenFlow"的SDN系统中控制平面完全从网络设备中剥离。ForCES定义了两个逻辑实体,称为转发元素(FE)和控制元素(CE),两者均实现ForCES协议用于通信。FE负责数据包的处理,CE执行控制和信令功能,采用ForCES协议指导FE如何处理数据包。协议基于主从模型工作,FE是从属实体,CE是主动实体。ForCES体系结构的一个重要构件是LFB(逻辑功能块)。LEB是FE上定义完整的功能块,由CE经由ForCES协议控制。LEB使CE能够控制FE配置以及FE怎样处理数据包。ForCES工作组自2003年以来发表了许多文档,包括适用性陈述、体系结构框架、定义实体和直接交互、建模语言,在转发元素中定义逻辑函数;以及一个网络元素中用于控制和转发元素通信的协议。

OpenFlow是典型的SDN合控制平面和数据转发平面的解耦原则模型,与ForCES一样,OpenFlow也制定了两个平面之间信息交换的标准。如图1-2所示,在OpenFlow体系结构中,转发设备,即OpenFlow交换机,包含一个或多个流表以及一个与控制器交互的抽象层,通过OpenFlow协议与控制器安全地通信。流表由流表项组成,每个流表项决定如何处理和转发一个流中的数据包。流表项一般包含:

(1)匹配域用于匹配进入的数据包;匹配域包含数据包头部、入端口、元数据相关信息;

(2)计数器,用于流的数据统计,如收到数据包数量、流的字节数和流持续时间等;

(3)指令集或动作集,当匹配成功后可以执行的动作。

当数据包到达OpenFlow交换机,提取数据包头部域与流表项的匹配域进行匹配。如果匹配成功则交换机执行与匹配流表匹配成功项对应的动作集。如果匹配没有成功则根据tablemiss 流表项定义的指令执行动作。每个类别必须包含一个 table-miss 项来处理表失配。这个特别的项具体说明了对进入的数据包没有发现匹配项时执行的动作集,如丢弃数据包、在下一个流表上继续匹配、通过 OpenFlow 信道把数据包转发至控制器等。值得注意的是从 OpenFlow1.1 版本开始支持多重流表和流水线处理。在混合交换机的情况下,即交换机既有 OpenFlow 端口也有非 OpenFlow 端口,可以使用常规 IP 转发模式转发未匹配的数据包。控制器和交换机之间通过 OpenFlow 协议进行通信。通过 OpenFlow 协议控制器可以从交换机的流表中添加、更新或删除流表项。

ForCES 使用的转发模型依赖于逻辑功能块(LFB),而 OpenFlow 使用流表。结合 OpenFlow 有关流的动作可以为网络管理提供更好的控制和灵活性。ForCES 中用不同 LFB 的结合也可以达到相同的目标。ForCES 和 OpenFlow 模型不同,但可以达到相同的 SDN 目标,实现相似的功能性。ONF 和 OpenFlow 得到了工业界、研究界的广泛支持,目前也产生了大量论文、参考软件、硬件实现等成果。甚至 OpenFlow 成为 SDN 体系结构是事实上的标准。但 Openflow 明显并不等于 SDN。

1.3.2 转发设备

网络底层基础设施包括路由器、交换机、虚拟交换机、无线接入点等各种物理网络设备。在软件定义网络中,这样的设备通常泛指转发硬件或简单称为“交换机”,可通过抽象开放接口访问。网络转发控制逻辑和算法均在控制器上。在 OpenFlow 网络中,交换机有纯 OpenFlow 交换机和混合交换机两类。纯 OpenFlow 交换机没有传统特性或板上控制,转发决策完全依赖于控制器。混合交换机支持 OpenFlow 和传统操作和协议。现在大部分所谓的 SDN 商业交换机都是混合 OpenFlow 交换机。

(1)处理转发规则。OpenFlow 这样基于流的 SDN 体系结构可能使用额外的转发表项、缓存空间、统计计数等,这在传统 ASIC 交换机中很难实现。通过在交换机上增加一个通用目的 CPU 用于补充或接管特定功能就可以降低 ASIC 设计复杂度。例如使用网络处理器加速卡执行 OpenFlow 交换,数据包延迟减少 20%。不同负载情况下的公平性、转发吞吐量及包延迟等常见的测度标准。转发通量和数据包延迟都得到了分析。

(2)安装转发规则。另一个关于 OpenFlow 网络可扩展性的话题是转发设备的内存限制。OpenFlow 规则比传统 IP 路由器的转发规则更复杂,支持更多灵活的匹配和匹配域,以及数据包到达时不同的动作。商用交换机正常情况下支持几千到几万转发规则。使用三重可寻址内存(TCAM)来支持转发规则,但价格昂贵,占用面积大,一条 TCAM Entry 基本上相当于 5 条 DRAM Entry 的面积,能耗大。所以,规则空间大小是 OpenFlow 可扩展性的瓶颈,优化规则空间以服务于流表项数量的扩展,同时遵循网络策略和约束,这是一个有挑战性又重要的话题。

流的创建需要控制器参与,而且是交换机与控制器之间频繁的通信开销及流的安装也存在延迟,影响报文转发。针对交换机的内存限制,Devoflow 扩展了 OpenFlow,在 OpenFlow 交换机上处理短流及大象流。每流都需要有一个计数器(Counter)及时钟(Timer),计数器及时钟都需要控制器统一管理,当流数量过大的时候,对这些计数器及时钟的管理开销形成过重负载,也存在可扩展性问题。而且造成数据中心网络拥塞的流仅占较小的比例,针对这些大象流的优化重要流具有意义。基于对以上的 OpenFlow 中的问题,Waterloo 大学的 Andrew R 等在 2011 年度的 SigComm 上发表《DevoFlow:Scaling Flow Management for High-performance Networks》通过 DevoFlow 机制优化计算机网络。

1.3.3 南北向接口

南向接口(South Bound Interfaces,SBIs)因处于架构图的底部而得名,一般指管理其他厂家网管或设备的接口,即向下提供的接口,提供对网元的管理功能,支持多种形式的接口协议。SNMP、TR069、SYSLOG、SOAP、SSH 等接口就是传统的南向接口协议。SDN 网络的转发控制信息通过数据平面和控制平面之间的通信接口实现,所以其可用性和安全很重要。控制器通过南向接口管控 SDN 交换机,并向其下发各项流表。SDN 网络采用控制器(Controller)控制全网流(Flow)的转发,让特定的流(Flow)转发到特定的路径上。实现集中控制的智能调度网络,简化网络管理。ONF 的 OpenFlow 协议和 IETF 的 Forces 协议定义了交换硬件和网络控制器之间的通信,可以看作一种南向接口实现。

北向接口因处于架构图的顶部而得名,提供给其他厂家或运营商进行接入和管理的接口,即向上提供的接口,外部管理系统或网络服务可能希望提取有关下层网络的信息或控制网络行为或策略的一个方面。在 SDN 中,控制器通过北向接口为业务应用系统提供服务,业务应用系统通过调用网络控制系统提供的北向 API 接口来申请、使用、释放网络资源,通过 API 接口通知网络控制系统业务的真实需求(包括需求带宽、延时、使用时长等信息)。此外,控制器可能因为许多原因有必要互相通信。例如,内部控制应用可能需要在控制的多重域之间保留资源,或“主要”控制器可能需要和备份控制器共享策略信息等。与控制器-交换机通信不同,北向接口没有最近被广泛接受的标准,而且北向接口更有可能针对特定应用基于信息查询实现。SDN 的最终目标是服务于多样化的应用。因此未来会有越来越多的 SDN 应用被开发,这些应用能够便捷的通过 SDN 北向接口按需调用底层网络资源。南北向接口结构如图 1-5 所示。

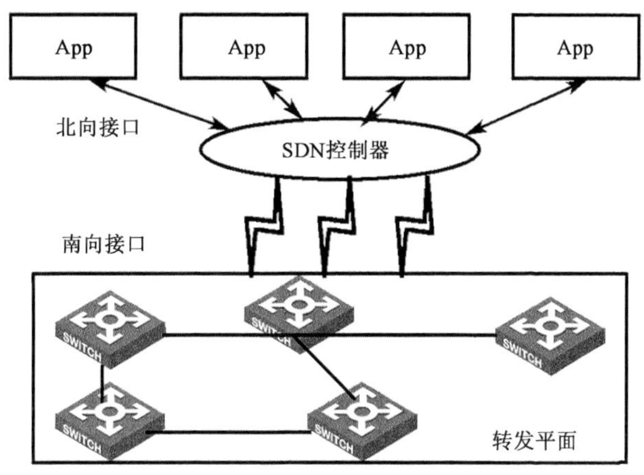

图 1-5　南北向接口图示

1.3.4　体系结构

IETF 的转发和控制元素分离(ForCES)工作组一直在做标准化机制、接口、协议的工作,目标是网络控制集中化和网络基础设施抽象化。开放网络基金会(ONF)定义了 OpenFlow 协议:①网络应用和控制器(即北向接口)标准化;②控制器和交换基础设施(即南向接口),定义了 OpenFlow 协议。ITU 电信标准化部门(ITU-T)的一些研究组(SG)也在研究建立 SDN 标准。IRTF 的软件定义网络研究组(SDNRG)在可扩展性、抽象、安全性以及 SDN 环境下的编程语言和范式。

典型的数据通信网络由终端设备或通过网络基础设施互连的主机组成。基础设备由主机共享,采用路由器、交换机等交换元素以及在主机间携带数据的通信链路。路由器和交换机通常是“闭合”系统,只有有限且供应商自定义的控制接口。所以,一旦部署并投产,现有网络基础设施很难发展。

因为数据和控制平面之间的紧密耦合,即网络中的数据流动决策是由每个网络元素做出的。在这种环境中,部署新网络应用或功能性是非平凡决策的,因为这需要直接在每个基础设施上实现。即使是最直接的任务,如配置或策略执行,也可能需要大量的努力,因为缺少多种网络设备的共同控制接口。或者,一些变通方法被提出并部署,作为一种绕开网络僵化的努力,如使用覆盖在下层网络基础设施之上的“中间件”(如,防火墙,入侵检测系统,网络地址转换等)。内容发现网络是个很好的例子。

IP 网络存在的各种问题使得 SDN 技术在短时间内就成为网络学术研究和产业界最热门的研究方向。作为美国斯坦福大学 CleanSlate 研究组提出的一种新型网络架构,SDN 是开放的网络架构。通过开放的网络互联和网络行为的软件定义支持未来各种新型网络体系结构和新型业务的创新。SDN 基本思想是把当前 IP 网络互连节点中决定报文如何转发的复杂控制逻辑从交换机、路由器等设备中分离出来，以便通过软件编程实现硬件对数据转发规则的控制，最终达到对流量进行自由操控的目的。

传统交换机、路由器设计上来看，它由控制层、数据层和管理层组成。控制层实现 ISO 网络模型中 3 ~7 层的各种报文转发控制功能；数据层依据控制面下发的转发信息表进行报文解析、查表、过滤匹配和端口映射等报文转发功能。管理层支持用户对网络设备的配置管理，如实现命令行接口（Conlnland Line Interface，CLI）和简单网络管理协议功能。尽管交换设备从功能逻辑上进行了较好的划分，但是控制面需要支持的各种 IETF RFC 协议规范，如 OSPF、BGP、组播、区分服务、流量工程、网络地址转换、防火墙、多协议标签交换、虚拟局域网等，已经使路由器的设计和实现都变得异常复杂。

SDN 与传统网络的明显区别在于它可以通过编写软件的方式来灵活定义网络设备的转发功能。传统网络中控制平面的功能分布运行在各个网络节点（HUB、交换机、路由器）中，而 SDN 将网络设备的控制平面与转发平面分离，并将控制平面集中实现，从而实现快速灵活地定制网络功能。另外，SDN 体系架构还有很强的开放性，它通过对整个网络进行抽象，为用户提供完备的编程接口，使用户可以根据上层的业务与应用个性化地定制网络资源来满足其特殊的需求。注意，SDN 并不是一种具体的网络协议，而是一种具体的网络体系框架，这种框架中可以包含多种接口协议。如使用 OpenFlow 等南向接口协议实现 SDN 控制器与 SDN 交换机的交互，使用北向 API 实现业务应用与 SDN 控制器的交互。如此就使得基于 SDN 的网络架构更加系统化，具备更好的感知的管控能力，从而推动网络向新的方向发展。基于目前业界对 SDN 的基本共识，不同的标准化组织都有自己的参考架构，它们研究的侧重点也不相同，其中最有影响力的是 ONF 组织，它所理解的 SDN 主要是从网络用户出发，尤其强调能够根据业务需求，可以对底层网络资源进行灵活的定义与操作。与提出架构的同时，ONF 还定义了完全开放的 SDN 南向接口协议——OpenFlow，并致力于推进标准化。2013 年 4 月，Cisco、IBM 等厂商携手成立了 OpenDaylight 项目，目前也逐步形成一套自己的 SDN 体系。

软件定义网络把交换、路由设备的控制面功能从硬件中剥离出来，作为独立的控制层实现对网络的控制。基础设施层、控制层和应用层三层。其中，控制层中控制软件与基础设施中的交换/路由等网络设备经由控制数据面接口（也被称为南向接口）交互，与应用层各种 APP 经由开放 API（也被称为北向接口）交互；网络基础设施充当原交换/路由设计中的转发面角色，也被称为 OpenFlow 交换。OpenFlow 交换由流表、安全通道和 OpenFlow 协议三部分组成，是整个 OpenFlow 网络的核心部件，主要管理数据层的转发。OpenFlow 交换接收到数据报文后，首先查找流表，找到转发报文的匹配，并执行相关动作。若找不到匹配表项，则把报文转发给控制层，由控制器决定转发行为。控制器通过 OpenFlow 标准协议更新 OpenFlow 交换中的流表,从而实现对整个网络流量的集中管控。控制层通过对底层网络基础设施进行资源抽象,为上层应用提供全局的网络抽象视图,并由软件实现,摆脱硬件网络设备对网络控制功能的捆绑。应用层通过控制层提供的开放接口,对控制层提供的网络抽象进行编程,以操控各种流量模型和应用的网络流量,使应用产生的流量对网络感知,实现网络智能化。SDN 网络标准化工作主要由 ONF 推动。OpenFlow 是开放网络基金会为 SDN 研究体系标准化的第一个接口规范,目前该规范的定义已经更新到 1.3 版本 HJ。1.0 版本中报文匹配的流表项由固定的头域构成,无法被灵活扩展,仅支持局域网报文转发。1.1 版本扩充了对多流表、标记和隧道(e.g. 多协议标签交换 MPLS)和多路径流传输控制协议 SCTP 等的支持。1.2 版本扩充了对 IPv6 基本协议的支持,并重新设计了流表报文匹配头域结构和抽象匹配后报文转发动作为指令集,可实现报文任意字段的灵活匹配和更通用的报文处理动作。1.3 版本对交换和控制器间的能力协商描述格式进行了重构,增加了对流的度量和对 IPv6 扩展头域的支持。除了定义 SDN 体系架构和 OpenFlow 技术规范外,为了实现对 OpenFlow 转发面的远程配置,使得 OpenFlow 交换设备能够接入 SDN 网络,同时完成需要人工干预的配置(如与控制器相连的 IP 地址、端口号和 OpenFlow 通道传输协议等),还定义了 OpenFlow 管理和配置协议(OF—Config)"1,以便各厂商 SDN 交换设备遵行统一标准实现更好的互操作性。SDN 体系结构如图 1-6 所示。

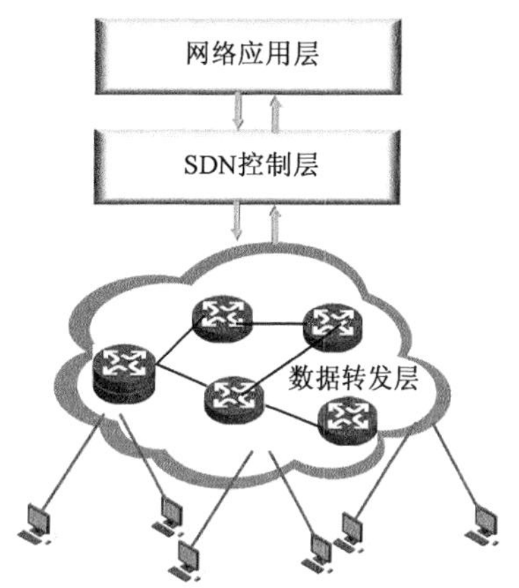

图 1-6　SDN 体系结构

数据平面:由若干网元(Network Element)构成,每个网元可以包含一个或多个 SDN Datapath,每个 SDN Datapath 是一个逻辑上的网络设备,它没有控制能力,只是单纯用来转发和处理数据,它在逻辑上代表全部或部分物理资源。如图 1-5 所示,一个 SDN Datapath 包含控制数据平面接口代理(Control-Data-Plane Interface Agent)、转发引擎(Forwarding Engine)和处理功能(Processing Function)3 个部分。

控制平面:即 SDN 控制器,它是一个逻辑上的集中实体,主要负责两个任务,一是将 SDN 应用层请求转换到 SDN Datapath,二是为 SDN 应用提供底层网络的抽象模型(状态或事件)。一个 SDN 控制器包含北向接口代理(Northbound Interfaces Agent)、SDN 控制逻辑(Control Logic)以及控制数据平面接口驱动(CDPI Driver)3 部分。SDN 控制器只要求是逻辑上完整,因此它可以由多个控制器实例协同组成,也可以是层级式的控制器集群;从地理位置上讲,可是所有控制器实例在同一位置,也可以是多个实例分散在不同的位置。

服务器虚拟化产生了新的网络流量模式,例如 VLAN 配置。管理员需要保证虚拟机与运行虚拟机的服务器具有相同的交换机接口。当虚拟机一端到另外一台物理服务器时就需要重新配置 VLAN。即为了满足服务器虚拟化,管理员需要动态的增加、删除或修改网络资源。在传统的控制逻辑与交换逻辑绑定的交换机下进行相应的配置非常麻烦。另外,Server-to-Server 之间的网络流也需要灵活的网络资源管理方法。图 1-6 是麻省理工学院的 William Stallings 给出的。

在大型企业网络中,单控制器管理所有的网络设备并不现实。大企业或运营商网络的运营商一般是将整个网络分成多个不重叠的 SDN 域,如图 1-7 所示。SDN 域结构如图 1-8 所示。

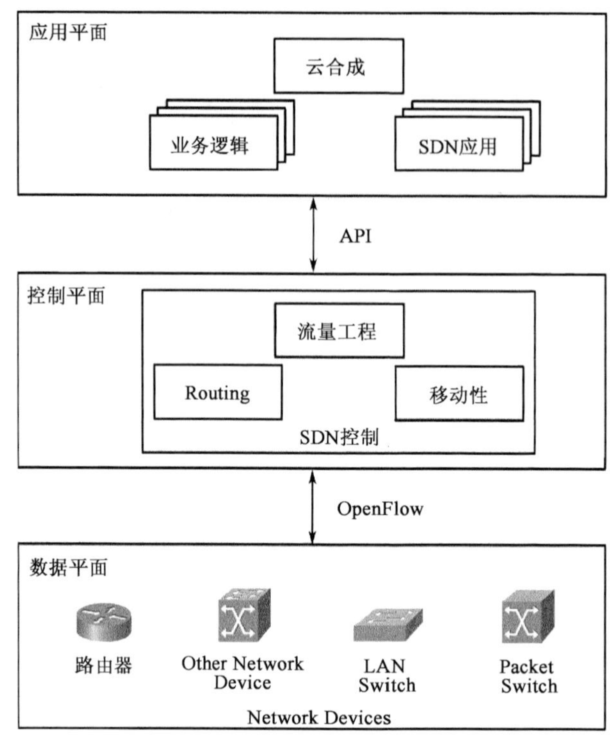

图 1-7　网络分为多个不重叠的 SDN 域

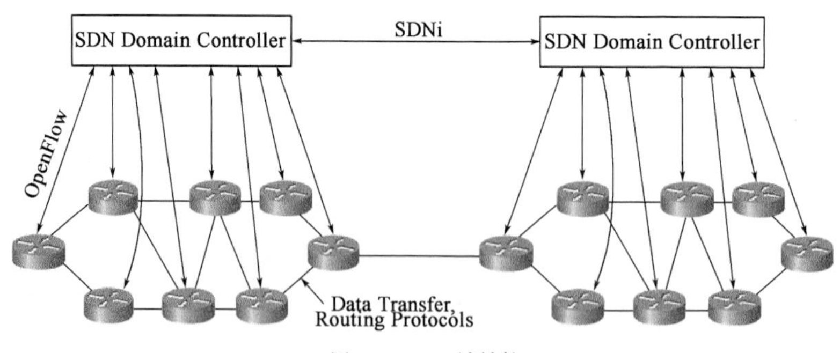

图 1-8　SDN 域结构

这种域的结构具有下列优点:

(1)可扩展:SDN 控制器有效管理的设备数是有限的,因此规模较大的网络可部署多个 SDN 控制器。

(2)隐私保护:运营商可在不同的 SDN 域采用不同的隐私保护策略。例如,SDN 域可对特定用户实施高度个性化的隐私保护策略,确保该域的网络信息(如网络拓扑)不会泄露给外部实体。

(3)增量部署:运营商网络包含传统网络和新的基础设施部分。网络划分成多个单独管理 SDN 域可进行灵活便捷的增量部署。

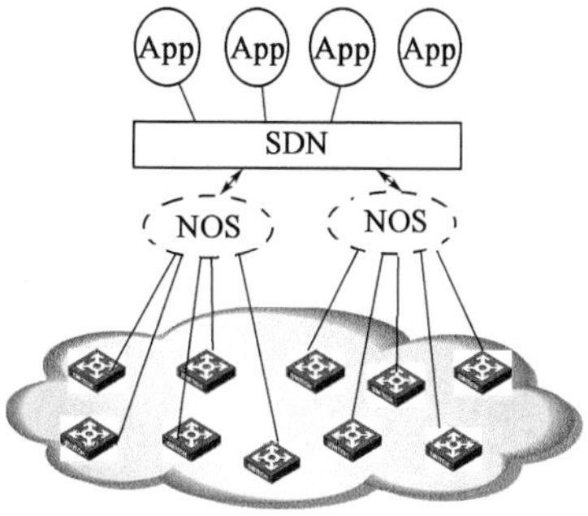

域分割支持下的 SDN 结构如图 1-9 所示。

图 1-9　域分割支持下的 SDN 结构

SDN 包括如下基本特征:

(1)控制与转发分离:转发面是一个受控转发的设备,转发和业务逻辑由分离出去的控制面进行控制。

(2)逻辑上的集中控制:传统网络中,每个网元均有独立的控制面,网元间通过控制协议进行数据交互;对于 SDN 网络,将单个网元的控制面抽离处理,统一成一个独立于设备的控制平面,因而可以拥有网络级的状态,并根据全局网络状态进行优化。

(3)开放 API:对应用提供网络资源操作的接口。通过 API 接口,应用层可以告知网络如何运行才能更好地满足业务带宽、时延、计费等需求;应用层可以由客户根据自己的需求进行定制。

数据平面和控制平面分离既是 SDN 的主要特征之一,也是它区别于传统网络的重要特点之一。在当前网络体系架构中,数据平面和控制平面是分离的,它们都分布式地存在于每个网络设备中,设备内部的控制平面建立路由信息库(Routing Information Base, RIB),通常由分布式路由协议(如 OSPF)来完成这一任务。然后基于 RIB,控制平面创建转发表,数据平面则根据转发表进行路由选择,决定如何转发。由于这种分布式的控制方式,数据从源端到目的端所经过的每个网络设备都是独立地进行转发决策的。这种分布式的控制方式给网络管理带来了极大的困难,要对网络进行管理就需要对每个设备进行配置;灵活性问题也突显出来,在这种控制方式的网络下要增加新功能显然具有非常大的难度。

SDN 框架下,数据平面仍然分布式的存在于网络设备中,根据转发表进行快速的数据转发,控制平面从每个设备中分离出来,由一个统一的控制器进行转发决策,控制平面通过 SDN 南向接口协议与数据平面连接,对设备中的转发表进行控制和修改。网络管理员在控制平面端可以了解到整个网络的信息,并可以由此做出转发决策。SDN 的数据平面和控制平面分离的特点主要体现在其全局集中控制和分布高速转发,一方面可以实现控制平面的全局优化;另一方面可以实现高性能的网络转发能力。

在 OpenFlow 网络下,路由算法可以及时地获取整个网络的状态,由软件实现控制策略,充分利用网络资源,提高整个网络的效率。

网络可编程性最初是指网络管理人员可以通过编译代码对网络设备进行控制,来实现所需的功能和新的协议。这种可编程性是针对单个设备而言的,而 SDN 所提供的网络可编程性则是针对整个网络的,通过软件与网络设备的双向交互,使软件能够对整个网络进行操作和管理。比如在后文中研究的前 n 条最优路径算法,就可以通过 SDN 所提供的编程接口对整个网络的数据转发进行有效控制。

SDN 的北向接口即应用层与控制层之间的接口,其提供一系列 API 来向网络管理员提供编程接口。开发人员编写软件时,可以不用关心下层细节,只关注控制层所提供的网络的逻辑模型。SDN 的南向接口是控制平面和数据平面的接口,实现控制器对分布式转发设备的管理和控制,目前已 ONF 组织倡导的 OpenFlow 协议为代表。SDN 的东西向接口主要定义控制器之间的交互问题。SDN 所提供的网络可编程性集中于对控制平面的编程,即通过北向接口与控制器进行交互,从而对网络增加服务将不再受到网络下层设备的局限。实现一个适用于 OpenFlow 网络的路由算法,可以设计一个根据全局拓扑进行计算的算法模块,将其连接到控制器所提供的接口,就可以通过控制器对整个网络中的网络设备进行控制,不再需要通过网络设备厂商向网络中的每个设备添加协议。

1.4 SDN 协议介绍

OpenFlow 是典型的第二层(Layer2)南向接口协议,其他 SDN 协议包括 Path Computation Element Protocol (PCEP)、BGP Link State Distribution (BGP-LS)、NetConf/YANG 等正在成为第三层(Layer 3)南向接口协议。Switch-to-Controller 是网络状态改变;Controller-to-Switch 是配置的改变。

PCEP 提供了控制器和路由器一个非常好的交互接口,控制器成为了在 PCEP(Path Computation Element Protocol)协议中的服务器(Server)端。有状态 PCEP 及 PCE-initiated LSP 非常适宜 SDN 环境。各大厂商和 SDN 控制器一般支持以下两种 PCEP 扩展协议:

(1) draft-ietf-pce-stateful-pce-02 and draft-crabbe-pce-pce-initiated-lsp-00。

(2) draft-ietf-pce-stateful-pce-07 and draft-ietf-pce-pce-initiated-lsp-00。

BGP-LS 是与外部实体共享网络链路状态、流量工程拓扑结构的 BGP 协议。具体扩展文件为 draft-ietf-idr-ls-distribution。各大厂商和 SDN 控制器当前支持的版本为 draft-ietf-idr-ls-distribution-05。

NetConf/YANG, IETF NETMOD 工作组定义的数据模型语义 YANG 可以采用 NETCONF 协

议管理网络数据。下面是正在使用的 YANG 模型:

(1) draft-ietf-i2rs-rib-info-model in the I2RS working group。

(2) draft-clemm-i2rs-yang-network-topo used in the open - source SDN OpenDaylight project。

(3) Yang Models in GitHub for speedier review and adoption。

多 SDN 域的存在必然要求采用标准化协议进行节点间的彼此通信来交换路由信息。IETF 目前正在开发名为 SDNi 的协议。SDN 东西向接口(SDNi)是多个 SDN 控制器之间的通信协议,用于控制器之间的交互和信息共享。控制器互联、信息共享及协同决策非常重要。SDNi 功能包括:

(1) 协调流建立,确保多管理域实现路径选择、QoS 保障及 SLA。

(2) 交换可达信息提高路由能力。确保流的跨域选择及域间路由能力,如网络拓扑、网络状态、网络事件及 SDN 控制器失效等。

SDNi 的语义模型如图 1-10 所示。

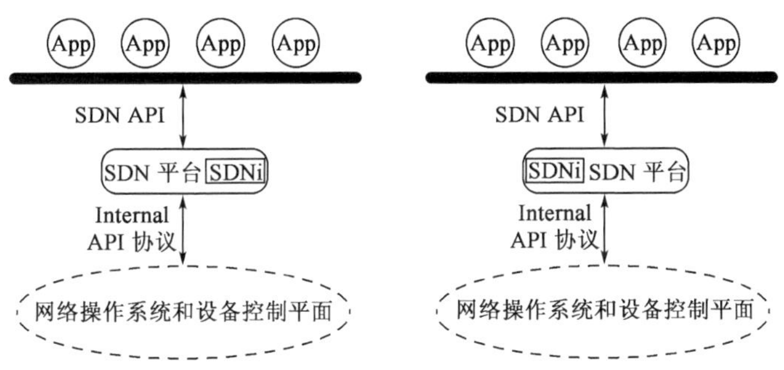

图 1-10　SDNi 的语义模型

SDNi 实现途径:

(1) 垂直控制方法。主控制器具有全局视图,可以协调信息、控制全部网络控制器。如图 1-11所示,主控制器是一个交通枢纽中心,它知道每一条链路带宽、当前流量、流的来源和目的,可以通过智能的算法为每个业务 Flow 计算出最合适的路径。

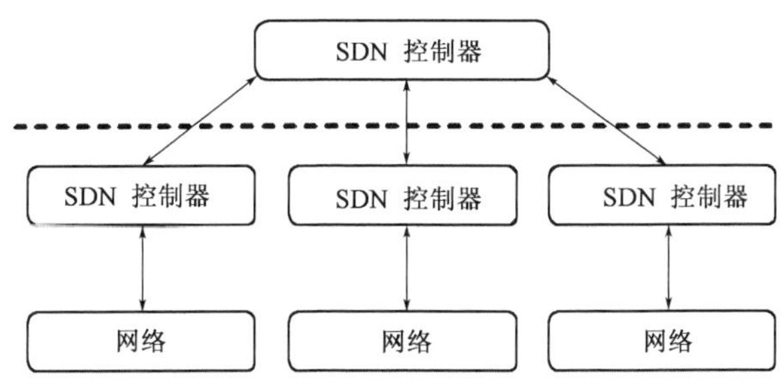

图 1-11　主控制器的垂直控制方法

(2)水平控制方法:SDN 控制器之间建立 P2P 连接,如图 1-12 所示。

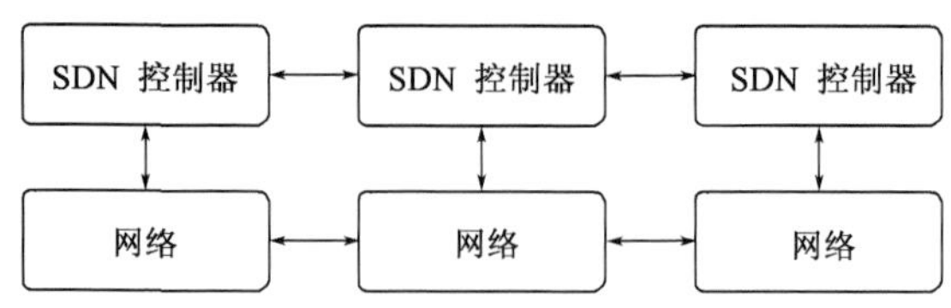

图 1-12 主控制器的水平控制方法

拓扑数据:控制器 IP、链路、节点、带宽、MAC 地址、延迟、主机地址。

QoS 数据:包丢失率、包传输、接收和冲突,包延迟。

I2RS 的核心思想是在目前传统网络设备的路由及转发系统基础上开放新的接口来与外部控制层通信,外部控制层通过设备反馈的事件、拓扑变化、流量统计等信息来动态地下发路由状态、策略等到各个设备上去。可以看出,I2RS 延用传统网络设备中正在使用的路由、转发等结构与功能,并在此基础上进行功能的扩展与丰富。控制器与路由设备之间的接口,让路由转发行为由控制器和路由设备共同决定。

OpenFlow 是由中立供应商制定的 SDN 南向接口协议标准,OpenFlow 将控制与转发分离有效地提高了 OpenFlow 交换机的性价比,独立的控制软件允许运营商根据业务优先级调整网络行为。OpenFlow 提供一个抽象层方便开发者远程调用编程接口转发交换机中的转发表项。从 2007 年提出至今 OpenFlow 得到十足的发展,目前多数设备厂商,包括 CISCO、Juniper 等相继推出支持 OpenFlow 协议的交换机、路由器、网络接入点等网络设备。同时,OpenFlow 协议在全球得到很大的发展应用而不是仅仅局限于科研理论研究。例如,OpenFlow 已经在美国斯坦福大学、Internet2、日本的 JGN2plus 以及其他的 10 ~ 15 个科研机构中部署,并将在国家科研骨干网以及其他科研和生产中应用。OpenFlow 的国际覆盖已经包括日本、葡萄牙、意大利、西班牙、波兰和瑞典等。其体系结构如图 1-13 所示。

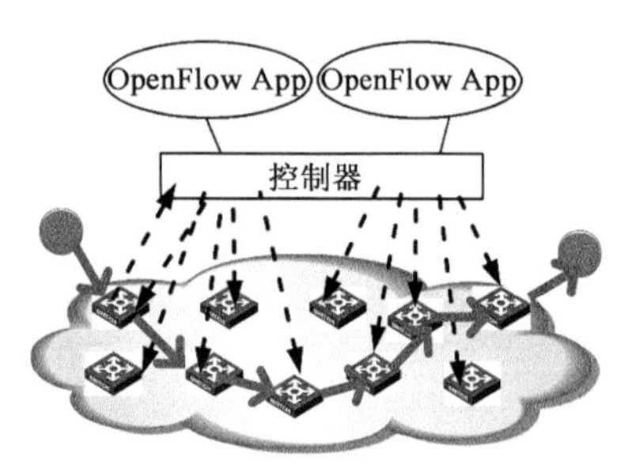

图 1-13 OpenFlow 体系结构

SDN 区别于传统网络的最大特点,就是它可以提供可编程接口来灵活定义设备的转发功能。在传统网络中,每个网络节点(交换机、路由器等)分布式地实现控制功能,而在 SDN 架构中,控制平面从节点中分离出来,不再是分布式运行,而是通过控制转发通信接口对网络设备进行集中控制。控制器与网络设备之间交换控制信令,在设备上形成转发表,由此决定对数据流量的处理。

1.5 SDN 交换机

一般而言,交换设备有直通、零碎片、存储转发等信息处理方式。直通(Cut-Through)是交换机仅对数据帧前6个字节进行分析,将数据帧的其余部分输出到出端口。这是因为数据帧的前6个字节包含了该数据帧的目的MAC地址,足以供交换机做出转发决策。直通模式具有最小转发延迟、不检查数据的完整性的特征。零碎片(Fragment-Free)是指交换机首先解析数据帧的前64个字节,再进行转发。在很多应用场景中又被称为“快速转发(Fast-Forwarding)”。存储转发(Store-and-Forward)是交换机解析整个数据帧的内容、数据帧的完整性检验等操作,以有效地避免出现错误。在SDN交换机的设计与实现中建议其采用这种模式用于数据交换。

SDN交换机中,从设备入端口接收到的数据包将通过背板被发送到设备出端口。交换机的背板是数据帧在交换机内部传输的通信通道,携带有转发决策信息及中继管理信息。参考传统的网络交换设备,SDN交换机可采用的背板设计主要包括共享总线机制和交叉开关矩阵机制两种方式。交换机可采用的背板设计主要包括共享总线机制和交叉开关矩阵机制两种方式。传统网络设备的转发表和路由表的组成都有标准的定义,适合采用静态的专用集成电路高效实现。SDN交换机中的转发决策中使用的转发表具有非常复杂的组成结构,并不适合采用预先定义的硬件电路进行流表的实现。硬件SDN交换机一般采用TCAM(Ternary Content Addressable Memory,三态内容寻址存储器)完成相关流表信息的存储和查询。

SDN交换机中的各个表项并非是由设备自身根据周边的网络环境在本地学习得到的,而是由远程控制器下发,因此各种复杂的链路发现、地址学习、路由计算控制逻辑无须在SDN交换机中实现。SDN控制器下发表项生成转发表,SDN交换机依据转发表负责数据转发。控制设备状态指令通过由SDN南向接口实现集中化统一管理。由于绝大多数硬件交换芯片是为二层和三层交换设计的,而OpenFlow的转发模型却是通配符匹配及其对应的动作(Action),一般只能把OpenFlow消息转化为上文提到的TCAM表项,商用硬件交换芯片仅支持10^3数量级的TCAM表项,这成为使用SDN控制器控制物理交换机最大的瓶颈。

SDN交换机可以硬件实现也可以软件实现。由Nicira Networks主导的开源项目Open vSwitch是最常见的软件实现SDN交换机。Open vSwitch通过运行在虚拟化平台上的虚拟交换机,为本台物理机上的虚拟机提供二层网络接入。在传统数据中心中网络管理员管理物理服务器的网络接入及配置。通过交换机端口的策略配置控制指定物理机的网络接入、访问策略、网络隔离、流量监控、数据包分析、Qos配置、流量优化等。在虚拟机大量存在的数据中心，仅凭物理交换机支持管理员很难实现精确的虚拟机管理。通过Open vSwitch则可以实现对虚拟机的流量管理。

目前，存在多家硬件实现的SDN交换机供应商，大企业均有自己的SDN解决方案。这里简单介绍了一些产品。盛科V150交换机是接入SDN解决方案产品化的参考设计。V150具有4×10/100/1000GE RJ45端口和2×1GE/10GE SPF+端口，无风扇设计。结合有成本竞争力的硬件，V150交换机提供完整的支持OpenFlow v1.3的SDN解决方案。依托盛科第三代高性能以太网交换芯片CTC5120，V150具备丰富的数据包编辑能力和面向应用的大流表。利用先进的SDN能力，在NFV网络环境的应用中，V150交换机能提供更好的服务。在云计算或SDN网络环境中，客户可使用流表定义网络部署环境。V330系列基于盛科自主研发的TransWarpTM系列核心芯片和成熟的ToR硬件平台搭建并且集成了开源的Openv Switch和盛科SDK。依托V330良好的软硬件接口及平台开放性，用户可轻松打造客户化的SDN解决方案，实现各种网络虚拟化应用。依托盛科高性能以太网交换芯片CTC6048，V330具备丰富的OpenFlow特性，可实现高达176Gbps的线速转发能力。V330提供48个1GE电/光口和4个10GE模块化的上联端口。V350系列不仅仅是具有成本效益的高性能SDN/OpenFlow交换机，更是一个完整的开放SDN平台。盛科提供从核心芯片到系统软硬件的整体解决方案并集成开源的SDK，帮助SDN厂商减少产品上市时间，降低研发成本。V350平台的开放性可以给SDN厂商提供差异化的定制方案，帮助其创新。依托于盛科第三代高性能以太网交换机芯片CTC5160，V350提供了高达240Gbps(8×1GE+12×10GE)的转发能力，并具备丰富的OpenFlow特性。V350系列提供了2种交换平台：V350-48T4X/V350-8TS12X。盛科V350 OpenFlow交换平台在ONS2013中荣获SDN Idol@ONS。V580不仅仅是一个高性价比的SDN/OpenFlow交换机，更是一个完全开放的SDN平台。盛科提供从核心芯片到系统软硬件的整体解决方案，以帮助SDN厂商减少产品上市时间和降低研发费用。V580的平台开放性能够为SDN厂商提供差异化的定制方案，使其在与其他厂商竞争中处于优势。依托于盛科第四代高性能以太网交换机芯片CTC8096，V580提供了高达2.4Tbps(20×40GE+4×100GE)的转发能力，并具备完整的OpenFlow特性。V580系列提供了5种交换平台：V580-20Q4Z/V580-48X2Q4Z/V580-48X6Q/V580-32X2Q/V580-32X。

优速网络的US1200系列交换机不仅是高性能SDN交换机，更是一个完整的SDN开放平台。优速网络提供从软件到硬件的整体解决方案，利用US1200平台的开放性给客户提供差异化的定制方案，帮助其实现业务的快速部署，在提高企业生产效率的同时，保证网络最大正常运行时间。US1200具备OpenFlow特性，能提供高性能的转发能力。支持OpenFlow功能。

(1)支持数据包1~4层的全匹配域。一层信息包括：元数据Metadata、物理信息中的入端口。二层信息包括:源 MAC、目的 MAC、VLAN ID、VLAN PCP、Eth/L2 Type。三层和四层信息包括:ARP 操作、ARP SPA 和 TPA、源 IP、目的 IP、IP ToS、三层协议、TCP/UDP 源端口号、TCP/UDP 目的端口号、GRE tunnel ID。MPLS 域:MPLS label、MPLS traffic class、MPLS TTL。

(2)支持多种网络指令。主要的指令有 Meter、Apply-actions、Write-actions、AllWrite-Metadata。

(3)对满足匹配域的数据包,具有多样化的处理行为。支持多种处理行为如转发、修改域、压入和弹出标签、GRE Tunnel、MPLS L2 VPN、Group、Set-queue。

(4)支持丰富的网络参数统计。SDN 交换机支持基于流表、端口、队列、Meter 和 Group 等的参数统计。

其他特征包括:

(1)支持 OpenFlow1.3.x,内嵌 2K TCAM 流表,支持全域匹配和统计;

(2)支持 L2-L4 的全域匹配;

(3)高性能运作,高达 260Gbps 的线速交换能力;

(4)超低系统功耗;

(5)支持 Cut-Through 转发,可以获得固定的低传输延迟;

(6)支持 32K12 组流表,内嵌 64K 基于 hash 的流表。

表 1-1 表示了软件交换机的实现。

软件交换机的实现 表 1-1

软件交换机	实 现	说 明
Open vSwitch	C/Python	旨在虚拟服务器环境中实现交换机平台的开源软件交换机;支持标准管理接口,允许编程延伸和转发函数的控制;可以接入 ASIC 交换机
Pantou/OpenWRT	C	把商业无线路由器或接入点,转变为支持 OpenFlow 的交换机
of Soft Switch13	C/C + +	兼容 OpenFlow1.3 的用户空间软件交换机实现
Indigo	C	在物理交换机上运行的开源 OpenFlow 实现,使用以太网交换机 ASIC 的硬件特性,来运行 OpenFlow

1.6 SDN 控制器

控制器是 SDN 网络的逻辑控制中心,通过“南向接口”控制网络传输和接入设备,通过“北向接口”实现与应用程序的编程交互。位于网络设备和应用程序之间的控制器负责应用程序和设备之间的通信。控制器使用如 OpenFlow 等协议与网络设备交互、为应用程序选择最优网络传输路径。SDN 控制器在软件定义网络中只负责流量控制以确保智能网络。SDN 控制器通过南向网络控制接口对网络设备进行管控调度,包括链路发现、拓扑管理、策略制定、表项下发等。SDN 控制器利用南向接口的上行通道对底层交换设备上报信息进行统一监控和统计实现链路发现和拓扑管理,控制器利用南向接口的下行通道对网络设备进行策略制定和表项下发的统一控制。

SDN 控制器通过独立于具体厂商的独立 API 管理交换机的转发状态,在不改变物理拓扑的条件下完成各种需求。随着控制平面和数据平面的解耦,SDN 使应用程序直接面对单一的抽象网络设备,而不关心网络设备工作的细节。网络应用仅仅使用 API 与控制器通信,可以快速地创建和部署新的应用程序,可以通过协调网络业务流满足性能或安全要求。对控制器的评估一般也从性能、可扩展性、可靠性、接口数目、延迟、吞吐量和安全性评估控制器。

第一个控制器是 Nicira Neworks 公司发布的 NOX。但 NOX 因为缺乏文档、大量的再开发工作使其并未广泛使用。作为 NOX 的替代者,POX 有更简单的开发环境和完善的 API 和全面的文档说明,并提供了基于 Web 的图形用户界面。因为 POX 使用 Python 编写而具有较短的开发和学习周期。另外一个早期非常知名的开源控制器为 Beacon。Beacon 是用 Java 编写的非常优秀的 SDN 控制器,与 Eclipse IDE 高度集成。Beacon 早期得到了程序员的广泛支持。但 Beacon 仅限于星形拓扑而具有局限性。作为 Beacon 的一个重要分支,另外一个 SDN 控制器 Floodlight 基于 Web 和 REST API 接口而得到了更为广泛的关注。OpenDaylight 作为一个 Linux 基金会合作项目备受 CISCO、Big Switch 和其他一些网络公司支持。OpenDaylight 用 Java 编写的、具有 REST API、具有 Web GUI 的 SDN 控制器。OpenDaylight 与其他产品明显不同的是其支持非 OpenFlow 协议的南向接口。总体来说,Open Networking Operating System(ONOS)、OpenDaylight Controller 是目前最具影响力的控制器项目。

在商业领域,Big Switch Networks、HP、IBM, VMWare、Juniper、Cisco、VMWare 等均有自己的控制器。商业 SDN 控制器包括:Big Switch Big Cloud Fabric、Plexxi Big Data Fabric、Brocade Vyatta Controller、HP Virtual Application Networks (VAN) SDN Controller/Virtual Cloud Networking (VCN)、Juniper Contrail、Cisco Application Centric Infrastructure (ACI)/Application Policy Infrastructure Controller (APIC)。Cbench 是一个模拟交换器(Switch)和主机(Host)数量来测试控制器性能的一款软件。表 1-2 列出了当前控制器的实现。

控制器的实现　　表 1-2

控制器	实　现	开源	开发商	概　　述
POX	Python	是	Nicira	用 Python 编写的通用、开源 SDN 控制器
NOX	Python/C++	是	Nicira	第一个用 Python 和 C++编写的 OpenFlow 控制器

续上表

控制器	实　现	开源	开发商	概　　述
MUL	C	是	Kulcloud	其核中有基于 C 多线程的基础设施的 OpenFlow 控制器。支持多层次北向接口，便于应用开发
Maestro	Java	是	Rice University	基于 Java 的网络操作系统；提供实现模块化网络控制应用和供这些应用接入和修改网络状态的接口
Trema	Ruby/C	是	NEC	开发 OpenFlow 控制器的框架，用 Ruby 和 C 编写
Beacon	Java	是	Stanford	交叉平台，模块化，基于 Java 的 OpenFlow 控制器，支持基于事件的和线程的操作
Jaxon	Java	是	独立开发商	基于 Java 的 OpenFlow 控制器，基于 NOX
Helios	C	否	NEC	可扩展的基于 C 的 OpenFlow 控制器，为执行集成实验提供程序化脚本
Floodlight	Java	是	BigSwitch	基于 Java 的 OpenFlow 控制器（支持 v1.3），基于 Beacon 实现，与物理和虚拟 OpenFlow 交换机协同工作
SNAC	C++	否	Nicira	基于 NOX-0.4 的 OpenFlow 控制器，使用基于网站，用户友好的策略管理器来管理网络，配置设备，监测事件
Ryu	Python	是	NTT，OSRG 组	SDN 操作系统，旨在提供逻辑上的集中控制和创建新网络管理和控制应用的 API。Ryu 完全支持 OpenFlow v1.0、v1.2、v1.3，以及 Nicira 延伸
NodeFlow	JavaScript	是	独立开发商	关于 NodeJS，用 JavaScript 写的 OpenFlow 控制器
ovs-controller	C	是	独立开发商	带有 Open vSwitch 的单一 OpenFlow 控制器参考实现，通过 OpenFlow 协议管理任意数量的远程交换机；因此，交换机的功能为 L2 MAC 学习交换机或集线器
Flowvisor	C	是	Stanford/Nicira	特别目的控制器实现
RouteFlow	C++	是	CPqD	特别目的控制器实现

1.7　SDN 存在的问题

在仿真和模拟工具方面 ns－3 和 Mininet 是常见的工具。Mininet 允许用单个机器仿真整个 OpenFlow 网络，简化初始开发和部署过程。新的服务、应用、协议在移至实际硬件之前可以首先在仿真环境上开发和测试。ns-3 网络模拟器在其环境中支持 OpenFlow 交换机，但版本支持较低。RouteFlow 是开源的基于 Openflow 虚拟化 IP 路由项目，用于解决控制平面路由协议及计算的问题。目前有一些可用的 SDN 软件交换机,例如,可以用于运行 SDN 测试平台或在 SDN 上开发服务时使用。最近几年数据中心发展速度惊人,不断尝试满足越来越高和快速变化的需求。数据中心的任何服务中断或延迟都可能导致重大损失。精细的流量管理和策略执行很重要。

能源消耗是一个越来越重要的问题。在大规模数据中心面临巨额的运行和管理成本。Heller 等指出,虽然许多研究都关注于通过更好的硬件或软件管理改善服务器和冷却(总能量的 70%),但是 2006 年数据中心的网络基础设施(占据总能量花费的 10% ~20%)仍消耗 3.0×10^9kW·h。有研究指出通过弹性树建立一种全网络能源管理器,使用 SDN 找到最小功率网络子集,使之满足当前流量状况,并且关掉不需要的交换机。因此,在不同流量状况下,能量节省了 25% ~62%。可以想象,如果与服务器管理和虚拟化同时使用可以进一步节能;能量最优化的 Honeyguide 方法是一种可能性,使用虚拟机迁移增加可以关机的机器和交换机。

当交换机处理几千条流表项而过载时,控制-数据通信增加了流建立的延迟。虽然,主动策略和通配符规则的积极使用可以解决这个问题,但是,可能损害控制器用正确粒度有效管理流量和收集统计数据的能力。DevoFlow 框架提出了一些适度的设计变化,尽可能把流留在数据平面中,同时为有效的流管理保持足够的可见性。把处理大多数流的责任推回交换机,并增加更有效的统计数据收集机制,通过这个机制由控制器识别和管理"重要"的流从而完成要求。在负载均衡模拟中,他们的解决方法在 OpenFlow 下平均起来流表项少了 10 ~53 次,控制信息少了 10 ~42 次。

2012 年初,Google 给出了在数据中心环境下使用 SDN 概念和体系结构实际应用的具体例子。该公司在开放网络峰会展示了一个用基于 SDN 网络连接其数据中心的大规模实现。随着 SDN 的广泛使用以及 OpenFlow 等协议的进一步完善,新的解决方案被提出的同时也面临新的挑战:

(1)控制器和交换机设计;

(2)SDN 中的可扩展性和性能;

(3)控制器服务连接;

(4)虚拟化和云服务应用;

(5)以信息为中心的网络设计;

(6)用 SDN 实现异构网络设计。

SDN 引出了重要的可扩展性、性能、鲁棒性、安全方面的挑战。下面将叙述许多在交换机-控制器设计层面集中关注这些问题的工作。DIFANE 把流表项主动推送至交换机,试图减少向控制器的请求。DevoFlow 提出在交换机中处理"短期的"的流,在控制器中处理"长期的"流,从而减轻流建立延迟和控制器开销。已有研究表明,单个控制器每秒可处理多达 6 百万条流,在一个12核的机器中控制器每秒可以处理1280万条新流,平均每条流时延24.7μs。

目前许多关于SDN的工作在单管理域的环境下调查或提出解决方法,该领域很适合SDN逻辑上集中的控制模型。但是,本身就是非中心化管理的环境,如因特网,则需要逻辑上分布的控制平面。这将允许参与的自治系统(AS)由自己的(逻辑上集中的,可能物理上分布的)控制器独立控制。到目前为止,一些工作已经探索了软件定义因特网的思想。例如,一些工作中提出了一个软件定义因特网的体系结构,借鉴了MPLS,区分物理边缘和核心,在域间和域内组成部分之间分割任务。因为每个域内只有边界路由器和相关的控制器参与域间任务,所以域间服务模型的改变将只限于域间控制器的软件修改,而不用改变整个基础设施。该体系结构如何用于实现信息中心的网络设计等新的因特网服务,以及中间件服务共享,有关的例子也在探索中。AS间路由的另一个方法是使用NOX和OpenFlow来实现类BGP的功能性。

控制器—交换机南向接口交互在协议中已经得到了很好的定义,如OpenFlow和ForCES。但是对于控制器和网络服务或应用之间的交互的北向接口并没有标准。北向接口是完全用软件定义的,而控制器—交换机交互必须有硬件实现。如果把控制器看作"网络操作系统",则应当有定义清晰的接口,使应用可以访问下层的硬件(交换机),与其他应用共存和交互,并使用系统服务(如,拓扑发现、转发),而不要求应用开发人员知道控制器的实现细节。当存在多个控制器时,这些控制器的应用接口仍然在初级阶段,并互相独立。例如,Procera在现有控制器上建立一个策略层,与配置文件、GUI、外部传感器交互;提出的这个策略层负责把高层次的策略转换为供控制器使用的流约束。在清晰的北向接口标准出现之前,SDN应用将继续以"信息查询"模式发展,灵活且可接入的"网络应用"概念可能不得不继续等待。

1.8 本章小结

本章综述了软件定义网络的基本概念、定义、体系结构及SDN交换机和控制器等。本章简要介绍了SDN的起源与发展,阐述了广义的SDN定义和基本架构、SDN的重要特点与基本属性、OpenFlow网络的组成部分与各部分工作原理,以及搭建实验平台的软件工具。

参考文献

[1] http://blog. pivotal. io/data-science-pivotal/products/multivariate-time-series-forecasting-for-

virtual-machine-capacity-planning

[2] http://thenewstack. io/sdn-series-part-eight-comparison-of-open-source-sdn-controllers/

[3] http://www. networkworld. com/article/2984292/cisco-subnet/brocades-new-sdn-controller. html

[4] Andrew R Curtis, Jeffrey C Mogul, Jean Tourrilhes, et al. DevoFlow: scaling flow management for high-performance networks[C]. InProceedings of the ACM SIGCOMM 2011 conference (SIGCOMM11),2011:254-265

[5] http://blog. csdn. net/starlistener/article/details/8783246

[6] https://sites. google. com/site/routeflow/

[7] http://www. oschina. net/p/routeflow/

[8] http://www. oschina. net/p/routeflow/similar_projects? lang = 0&sort = time

[9] http://blog. csdn. net/quqi99/article/details/9532105

[10] http://www. muzixing. com/pages/2013/12/24/sdnde-chu-bu-ren-shi. html

第2章 OpenFlow协议

2.1 OpenFlow 介绍

互联网的发展已经远远超出了最初的设计目标,它不是一种简单的通信工具,也不是一个虚拟的世界,甚至不能简单地用社会基础设施来概括它,互联网已初步形成与物理世界平行的另外一个社会。在管理方面,要像对待人类社会一样对待网络。传统网管较少考虑互联网的社会性,因而对互联网的治理问题(governance)缺乏支持。当前互联网本身正在经历着巨大的变革,IPv6、无线与移动通信、P2P、云计算以及物联网等新技术正在改变整个互联网,甚至互联网体系结构都可能发生根本性的变革。如何解决互联网存在的问题目前尚无定论。目前存在三种可能的方案:学术界希望摒弃现有互联网的条条框框限制重新开始设计未来互联网的体系结构;工业界更多地希望在现有的 IPv4 和 IPv6 网络的基础上逐步解决存在的问题;也有许多学者和组织试图将两种思路结合起来,解决互联网发展的短期和长期的问题。

以打补丁的形式增量改进。IETF(Internet Engineering Task Force)接受各种建议草案、以 RFC 方式发布标准,RFC 的内容涉及改进互联网的 QoS、安全、多播、流媒体、移动性乃至地址空间等各个方面。IETF 大约有 120 个工作组致力于研究各种新的协议来满足互联网新的发展和需求。这本身就是互联网的一种渐进式的改进和演化。为了解决互联网地址空间枯竭的问题,IETF 早在 1995 年就制定了 IP 地址长度为 128 比特的 IPv6 协议。1996 年 8 月 IETF 创建 IPv6 试验网 6Bone。6Bone 是工作在现有 IPv4 互联网的独立 IPv6 网络,IPv6 数据包以隧道方式和 IPv4 数据包一起传输。随后欧洲、日本、韩国启动了相关的研究计划。1998 年美国启动了 Internet2 项目,正式实施基于 IPv6 协议的下一代互联网计划。我国在基于 IPv6 的下一代互联网研究和发展方面做了大量的工作。1998 年,中国教育和科研计算机网(CERNET)加入 6Bone,并在中国首先建立了 IPv6 实验床,1999 年与国际下一代互联网实现连接。2001 年以清华大学为首承建的“中国高速互联研究试验网络 NSFCNET”研制成功,首次实现了与 Internet2 的连接,标志着我国下一代互联网研究建设取得重大突破。2003 年 8 月我国启动“中国下一代互联网示范工程 CNGI”项目,建成了下一代中国教育与科研计算机学术网(CNGI-CERNET2)、中国电信、中国网通/中科院、中国移动、中国联通、中国铁通等六大核心网,以及北京和上海两个国内国际互联交换中心。CERNET 承担建设了纯 IPv6 的 CNGI-CERNET2 主干网和北京互联交换中心,并在此基础上开展了 IPv4 向 IPv6 过渡的关键技术,以及基于源地址验证的可信任互联网关键技术等研究。互联网的演进路线进行了大量深入的探讨。

作为过渡阶段的一个比较现实可行的方案,工业界、亚太地区相关国家和许多学术界的人员都同意 IPv6 是目前唯一的选择。而且,越来越多的学者也认为,即使采用 Clean Slate 的方法来设计未来的互联网,最终也需要落实到一个现实的网络环境中进行试验,基于 IPv6 的网络环境也还将是最好的选择。Clean Slate 方法是指突破现有网络局限,从零开始重新设计互联网,彻底改造现有网络结构,旨在设计一个全新的网络,不仅可以支持现在的各种业务,包括有线、无线、固定、人与人、人与物、物与物的服务,而且满足未来多种网络、多种应用的叠加。目前存在很多从这个角度开展的研究工作。如美国计算机科学家 Guru Parulkar、Guido Appenzeller 主导、美国 Stanford 大学与德国的 Deutsche Telekom、日本的 NEC 联合成立了名为 Clean Slate Lab 的实验室,致力于创建一个号称"Disruptive"、全新的 Internet 技术原型,目标就是重新设计互联网。其他比较典型的项目包括美国麻省理工学院 Davad Clark 等提出、美国政府资助的 FIND(Future Internet Network Design,未来互联网网络设计),美国普林斯顿大学等提出、美国国家级未来互联网的实验床——全球网络创新环境(Global Environment for Network Innovations,GENI)。其中,GENI 的参与者几乎囊括了美国所有顶尖的机构:美国国防部、斯坦福、麻省理工、卡耐基梅隆、普林斯顿、思科、CNRI、Fujitsu、惠普、微软研究院、NEC 等。FIND 致力于让研究人员发挥自己的创新与能动性,设计一个全新的满足未来 15 年社会需求的网络。该项目最大的特点在于从草图设计开始,探讨所需的网络结构及其设计,而不是增量式地逐步改进现有网络。GENI 的目的则是构建一个全新的、安全的、能够连接所有设备的互联网,以促进互联网的发展,刺激创新,目标是发现和评估未来互联网基础的新的革命性概念、示范和技术,建立一个用于研究未来互联网体系结构、服务和过渡的实验环境,提供更多数量和更好质量的研究平台,并能将研究成果迅速转化为实际的产品和服务。使这些产品和服务能够提高未来的经济竞争力和安全,并且能够让当前的网络较快过渡到新的网络体系结构。GENI 计划所设计的未来互联网将具有的特征包括:值得社会信任、激发科学和工程革命、支持新技术融合、支持普适计算、成为物理世界和虚拟世界的桥梁以及支持革命性服务和应用等。

2007 年初,欧盟在其第七框架 FP7 中设立了"未来互联网研究和试验"(Future Internet Research and Experimentation,FIRE)项目。FIRE 是一项长期的试验驱动的原创性研究,涉及了未来互联网的概念、协议和体系结构、相关的科技、工业和社会经济学等方面,其主要研究内容包括:网络体系结构和协议的新方法;管理未来互联网日益增长的规模、复杂性、移动性、安全性和通透性;在物理和虚拟结构的大规模测试环境中验证上述属性。同为未来互联网研究计划,FIRE 和 GENI 都关注如何搭建真实试验环境,从而为理论研究提供验证支持,有的学者称之为未来互联网。其他项目包括 FIA(2008 年)、国际标准组织 ISO/IEC 的 Future Network 等。这些项目都有类似的目标,即不受目前的网络体系结构的限制,打造一个全新结构的、满足未来需求的新型网络体系,包括全新框架的新一代互联网。

保持基本 TCP/IP 协议不变而改进互联网性能。通过建立一个智能结点 Overlay 网,在此分布式管理平台上提供流量监控、流量控制、QoS、病毒防范和安全性服务。目前在互联网上迅速发展的各种 P2P 业务基本上都是以 Overlay 的方式在互联网上提供的。智能结点 Overlay 网可以提供各种业务,解决或改进互联网的可管可控问题。宽带和互联网新媒体业务可以运行在公共互联网上,由智能结点 Overlay 网提供分布式管理服务。目前采用 DHT 的结构式 Overlay 网已经日臻成熟,成为智能结点 Overlay 网的主要模式。这种方法实质上已经把对互联网的改进和对互联网的管理统一起来。当然,改进网络性能本身就是管理的主要目的之一。

正是在这样大的背景下,斯坦福大学的 Clean Slate 项目催生了 OpenFlow。Martìn Casado、Scott Shenker 等人在 2006 年、2007 年依次发表的《SANE: A Protection Architecture for Enterprise Networks》、《Ethane: Taking Control of the Enterprise》两篇文章可以看作是 OpenFlow 的开端。本质上说,OpenFlow 是网络管理体系结构的一次变革,通过重新设计网络管理体系结构增强企业和数据中心可管理性。该文章中提出"How Could We Change the Enterprise Network Architecture to Make it More Manageable?",很明显就是网络管理问题的解决方案的一次革新。在 4D 项目中就采用了中央控制结构。通过一个集中式的控制器,让网络管理员可以方便地定义基于网络流的安全控制策略,并将这些安全策略应用到各种网络设备中,从而实现对整个网络通信的安全控制。该模型通过开放新的流表,支持用户对网络数据处理过程进行控制,为下一代互联网体系结构提供一种新的实验方法。2008 年,基于 Ethane、Sane 的基础 Nick McKeown 等人在 ACM SIGCOMM 发表了题为《OpenFlow: Enabling Innovation in Campus Networks》文章提出了 OpenFlow 的概念,首次详细地介绍了 OpenFlow 的概念。该篇论文除了阐述 OpenFlow 的工作原理外,还列举了 OpenFlow 几大应用场景。包括:

(1)校园网络中对实验性网络协议的良好支持;

(2)网络管理和访问控制;

(3)网络隔离和 VLAN;

(4)基于 WiFi 的移动网络;

(5)非 IP 网络;

(6)基于网络包的处理。

目前关于 OpenFlow 的研究已经远远超出了这些领域。2009 年 12 月,OpenFlow 规范发布了具有里程碑意义的可用于商业化产品的 1.0 版本。如 OpenFlow 在 Wireshark 抓包分析工具上的支持插件、OpenFlow 的调试工具(liboftrace)、OpenFlow 虚拟计算机仿真(OpenFlowVMS)等也已日趋成熟。2011 年 3 月 Nick Mckeown 等推动成立开放网络基金会(Open Networking Foundation, ONF)成立,主要致力于推动 OpenFlow 架构、技术的规范和发展工作。ONF 保护了知名互联网公司如 Google、Facebook、NTT、Verizon、德国电信、微软、雅虎。2012 年 4 月,谷歌宣布其主干网络已经全面运行在 OpenFlow 上,并且通过 10G 网络链接分布在全球各地的 12

个数据中心,使广域线路的利用率从30%提升到接近饱和。从而证明了OpenFlow不再仅仅是停留在学术界的一个研究模型,而是已经完全具备了可以在产品环境中应用的技术成熟度。2013年4月,思科和IBM联合微软、Big Switch、博科、思杰、戴尔、爱立信、富士通、英特尔、瞻博网络、NEC、惠普、红帽和VMware等发起成立了Open Daylight,与LINUX基金会合作,开发SDN控制器、南向/北向API等软件,旨在打破大厂商对网络硬件的垄断,驱动网络技术创新力,使网络管理更容易、更廉价。这个组织中只有SDN的供应商,没有SDN的用户——互联网或者运营商。Open Daylight项目的范围包括SDN控制器,API专有扩展等,并宣布要推出工业级的开源SDN控制器。

从路由器的设计上看,它由软件控制和硬件数据通道组成。软件控制包括管理(CLI、SNMP)以及路由协议(OSPF、ISIS、BGP)等。数据通道包括针对每个包的查询、交换和缓存。如果将网络中所有的网络设备视为被管理的资源,那么参考操作系统的原理,可以抽象出一个网络操作系统(Network OS)的概念—这个网络操作系统一方面抽象了底层网络设备的具体细节,同时还为上层应用提供了统一的管理视图和编程接口。这样,基于网络操作系统这个平台,用户可以开发各种应用程序,通过软件来定义逻辑上的网络拓扑,以满足对网络资源的不同需求,把网络软件从硬件服务器中剥离出来而无须关心底层网络的物理拓扑结构。

OpenFlow的思想从本质上看是借鉴计算机系统结构的透明性和抽象性能力的成功。计算机系统建立了一个简单可用的硬件底层指令集ISA,形成了基本语义空间,高级编程语言作为接近自然语言的语义空间通过编译程序和操作系统独立于指令集编写业务逻辑程序,高级计算机语言程序的编写对具体的计算机系统结构透明,从而屏蔽了不同计算机系系列的硬件体系结构和指令集的差异性。应用系统的程序员只负责编写业务逻辑的程序而不关注具体的计算机系统和指令集,而计算机CPU厂商则负责设计与实现指令集系统。高级编程语言与计算机指令系统之间的语义鸿沟通过编译程序和操作系统进行翻译和管理。计算机网络体系结构也需要这种透明及抽象能力,底层的数据通路(交换机、路由器)是"哑的、简单的、最小的"的通信语义空间,通过定义对外开放的关于网络数据流表的公用API,采用重要控制器或控制器网络控制和管理整个网络的传输和接入系统。网络应用程序逻辑通过控制器调用底层的API编程间接实现对网络设备的利用。OpenFlow正是基于这种网络创新思想的结果的体现。

OpenFlow将传统网络设备的数据转发平面(Data Plane)和路由控制平面(Control Plane)两个功能模块从逻辑设计、物理设计的角度相互分离,将控制平面形成类似于网络操作系统的集中式的控制器(Controller),控制器以标准化的接口对各种网络设备进行管理和配置及提供接口供应用程序调用。通过在网络中定义规则,让符合规则的流量按照设定的路径传输,就仿佛将一张物理网络切成了若干不同的虚拟网络一样,同时运行而又各不干扰。这样在测试各种新的协议不再需要考虑具体的网络拓扑结构,只需要定义Flow Entry就可以任意改变流量的运行策略,这也为解决流量移动性问题提供了便利。

这将为网络资源的设计、管理和使用提供更多的可能性,从而更容易推动网络的革新与发展。2008 年,Nick McKeown 等在 ACM SIGCOMM 发表了题为《OpenFlow:Enabling Innovation in Campus Networks》的文章,详细地介绍了 OpenFlow 的概念。该篇论文除了阐述 OpenFlow 的工作原理外,还列举了 OpenFlow 几大应用场景。

OpenFlow 是一个开放的协议。通过选择数据被转发的路径和处理来轻松控制数据流。可以在网络中尝试新的路由协议、命名与编址技术、安全模型,甚至可以替换 IP 协议。一个完整的 OpenFlow 网络至少包含一个 OpenFlow 控制器和多个 OpenFlow 交换机。本章主要介绍 Openflow 的体系结构及协议过程。

可以把 OpenFlow 网络分为 OpenFlow 交换机、FlowVisor 和 Controller 三部分组成。OpenFlow 交换机进行数据层的转发;FlowVisor 对网络进行虚拟化;Controller 对网络进行集中控制,实现控制层的功能。OpenFlow 网络由 OpenFlow 交换机、FlowVisor 和 Controller 三部分组成。OpenFlow 交换机进行数据层的转发;FlowVisor 对网络进行虚拟化;Controller 对网络进行集中控制,实现控制层的功能。可以在控制器上运行 Plug-n-serve、OpenRoads 以及 OpenPipes 等应用程序。Plug-n-Serve 通过规定数据传输路径来控制网络以及服务器上的负载,从而使得负载均衡并降低响应时间。OpenRoads 是支持 OpenFlow 无线网络移动性研究的框架。OpenPipes 可以在网络系统中通过移动每个子模块来测试每个子模块,并可以决定如何划分设计单元。

OpenFlow 协议用来描述控制器和交换机之间交互所用信息的标准,以及控制器和交换机的接口标准。协议的核心部分是用于 OpenFlow 协议信息结构的集合。如图 2-1 所示。

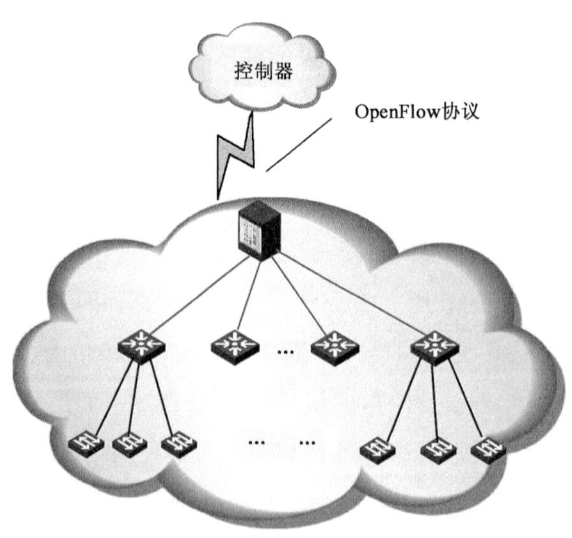

图 2-1　OpenFlow 协议

2.2 OpenFlow 控制器及 Floodlight 控制器

在计算机发展历程中，程序开发从机器语言、汇编语言到高级语言，操作系统通过将底层物理设备透明化，软件的编写效率得到了极大提高。在 OpenFlow 协议体系中，控制器扮演了网络操作系统的角色，为网络开发者屏蔽了网络设备的物理细节，提供了编程接口，让开发者可以使用各种高级程序语言来对网络进行管理和开发。OpenFlow 控制器多种多样，一般具备支持 OpenFlow 协议、支持网络虚拟化、提供友好的可编程接口、可进行可视集中管理等共性。由于控制器在 SDN 中的核心作用，出现了多种控制器软件，如开源控制器 NOX、Ryu、Floodlight、OpenDaylight 等。其中 Floodlight 是一款基于 Java 语言的开源 SDN 控制器，遵循 Apache2.0 软件许可，支持 OpenFlow 协议。它主要是由来自 Big Switch Network 公司的工程师构成的开源社区组织负责日常维护和开发。

Floodlight 是目前主流的 SDN 控制器之一，它的稳定性、易用性已经得到 SDN 专业人士以及爱好者们的一致好评，并因其完全开源，这让 SDN 网络世界变得更加有活力。控制器作为 SDN 网络中的重要组成部分，能集中地灵活控制 SDN 网络，为核心网络及应用创新提供了良好的扩展平台。基于 Java 的 Floodlight 可以用标准 jak 工具或 ant 编译运行，当然也可以有选择性的在 Eclipse 上运行。

在使用 OpenvSwitch 作为 DataPath 的环境下，OpenvSwitch 提供了工具 dpctl 以及 vsctl，可以用来直接与 DataPath 进行交互，向 DataPath 中读取或者写入流表。但是这种方式忽略了 controller，所以，这里我们引入 Floodlight 的 Static Flow Pusher 机制。FloodlightProvider 作为核心模块，负责将收到的 OF Packet 转换为一个个事件，而其他模块向 FloodlightProvider 进行注册，注册后成为一个 service，然后就可以处理相应的事件。Floodlight 将自身的 API 通过 Rest Api 的形式向外暴露，关于 Rest Api，就是讲程序的 API 封装成为通用的 http GET/PUT 的形式，这样的话无须关注程序实现细节，通过发送 http 请求即可完成 API 操作。通过 Floodlight 的 Restful api 来向 Floodlight 请求各种信息，包括交换机状态，能力，拓扑等等，而 static flow pusher 这套机制则是通过 Restful api 来进行流表的操作，包括添加，删除流表等等。需要注意：通过 Floodlight 的 Restful api 返回的信息是以 json 格式封装的；Floodlight 中的配置、系统、流表信息是存于内存中的（通过 Rest api 可以知道），以后 Floodlight 可能会将这个信息放于独立的数据库而不是内存中。用户在 OpenFLow 网络上运行各种应用程序，Floodlight 控制器实现了对 OpenFLow 网络的监控和查询功能。图 2-2 显示了 Floodlight 不同模块之间的关系，这些应用程序构建成 java 模块，和 Floodlight 一起编译。同时这些应用程序都是基于 REST API 的。

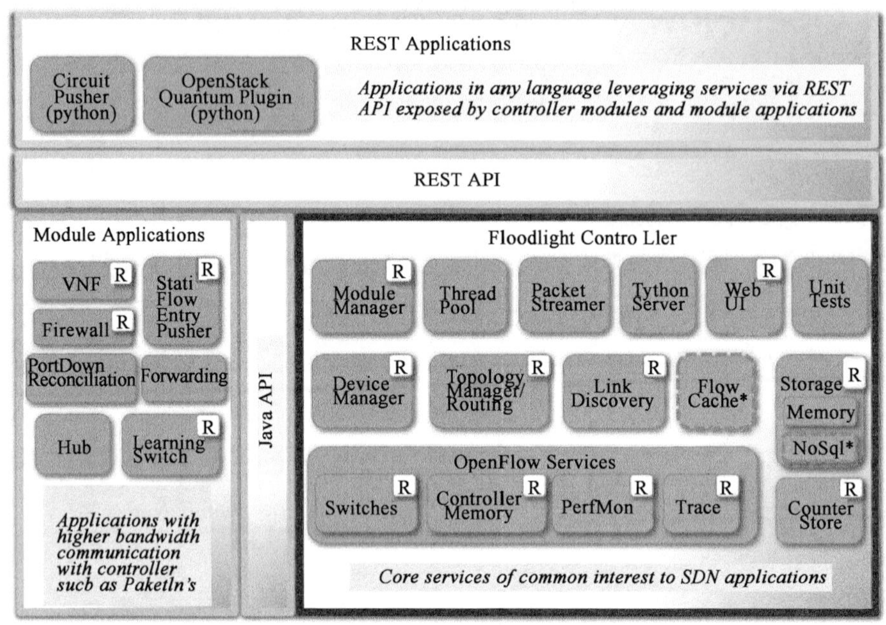

图 2-2　控制器 Floodlight 系统模块

Floodlight 系统模块如图 2-2 所示。与其他控制器相似，Floodlight 的功能也采用“层次化”的模块设计来实现。Floodlight 包含控制器核心功能模块，通过 JAVA 接口或 REST API 将控制器与其他应用模块相连接。控制器核心模块对网络设备进行集中控制，实时发现和更新网络状态（拓扑、交换机、数据流）；实现 OpenFlow 协议，与 OpenFlow 交换机进行通信，通过下发流表来实现数据分组的转发决策；管理 Floodlight 模块和共享资源。Floodlight 可以实现在网络中之间管理数据转发、发现拓扑等基本功能，还提供了视图化的 Web 管理界面来查看网络上的交换机、主机及网络拓扑信息。网络开发者也可以通过 API 创建应用添加新的模块。

在 Linux 下的安装准备：

Ubuntu 10.04(Natty)及以上版本(运行 Ant1.8.1 及以下版本)。

安装 JDK，Ant。(可在 eclipse 上安装)。

```
$ sudo apt-get install build-essential default ant python-dev eclipse
```

从 Github 下载并编译 Floodlight：

```
$ git clone git://github.com/floodlight/floodlight.git
$ cd floodlight
$ ant
```

或者:

root@ ubuntu229: ~#apt-get install git-core

假如 java 在你的路径中,可以直接运行有 ant 产生的 floodlight. jar 文件

java-jar target/floodlight. jar

2.3 OpenFlow 交换机

OpenFlow 交换机是 SDN 数据平面的核心部件,主要功能是进行数据转发。支持 OpenFlow 转发的交换机既有增加了支持 OpenFlow 协议的传统交换机,也有网络设备厂商推出的 OpenFlow 专用交换机,还有如 OpenvSwitch(简称 OVS)软件交换机。

OpenFlow 交换机主要由三部分构成:用于数据包查找和转发的多个流表(Flow Table)和一个组表(Group Table);一个或多个用于和外部控制器通信的安全信道(Secure Channel);控制器和 OpenFlow 交换机通信的 OpenFlow 交换协议。控制器通过 OpenFlow 交换协议对交换机进行管理。OpenFlow 交换机主要组件如图 2-3 所示。OpenFlow 交换机对数据流的每一次转发都是基于流表进行的。流表中的流表项(Flow Entry)决定了数据流的处理方式,流表项包括规则、操作和状态三个部分。规则定义流(Flow),操作决定了转发、丢弃等行为,状态主要用来统计流量数据。

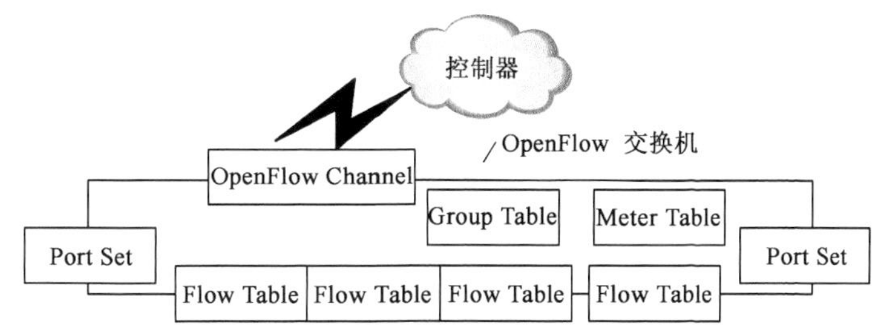

图 2-3 OpenFlow 交换机主要组件

当 OpenFlow 交换机接收到数据分组时,交换机对分组首部进行解析,在本地的流表上查找转发目标端口,将首部与流表项匹配:若匹配成功则按照流表项操作进行处理;若所有表项都不能匹配,则将把数据包通过安全信道发送给控制器,等待控制器下发处理信息。由控制层决定转发端口。安全信道是 OpenFlow 交换机和控制器之间的接口。Open vSwitch 是一个 OpenFlow 软件交换机。在实验环境中构建和安装 OVS 并使用其及相关命令可以在实验网络

中对虚拟的 OpenFlow 交换机进行配置、修改和查询,通过对流表的操作,还可以实现控制数据分组在转发过程中的路径等。

OpenFlow 交换机与控制器进行通信,控制器通过 OpenFlow 交换协议对交换机进行管理。控制器(controller)应用 OpenFlow 交换协议主动或被动地响应数据请求而添加、更新、删除流表中的流表项(Flow Entry)。OpenFlow 交换机的流表包含一组流表项,每一个流表项由匹配域、计数器和一组用于匹配数据包的操作指令构成,本质上流表项就是一个转发规则。进入交换机的数据包通过查询流表来获得转发的目的端口。操作指令包括转发、丢弃等行为,标明了与该流表项匹配的数据包应该执行的操作。计数器用作流量的统计。流表项构成如图 2-4 所示。

Match Fields	Priority	Counters	Instructions	Timeouts	Cookie	Flags

图 2-4　流表项构成

从第一个流表开始匹配,根据配置的动作接着匹配其他流表。流表项按优先顺序匹配数据包,流表中第一个匹配成功的匹配项,匹配成功后执行该流表项相应的指令集。OpenFlow 管道处理流程只会前进而不会返回之前的流表进行处理。如果在流表中找不到匹配的流表项,后续动作取决于缺失流表项(The Table-miss Flow Entry)的配置,这个数据包可能通过 OpenFlow 信道转发给控制器、直接丢弃或者继续查询下一个流表。每个流表项相应指令或者修改流水线处理(Pipeline Processing)或是各种处理动作。动作指令包含转发、修改和组表处理数据包。流水线处理指令可以把数据包转发到后续的流表(Subsequent Table)下一步处理,可以在流表间以元数据形式传递信息。当一个匹配流表项相应的指令集没有具体指定下一个表时,表的管道处理停止,此时数据包通常被修改或转发。流表项可把数据转发到物理端口、逻辑端口或保留端口(Reserved Port)。保留端口指定通用转发动作,如转发给控制器、洪泛或使用非 OpenFlow 方式的传统的交换机转发处理转发。交换机定义的逻辑端口可能是链路聚合组(Link Aggregation Groups)、隧道或环回接口。流表项动作也可能将数据包指向一个规定了附加处理的组(Group),可能表现为多路径、快速重路由和链路聚合等更复杂的转发语义。作为一个间接的通用管理,组能使多个流表项转发到同一个标识符的地址(如 IP 转发到共同的下一跳)。这样抽象可以高效改变不同流表项的共同输出动作。组表中包含多个组项(Group Entries),每个组项包含一个动作桶(Action Buckets),包含特定组类型动作。组项中一个或多个动作桶作用于转发到该组的数据包。

只要能保证正确的匹配和指令语义,交换机设计者可以自由实现交换机的内部构件。如一个流表项使用一个全组(An all Group)来向多个端口转发,交换机设计者可以用一个硬件流表中的掩码(Bitmask)来实现这一功能。再如,OpenFlow 交换机的流水线可以包含多个物理流表。

2.4 OpenFlow 术语

动作(Action):对数据包的操作,包括将数据包转发到端口、修改数据包(如改变 TTL)或改变数据包的状态(如把数据包加入一个队列)。多数动作包含参数,例如一个动作 set-field 包含域类型参数和域值参数。动作可以是一个流表项的指令集的一部分或者动作桶指令集的一部分。动作最终可能被添加到数据包的动作集中,也可能立即对数据包进行操作。

动作列表(List of Actions):流表项的 Apply-Actions 指令的动作集合,或在 packet-out 消息中按照表的顺序即时执行的动作。动作列表中的某一动作可以重复,为叠加效果。

动作的集合(Set of Actions):流表项的 Write-Actions 指令中包含的动作集合,或一个组的动作栏中。写动作指令添加到动作集中,动作栏中的动作按照动作集合的顺序执行。集合中的动作只能进行一次。

动作桶(Action Bucket):一个组中的动作集。对一个数据包,组选择一个或多个动作桶。

动作集(Action Set):经过每个表依次处理之后,针对特定数据包,按照特定顺序执行的动作集。

连接(Connection):在控制器和交换机之间携带 OpenFlow 信息的网络连接,可用各种网络传输协议实现。一条 OpenFlow 信道有一条主连接,并可以有选择地建立几条辅助连接。

控制通道(Control Channel):OpenFlow 逻辑交换机中实现与控制器交流的组件的集合。控制通道包括所有控制器对应的 OpenFlow 信道。安全通道是连接 OpenFlow 交换机到控制器的接口。控制器通过这个接口控制和管理交换机,同时控制器接收来自交换机的事件,并向交换机发送数据包。交换机和控制器通过安全通道进行通信,而且所有的信息必须按照 OpenFlow 协议规定的格式来执行。

计数器(Counter):计数器是 OpenFlow 统计的主要部分,是管道流特定部分的累加,如端口或流表项。计数器最典型的作用是统计经过一个 OpenFlow 单元的数据包数量和字节数。

数据通路(Datapath):OpenFlow 逻辑交换机中直接涉及传输处理和转发的部件集合。数据通路包括流表中的流表流水线、组表和端口。在 OVS 中,Datapat 把从接收端口收到的数据包在流表中进行匹配,并执行匹配到的动作。简单地说,负责转发数据的数据转发部件统称为 DataPath,也就是支持 OpenFlow 的硬件或者软件交换机的相应部件。

流表项(Flow Entry):流表中的一个元素,用于匹配和处理数据包。流表项包含一组匹配数据包的匹配域,匹配次序的优先权,一组跟踪数据包的计数器和一组指令。

流表(Flow Table):管道流的一部分,包含若干流表项。

转发(Forwarding):决定数据包的一个或一组输出端口,并把数据包传输到端口。

组(Group):动作桶列表和每个数据包选择应用动作栏的方法。

报头(Header):数据包中的控制信息,用于交换机识别数据包,交换机处理或转发该数据包的标识。报头一般包括各种确定数据包的源地址和目的地址的域,也包括如何处理其他报头和负载。

报头域(Header Field):数据包报头的域值。从数据包的报头中抽取相应的域值与流表项匹配。

混合(Hybrid):将 OpenFlow 交换机和普通以太网交换机的操作相结合。

指令(Instruction):与流表的某一流表项相关联,当数据包与该流表相匹配时执行该动作,如将数据包指向另一个流表的变更管道流处理顺序,或是是动作组中的动作集,或是包含一个要立即对数据包执行的动作表。

指令集(Instruction Set):流表中的一个流表项中的指令集合。

匹配域(Match Field):流表项中与数据包进行匹配的部分。匹配域可以和各种数据包报头域、入端口(ingress port)、元数据值和其他管道域进行匹配。一个匹配域可以进行通配(匹配任何值),在某些情况下,可以匹配位掩码(匹配比特串的子集)。

匹配(Matching):将一组数据包的报头域和管道域同一个流表项的匹配域相比较。

元数据(Metadata):一个屏蔽的寄存器,信息从一个表传到下一个表时使用。

消息(Message): OpenFlow 连接传输的协议单元,可能是请求、回应、控制信息或状态事件。

流表(Meter):对数据包速率进行测量和控制的交换机元件。当数据包或字节通过流表的速度超过给定阈值时,测量器触发测量带(Meter Band)。如果测量带采取丢弃该数据包操作,则称之为限速器(Rate Limiter)。

OpenFlow 信道(OpenFlow Channel):OpenFlow 交换机和 OpenFlow 控制器之间的接口,控制器通过 OpenFlow 信道管理交换机。

OpenFlow 控制器(OpenFlow Controller):一个应用 OpenFlow 交换协议与 OpenFlow 交换机进行交互的实体。多数情况下,OpenFlow 控制器是一个控制多个 OpenFlow 逻辑交换机的软件。

OpenFlow 逻辑交换机(OpenFlow Logical Switch):可以用一个实体进行管理的一组 OpenFlow 资源,其中包含一条数据通路和一个控制信道。

Packe:按顺序包含报头、负载和一个尾标(可选)的一串字节,处理和转发的单元。数据包默认类型为 Ethernet,也支持其他数据包类型。

管道(Pipeline):一组相连的流表,在 OpenFlow 交换机中实现匹配、转发和数据包的修改。

管道域(Pipeline fields):在进行管道处理时数据包上的一组值,不是报头域。其包括进入端口、元数据值、隧道 ID(Tunnel-ID)值等。

端口(Port):数据包进入和退出 OpenFlow 管道的地方。可能是一个物理端口、逻辑端口,或 OpenFlow 交换协议定义的保留端口。

队列(Queue):在输出端口上按照数据包优先顺序排列数据包,来提供服务质量(QoS)。

标签(Tag):可以通过压入(Push)和弹出(Pop)动作,插入或移除数据包的一个报头。

最远标签(Outermost Tag):从数据包开始计算的第一个标签。

2.5 OpenFlow 端口

2.5.1 OpenFlow 端口概述

OpenFlow 端口是数据包在 OpenFlow 处理和网络其余部分之间传输的网络接口。OpenFlow 交换机通过各自的 OpenFlow 端口实现逻辑相连,一个数据包可以经过一个 OpenFlow 交换机的输出端口与另一个 OpenFlow 交换机的进入端口,实现在这两个交换机之间的转发。一个 OpenFlow 交换机包含多个 OpenFlow 处理的端口。OpenFlow 端口可能与交换机硬件提供的网络接口不同,其中一些网络接口可设置为不可用,OpenFlow 交换机可以定义新的 OpenFlow 端口。OpenFlow 数据包由一个 Ingress Port 接收,由 OpenFlow 流水线处理,管道可以将这些数据包转发到输出端口(Output Port)。数据包进入端口是数据包在 OpenFlow 管道中的一种性质,表示数据包是从哪一个 OpenFlow 端口进入 OpenFlow 交换机的。在匹配数据包时,可能会用到数据包进入端口。OpenFlow 管道通过输出动作决定把数据包送到一个输出端口,从而决定数据包如何再次进入网络。OpenFlow 交换机必须支持三种类型的 OpenFlow 端口,即物理端口、逻辑端口和保留端口。

2.5.2 标准端口

OpenFlow 标准端口(Standard Port)包括物理端口、逻辑端口和本地保留端口(若支持本地保留端口)(不包括其他保留端口)。标准端口可以作进入端口、输出端口,可以在组中使用、包括状态和配置。OpenFlow 物理端口是交换机定义的对应于交换机硬件接口的端口。例如,在一个以太网交换机上,物理端口与以太网接口一对一映射。在某些部署之下,OpenFlow 交换机通过交换机硬件实现虚拟化,这时 OpenFlow 物理端口实际为交换机对应的硬件接口的一个切片。

OpenFlow 逻辑端口是交换机定义的不直接与硬件接口相对应的端口。逻辑端口是交换机使用非 OpenFlow 方式(如链路聚合组、隧道或环回接口)定义的更高层的抽象概念。逻辑端口包括数据包的封装,并映射到物理端口。逻辑端口进行的处理必须独立实现,并且对 OpenFlow 处理透明,这些端口应该能够与 OpenFlow 处理(如 OpenFlow 物理端口)等进行交互。物理端口和逻辑端口唯一的区别是,与逻辑端口相关的数据包可能额外包含一个叫作隧道 ID(Tunnel-ID)的管道域。当一个从逻辑端口接收到的数据包被发送给控制器时,它的逻辑端口和与之对应的物理端口都被上报给控制器。

OpenFlow 保留端口说明一般转发动作,如发送给控制器、洪泛或用非 OpenFlow 方式转发(如普通交换机处理)。除了一些"必需"(Required)的保留端口,交换机并不需要支持所有的保留端口。下列为保留端口:

All 端口:必须实现的端口,代表交换机可以用于转发数据包的所有输出端口。在这种情况下,数据包的拷贝源自与非进入端口和被设置为 OF_PPC_NO_FWD 的端口的标准端口上。

Controller 端口:必须实现的端口,连接 OpenFlow 控制器的控制信道。可以用作进入端口或输出端口。当用作输出端口时,把数据包封装成一个 packet - in 消息并使用 OpenFlow 交换机协议发送,当用作进入端口时,该数据包来自控制器。

Table 端口:必须实现的端口,是 OpenFlow 流水线的开始。这个端口只在 Packet-out 消息的动作表的输出动作中有效。端口把数据包提交给第一个流表,使数据包按照正常的 OpenFlow 管道进行处理。

IN_PORT:必须实现的端口,是数据包的 Ingress 端口。只能用作输出端口,把数据包从 Ingress 端口发送出去。

Any:必须实现的端口,用于在没有指明端口时(如端口是通配的)的一些 OpenFlow 请求值。一些 OpenFlow 请求包含了对特定端口的引用,这些请求只能使用该特定端口。在这些请求中使用 Any 作端口号,使请求实例可适用于任何(Any)和全部(All)端口。既不能用作进入端口,也不能用作输出端口。

Unset:用在动作组中没有设定输出端口的特殊值,仅使用在动作组使用 OXM_OF_ACTSET_OUTPUT 匹配域时匹配输出端口。既不能用作进入端口,也不能用作输出端口。

Local:代表交换机本地网络堆栈和管理栈。可以用作进入端口或输出端口。本地端口使远端实体能够与交换机进行交互,其网络服务通过 OpenFlow 网络,而不是单独的控制网络实现。本地端口可以通过一组合适的默认流表项实现一个带内控制器连接。

Normal:表示用传统的非 OpenFlow 交换机管道方式进行转发。只能用作输出端口,使用普通的管道处理数据包。一般来说,这种转发会对数据包进行桥或路由,与实际上的结果执行相关。如果一个交换机不能把从 OpenFlow 管道中接收的数据包转发到普通管道,则可判断其必然不支持该动作。

Flood：表示用传统的非 OpenFlow 交换机管道进行洪泛。只能用作输出端口，实际上的结果执行相关。一般来说会把数据包发送给所有非进入端口或处于 OFPPS_BLOCKED 状态的端口的输出端口。交换机也可使用数据包的 VLAN ID 或其他标准，来选择洪泛的端口。

纯 OpenFlow（OpenFlow-only）交换机不支持 Normal 端口和 Flood 端口，混合 OpenFlow（OpenFlow-hybrid）交换机支持上述两种端口。把数据包转发到洪泛端口取决于交换机的实现和配置，用类型为 All 的组转发，使控制器更灵活地实现洪泛。

2.5.3 端口变化

如使用 OpenFlow 配置协议的交换机配置，可随时从 OpenFlow 交换机上添加或移除端口。交换机可根据潜在的端口机制改变端口状态，比如链路断开时。控制器或交换机配置可以改变端口配置。端口状态或配置的任何改变都必须上报给控制器。端口的添加、修改或移除不会改变流表的内容，使用这些端口的流表项也不会修改。被转发到不存在的端口的数据包将被丢弃。同样，端口的添加、修改或移除不会改变组表的内容，但一些组的行为可能通过连通性检测改变。一个物理或逻辑端口可能重新使用一个被删除端口的端口号。使用该端口号的流表项或组表项，直接重新定位到新的端口，这可能会产生错误的结果。因此，端口被删除之后，控制器将会清除流表项或组表项中相关该端口的表项。

OpenFlow 交换机可能向逻辑端口插入网络服务或复杂处理过程。大多数情况下，送往逻辑端口的数据包不会再回到该 OpenFlow 交换机，这些数据包或者被逻辑端口处理或者送往物理端口。某些情况下，送往逻辑端口的数据包在逻辑端口处理完成后，又被再次送回该 OpenFlow 交换机。数据包通过逻辑端口的再循环是可选的，OpenFlow 支持多种类型的端口再循环。最简单的再循环是数据包送往逻辑端口之后，又通过同一个逻辑端口返回到该交换机，这种再循环可用于环回或单向数据包处理。再循环也可以发生在一对端口之间，数据包从一个逻辑端口送出，从另一个逻辑端口回到该交换机。这种再循环可以表示隧道终端或双向数据包处理。一个端口属性描述端口间的再循环关系。在使用端口再循环时交换机应能避免数据包的无限循环。例如，交换机为每一个数据包附加一个再循环计数，随每次再循环递增，当计数超过交换机设定的阈值时就丢弃该数据包。控制器鼓励避免会产生再循环回路的流表项的组合。

由于处理的范围广泛，很难对再循环到交换机的数据包进行假设。再循环数据包回到管道的第一个流表，并以新的输入端口来进行识别。数据包的报头可能发生了改变，所以并不能保证匹配域与原来一样。逻辑端口可能对数据包进行分片和重组，所以数据包也许不能一一匹配，甚至长度也不相同。数据包的隧道 ID 域和其他管道域可以有选择地在再循环过程中保留，并在回到交换机时用来匹配。保留的管道域由端口匹配域性质指明。如果管道域同时输出端口的 OFPPDPT_PIPELINE_OUTPUT 性质在返回端口的 OFPPDPT_PIPELINE_INPUT 性质中出现,则这个管道域保留在数据包中(其值必须保持不变)。

2.6 OpenFlow 流表

支持 OpenFlow 的交换机有两种类型,即专用 OpenFlow 交换机和混合 OpenFlow 交换机。专用 OpenFlow 交换机只支持 OpenFlow 操作,所有数据包通过 OpenFlow 管道进行处理而不采用其他方式。专用 OpenFlow 交换机是专门为支持 OpenFlow 而设计的。它不支持现有的商用交换机上的正常处理流程,所有经过该交换机的数据都按照 OpenFlow 的模式进行转发。专用的 OpenFlow 交换机中不再具有控制逻辑,因此专用的 OpenFlow 交换机是用来在端口间转发数据包的一个简单的路径部件。本节主要描述流表和组表的构成,以及匹配和动作处理的机制。数据包处理的过程如图 2-5 所示。

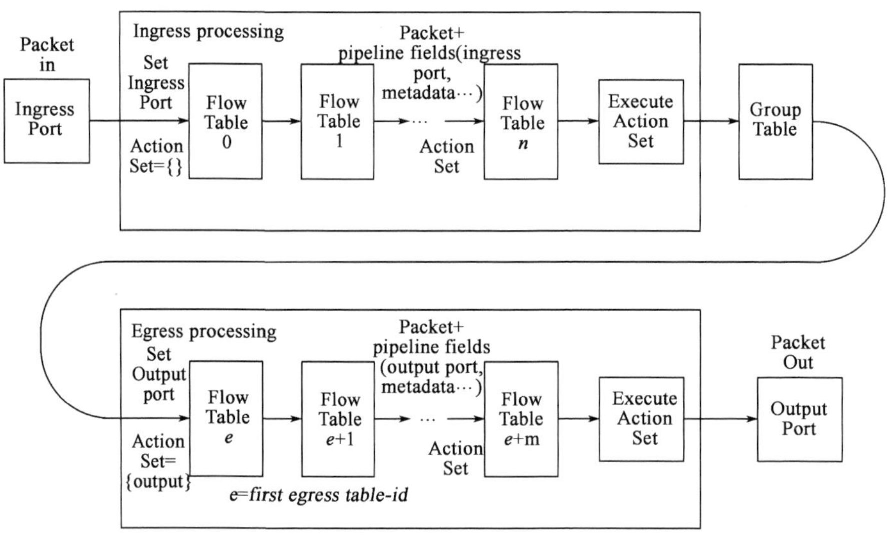

图 2-5　管道流水线数据包处理流程

混合 OpenFlow 交换机是在商业交换机的基础上添加流表、安全通道和 OpenFlow 协议,来获得了 OpenFlow 特性的交换机。其既具有常用的商业交换机的转发模块,又具有 OpenFlow 的转发逻辑。因此,支持 OpenFlow 的交换机可以采用两种不同的方式,处理接收到的数据包。除了支持 OpenFlow 操作外,混合 OpenFlow 交换机支持普通以太网交换机器如传统 L2 以太网交换、VLAN 隔离、L3 路由(IPv4 路由、IPv6 路由)、VCL 和 QoS 处理操作等操作。这种交换机应该在 OpenFlow 之外提供一种分类机制,来判断通过 OpenFlow 管道,还是普通管道进行处理。如,交换机可以使用 VLAN 标签或数据包的输入端口来判定通过 OpenFlow 管道还是普通管道进行处理,或者也可以直接将所有数据包指向 OpenFlow 管道。这种分类机制超出说明书范围。OpenFlow 混合交换机也允许数据包通过 Normal 和 Flood 保留端口从 OpenFlow 管道传到普通管道。

2.6.1　管道处理

如上所述,支持 OpenFlow 的交换机有纯 OpenFlow 交换机和混合 OpenFlow 交换机两种类型。纯 OpenFlow 交换机只支持 OpenFlow 操作,所有数据包都通过 OpenFlow 流水线进行处理,而不采用其他方式处理。混合 OpenFlow 交换机同时支持 OpenFlow 操作和普通以太网,如传统 L2 以太网交换、VLAN 隔离、L3 路由(IPv4 路由、IPv6 路由)、VCL 和 QoS 处理等交换操作。这种交换机内置分类机制来决定是通过 OpenFlow 流水线,还是交换机进行处理。例如,可以使用 VLAN 标签或数据包的输入端口来判定通过 OpenFlow 管道,还是普通管道进行处理,或者也可以直接将所有数据包指向 OpenFlow 管道。混合 OpenFlow 交换机也允许数据包通过 Normal 和 Flood 保留端口从 OpenFlow 管道传到普通管道。每个 OpenFlow 逻辑交换机的 OpenFlow 管道包含一个或多个流表,每个流表包含多个流表项。OpenFlow 管道处理定义了数据包怎样与流表进行交互。一个 OpenFlow 交换机至少需要有一个进入流表,可以有选择地经过更多其他流表。只有一个流表的 OpenFlow 交换机是有效的,这种情况极大地简化了管道处理。

从 0 开始按顺序编号 OpenFlow 交换机流表。管道处理分为 Ingress 处理(Ingress Processing)和 Egress 处理(Egress Processing)两个阶段。这两个阶段的划分是以第一个流出表为界。所有序号小于第一个流出表的都是进入表。从第一个流表开始管道处理。数据包必须先与 0 号流表的流表项进行匹配。是否使用其他的进入表取决于第一个表的匹配结果。如果 Ingress 处理的输出是把数据包转发给一个输出端口,OpenFlow 交换机在该输出端口下进行流出处理。流出处理不是必需的,交换机可不含流出表或配置不使用流出表。如果没有配置任何流出表,则必须由输出端口处理数据包,多数情况下是将数据包转发出交换机。如果配置了一个有效流出表,数据包必须和该表的流表项进行匹配,是否使用其他 Egress 表,取决于这个表的匹配结果。

数据包与流表中的流表项相匹配出一条流表项。匹配出流表项则执行流表项中包含的指令集。这些指令可用 Goto-Table 指令将数据包指向另一个流表然后,重复进行以上过程。流表项只能将数据包指向编号比自身编号大的流表,即管道处理只能向前不能向后进行。显然,最后一个流表的流表项不能包含 Goto-Table 指令。如果匹配的流表项没有指向另一个流表,管道处理就到此结束，数据包按照相关的动作组进行处理，通常是被转发处理。如果数据包在流表中没有找到匹配的流表项，则称之为失配（a Table Miss）。失配操作行为由表的配置决定。包含在流表的"Table-Miss"流表项中的指令可以把数据包丢弃、将数据包传给另一个表，或者用 Packet-in 消息把数据包通过控制信道传给控制器。不存在数据包没有被流表项完全处理和管道处理在没有处理完数据包的动作组或指向另一个表就停止的情况。如果不存在"Table-Miss"流表项，则丢弃数据包；如果存在 TTL 值则将数据包送往控制器。

除非另有说明，OpenFlow 管道和各种 OpenFlow 操作处理行为与该数据包的类型相对应。例如，OpenFlow 按 IEEE 规范处理以太网报头定义，OpenFlow 使用 RFC 说明书处理 TCP/IP 报头。另外，在数据包被相同的流表项、动作桶和测量表处理时，对 OpenFlow 交换机记录的数据包必须符合 IEEE 规范要求。

OpenFlow 管道是实际交换机硬件的映射抽象。为了支持多 OpenFlow 交换机实例或混合 OpenFlow 交换机，OpenFlow 交换机可能是在硬件交换机上的虚拟化实现。即使不是虚拟化的 OpenFlow 交换机，典型的硬件交换机也不会和 OpenFlow 管道完全对应。例如，流表只支持以太网数据包，非以太网数据包就必须映射到以太网。再如，交换机的内部元数据中可能携带 VLAN 信息，但在 OpenFlow 管道中 VLAN 信息逻辑上是数据包的一部分。一些 OpenFlow 交换机可能大幅改变数据包的报头，定义一些实现复杂的封装的逻辑端口。结果就是链路或硬件中的数据包可能会被映射到不同的 OpenFlow 管道中。OpenFlow 管道到硬件的映射一致性非常必要。具体来说，包括以下几点：

（1）表的一致性：所有 OpenFlow 流表与数据包的匹配方式必须相同。唯一不同只能是流表内容和由流表处理。报头在表之间不能被透明地移除、添加或修改，除非明确指定 OpenFlow 修改行为。

（2）流表项的一致性：流表项的动作应用与数据包的方式必须和流表项匹配一致。具体来说，如果流表项的一个匹配域与和一个特定的数据包报头域匹配，流表项中相应的设置域动作必须修改相同的报头域，除非有明确的 OpenFlow 处理修改了数据包。

（3）组的一致性：组的应用必须与流表相一致。具体来说，一个组栏里的动作必须以与其在流表中一样的方式应用于数据包，唯一的不同，只能源于明确的 OpenFlow 处理。

（4）Packet-in 一致性：Packet-in 消息中嵌入的数据包必须与 OpenFlow 流表一致。具体来说，如果一个 Packet-in 由一个流表项直接产生，控制器接收到的数据包必须和将它发给控制器的流表项相匹配。

（5）Packet-out 一致性：由 Packet-out 请求结果产生的数据包必须与 OpenFlow 流表和 Packet-in 处理相一致。具体来说，如果一个通过 Packet-in 接收到的数据包未经修改，直接通过 Packet-out 送往一个端口，在这一端口上的这一数据包必须是和原先一样的，就像它不是被封装在 Packet-in 中,而是直接被送到端口的一样。同样,如果一个 Packet-out 被指向流表,那流表项必须和封装的数据包一致,以 OpenFlow 匹配处理需求。

(6)端口一致性:OpenFlow 端口的进入和 egress 处理必须相互一致。具体来说,如果一个 OpenFlow 数据包从一个端口上输出,并在交换机物理链路上生成一个物理数据包,那么若交换机在同一链路上接收到同一物理数据包,然后在同一个端口生成一个 OpenFlow 数据包,则这个 OpenFlow 数据包必须是同原来一样的。

2.6.2 流表和流表项

一个流表由多个流表项组成,流表中的一个流表项的主要成分:

Match Fields | Priority | Counters | Instructions | Timeouts | Cookie | Flags

匹配域(Match Fields):用于与数据包进行匹配。由进入端口和数据包报头组成,也可以有其他管道域,如前一个表指明的元数据。

优先级(Priority):流表项匹配的优先次序。

计数器(Counters):在数据包匹配成功时更新。

指令(Instructions):用于修改动作组或管道处理。

超时计数(Timeouts):最大时间或流在交换机中失效之前的闲置时间闲置。

Cookie:由控制器选择的不透明数据值。可以被控制器用于过滤被流统计、流修改或流删除请求所影响的流表项。处理数据包时不使用。

标记(Flags):标记改变管理流表项的方式。例如,标记 OFPFF_SEND_FLOW_REM 触发流为流表项删除消息。

通过匹配域和优先级识别一个流表项,结合匹配域和优先级,就能定位一个特定流表中的一个独特的流表项。流表项可以通配所有域(所有域略),优先级等于 0 的流表项被称为不匹配表流表项。流表项指令包含在管道的某一点对数据包执行的动作。Set-Field 动作能重写指定的报头域。并不是每一个流表都支持本说明书中定义的所有匹配域、指令、动作或设置域,交换机中的不同流表也可能并不支持同一个子集。通过表的特征请求,控制器可以发现每个表支持哪些部件。

2.6.3 匹配

接收数据包 OpenFlow 交换机完成的功能如图 2-6 所示。交换机最先从第一个流表开始表的查找,基于管道处理也可以在其他流表中进行表的查找。从数据包中提取匹配域,根据数据包的类型进行表的查找,典型的匹配域包括各种数据包报头域,如以太网源地址和 IPv4 目的地址。除了数据包报头,也可以与进入端口、元数据域和其他管道域进行匹配。元数据用于在同一交换机的表之间传递信息。数据包匹配域代表当前状态,如果前一个表使用动作(Apply-Actions)指令改变了数据包报头,这些变化将在数据包匹配域中反映出来。

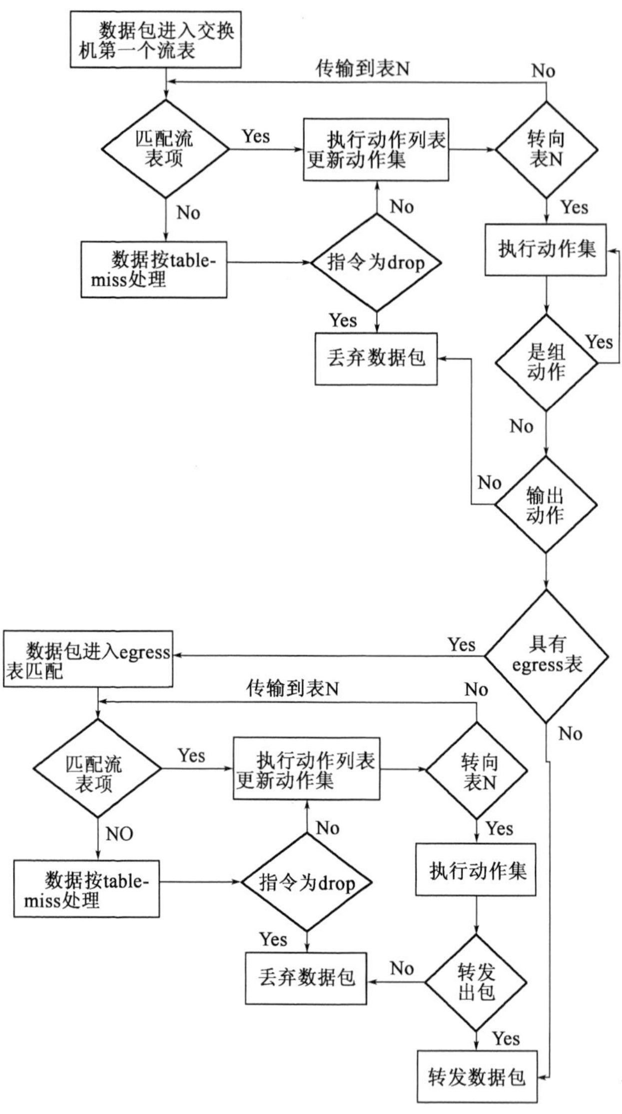

图 2-6　数据包匹配过程

如果数据包匹配域中用于查找的值与流表项中定义的用于查找的值匹配,则称数据包与流表项匹配。如果流表项域中有一个 Any 值(域省略),则它与报头中所有值都匹配。如果交换机支持在特点匹配域上的任意位掩码,这些掩码能更精确的指明匹配。数据包与表进行匹配,选择与之匹配的优先级最高的流表项,并更新被选中的流表项相关的计数器,然后运行相关指令集。如果存在多个优先级相同的匹配流表项,选中哪个流表项并没有明确的定义。这种情况只在控制器编写者没有设置流的报文 mod 信息的 OFPFF_CHECK_OVERLAP 位,并添加了重叠流表项时出现。如果交换机配置中包含 OFPC_FRAG_REASM 标志,那么 IP 片段在管道处理之前必须完成重组。并未给出当交换机接收到异常或损坏的数据包时应采取的操作。

2.6.4　不匹配表

每个流表必须支持 Table-Miss 流表项来处理不匹配表中任何项的情况。table-miss 流表项指定了如何处理不能和流表中任何流表项相匹配的数据包。例如,可能把数据包传给控制器、丢弃或将数据包转发给的某个流表 N。table-miss 流表项由它的匹配域和优先级表示,它能通配所有的匹配域、具有最低的优先级(0)。Table-Miss 流表项的匹配可能会超出流表支持的正常匹配的范围,如一个准确的匹配表可能不支持对其他流表项的通配,但必须支持 Table-Miss 流表项通配所有域。Table-Miss 流表项可能没有普通流表项的能力,但至少支持用控制器保留端口将数据包发给控制器和用清空动作(Clear – Actions)指令丢弃数据包 Table-Miss 流表项多数时候和其他流表项的工作方式一样:它在流表中不是默认存在的,控制器可以随时添加或移除不匹配表流表项,Table-Miss 流表项也可能过期失效。Table-Miss 流表项与表中的数据包仍然使用它的匹配域和优先级进行匹配:它与流表中其他流表项不能匹配的数据包进行匹配。Table-Miss 流表项指令用于能和不匹配表流表项匹配的数据包。如果 Table-Miss 流表项直接将数据包通过控制器保留端口发送给控制器,则在 Packet-in 中必须指明是不匹配表。如果表中不存在 Table-Miss 流表项,缺省情况下与流表项不匹配的数据将被丢弃。交换机配置(如使用 OpenFlow 配置协议)可以重写缺省情况,指明其他操作。具体见图 2-7。

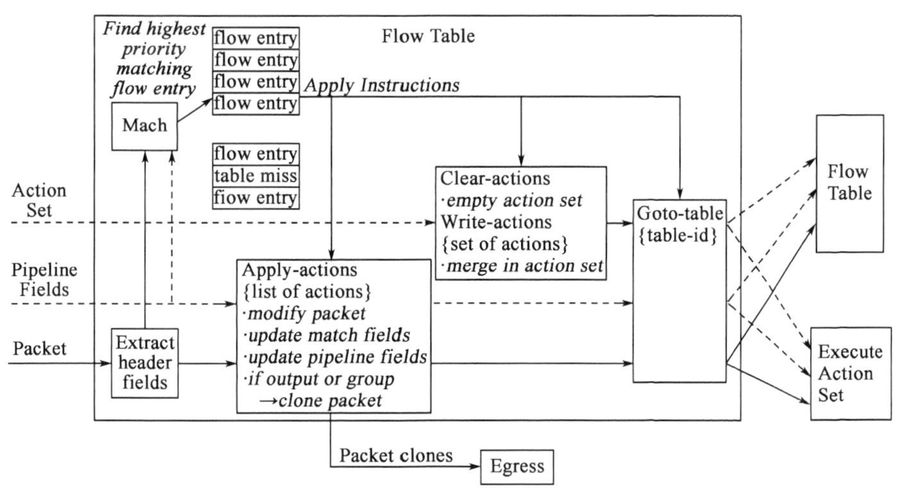

图 2-7　匹配和指令执行

2.6.5 指令

每个流表项都包含一组指令,数据包和该流表项匹配时执行这些指令。这些指令执行的结果可能改变数据包、动作组或管道处理。交换机可以不支持所有指令类型,但必须支持下面标注“必需指令”(Required Instruction)的指令。控制器可以询问交换机支持的“可选指令”(Optional Instruction)类型。

(1)应用动作[Apply-Actions action(s)]:可选指令,立刻执行指定动作。这条指令可能用于修改两个表之间的数据包或执行多个同一类型的动作。

(2)清除动作(Clear-Action):可选指令,立即清除动作组中所有动作。

(3)写动作[Write-Actions action(s)]:必需指令,将指定动作组合并到当前动作组。如果当前动作组中存在与给定类型相同的动作,则对该动作覆盖;如果不存在则添加动作。如果当前动作组中存在与给定域类型相同的设置域动作,则对该动作覆盖;如果不存在则添加动作。

(4)写元数据(Write-Metadata metadata/mask):可选指令,把掩码化的元数据值写入元数据域。掩码指明元数据寄存器中哪些位需要被修改(例如:new metadata = old metadata & ~ mask | value & mask)

(5)统计触发(Stat-Trigger stat thresholds):可选指令,当有流统计达到某一个静态阈值时产生一个控制器事件。

(6)转到表(Goto-Table next-table-id):必需指令,指示管道处理过程的下一个表。指令中table-id 必须比当前的 table-id 大。管道的最后一个流表中的流表项不能包含该指令。只有一个流表的 OpenFlow 交换机可以不用实现该指令。

流表项的指令集中每种指令最多只能有一个。可以用 experimenter-id 和 experimenter-type 定义实验者(experimenter)指令,因此指令集中对每种 perimenter-id 和 experimenter-type 的组合最多只能有一个实验者指令。指令组中的指令按照上表指定的顺序执行。实际上唯一的约束是清除动作指令必须在写动作指令之前执行,应用动作必须在写元数据之前执行,转到表必须最后执行。交换机必须丢弃不能执行流表项中全部或部分指令的流表项。在这种情况下,交换机必须返回一个关于该情况的错误消息。

2.6.6 Action Set

每个数据包都关联一个 Action Set。缺省情况下动作组为空。流表项在特定匹配情况下可以使用 Write-Action 或 Clear-Action 修改 Action Set。在流表处理过程中 Action Set 随之传递。当一个流表项的指令组不包含 Goto-Table 指令时停止管道处理,执行数据包 Action Set 中的动作。Action Set 中每种类型的动作最多只能有一个。set-field 动作由其目的域类型进行识别,因此,Action Set 对每一个域类型最多只能有一个 set-field 动作(例如,可以设置多个域,但每个域只能被设置一次)。由于在竞争状态下,Action Set 的 copy-field 动作的影响是不确定的,因此不建议实现这个动作。experimenter 动作由 experimenter-id 和 experimenter-type 识别,因此 Action Set 对每种 experimenter-id 和 experimenter-type 的组合最多只能有一个实验者动作。Action Set 中加入一个特殊类型的动作时,如果有相同类型存在,则原来的动作被新加入的动作覆写。如果需要同一类型的多个动作,如压入或弹出多个 MPLS 标签,应该使用 Apply-Actions 指令。

egress 处理的 Action Set 有一个限制:output 动作和组动作(group action)都不能被加入 egress Action Set。egress 处理的 Action Set 通过当前输出端口的输出动作在开始 egress 处理时进行初始化,相反的,ingress 处理的 Action Set 开始为空。Action Set 中的动作不论其添加到 Action Set 中的顺序,都按照以下指定顺序执行。如果 Action Set 中有一个组动作,那么在组的相应的动作栏里的动作也按照以下指定顺序执行。交换机通过 Apply-Actions 指令中的动作表可支持任意动作执行顺序。

(1)copy TTL inwards:对数据包执行把 TTL 复制到数据包内动作。

(2)pop:对数据包执行弹出所有标签动作。

(3)push-MPLS:对数据包执行压入 MPLS 标签动作。

(4)push-PBB:对数据包执行压入 PBB 标签动作。

(5)push-VLAN:对数据包执行压入 VLAN 标签动作。

(6)copy TTL outwards:对数据包执行把 TTL 复制出来动作。

(7)decrement TTL:对数据包执行减少 TTL 动作。

(8)set:对数据包执行所有设置域动作。

(9)qos:对数据包执行所有 QoS 动作,如测量(meter)和设置队列(set-queue)。

(10)group:如果指定了组动作,则按照表的顺序执行相关组栏中的动作。

(11)output:如果没有指定组动作,将数据包转发到输出动作指定的端口。

Action Set 中的 output 动作最后执行。如果一个 Action Set 中指定了 output 动作和组动作,则忽略 output 动作,优先执行组动作。如果一个 Action Set 中输出动作和组动作都没有指定,则丢弃数据包。如果没有指定 Action Set 且输出动作指向一个不存在的端口,则丢弃数据包。如果交换机支持,组的执行是递归的:组栏可以指定另一个组,在这种情况下,动作的执行贯穿组配置指定的所有组。

在 ingress 和 eggress 中 output 动作的处理方式不同。当 ingress 动作组包含一个 output 动

作或 Action Set 来将数据包转发到一个端口时,数据包必须在这个端口上开始 eggress 处理。如果 output 操作引用全部(ALL)保留端口,那么数据包的复件开始对每个相关端口进行 egress 处理。当 eggress 的 Action Set 包含一个 output 动作时,数据包必须退出 eggress 处理,改由端口处理,多数情况下数据包被转发出交换机。

2.6.7 动作链表

Apply-Actions 指令和 Packet-out 消息包含动作链表。动作链表中的动作按照表指定的顺序立即对数据包执行。动作链表从表中第一个动作开始执行,每个动作按顺序对数据包执行。这些动作的作用是累加的,如果动作表中包含两个 push VLAN 动作,则向数据包中添加两个 VLAN 报头。如果动作链表中包含一个 output 动作,在当前状态下拷贝数据包并转发到指定端口,然后在这个端口上开始 egress 处理。如果 output 动作涉及 ALL 保留端口,拷贝数据包并转发在每个相关端口上并开始 egress 处理。如果 output 动作涉及一个不存在的端口,数据包拷贝丢弃。如果动作链表包含一个组动作,当前状态的数据包拷贝由相关的组处理。数据包复制时,管道域也同时复制。任何由 output 动作或组动作对数据包复件或管道域造成的修改,如改变组栏或 egress 表的报头域或元数据域,只能作用于该复件,而不改变原数据包和其他复件。当 Apply-Actions 指令中的动作链表执行完后,被修改后的数据包继续进行管道执行。执行动作链表不改变数据包中的动作组。

2.6.8 动作(Actions)

交换机可以不支持所有的动作类型,但必须支持下面标注“必需动作”(Required Action)的动作。控制器可以询问交换机支持哪些“可选动作”(Optional Action)。

Required Action:Output port_no,是指 Output 动作转发数据包到一个指定的 OpenFlow 端口,在该端口开始 egress 处理。OpenFlow 交换机必须支持转发到物理端口、交换机定义的逻辑端口和必需的保留端口。

Required Action: Group group_id,是指通过指定的组来处理数据包。准确的解释取决于组的类型。

Required Action: Drop,是指没用明确的动作来描述丢弃。相反,数据包动作组中没有输出动作和组动作的数据包必须丢弃。这可能由处理管道中空的指令集或空动作栏,或执行清除动作指令之后导致。

Optional Action: Set-Queue queue_id,是指设置队列动作为数据包设置一个队列 ID。当数据包使用输出动作转发到一个端口时,队列 ID 决定了使用端口的哪一个队列来安排和转发数据包。转发行为是由队列配置命令的,并用于提供基本的服务质量(QoS)支持。

Optional Action: Meter meter_id,是指将数据包指向特定的测量器。作为测量结果,数据包可能被丢弃(取决于测量器配置和状态)。如果交换机支持测量器,那它必须支持该动作作为动作表中的第一个动作。支持测量器的交换机也可以选择性的支持测量动作位于动作表中的其他位置、一个动作表中多个测量动作和动作组中的测量动作。

Optional Action: Push-Tag/Pop-Tag Ethertype,是指交换机可以支持如表 2-1 所示的压入/弹出标签功能。为了帮助现有网络的集成,建议支持压入/弹出 VLAN 标签的功能。新压入的标签通常应该作为最外层标签放到最外层的有效位置上。当数据包的动作组中加入多个压入动作时,它们按照动作组规则定义的顺序应用于数据包,首先是 MPLS,其次 PBB,之后 VLAN。当动作链表中包含多个压入动作时,它们按照表的顺序应用于数据包。

压入/弹出标签动作 表 2-1

动 作	相关数据	描 述
Push VLAN header	Ethertype	压入一个新的 VLAN 报头到数据包;Ethertype 被用作标签的 Ethertype,只有 Ethertype 0x8100 和 0x88a8 可以使用
Pop VLAN header	—	从数据包中弹出最外层的 VLAN 标签
Push MPLS header	Ethertype	压入一个新的 MPLS 报头到数据包。Ethertype 被用作标签的 Ethertype,只有 Ethertype 0x8847 和 0x8848 可以使用
Pop MPLS header	Ethertype	从数据包中弹出最外层的 MPLS 或 shim 报头;Ethertype 被用作最终数据包的 Ethertype(Ethertype 被用作 MPLS 负载)
Push PBB header	Ethertype	压入一个新的 PBB 服务实例报头(I-TAG TCI)到数据包。Ethertype 被用作标签的 Ethertype,只有 Ethertype 0x88E7 可以使用
Pop PBB header	—	弹出数据包最外层 PBB 服务实例报头(I-TAG TCI)

Optional Action: Set-Field field-type value,各种 Set-Field 动作都是由它们的域类型所区别的,用来修改数据包中各自报头域的值。在不严格要求的情况下,支持用设置域动作重写各种报头域,极大地增加了一个 OpenFlow 实现的实用性。为便于与原有网络融合集成,建议支持 VLAN 修改动作。Set-Field 动作通常应该应用于最外层的报头(例如一个 Set VLAN ID 动作通常是设置最外层 VLAN 标签的 ID),除非域的类型指明其他操作。

Optional Action: Copy-Field src_field_type dst_field_type. Copy-Field 动作可以在任意两个报头或管道域之间复制数据。它的典型用途是把数据从一个报头域复制到一个数据包的注册管道域,或从数据包注册管道域复制到报头域,或在某些情况下,从一个报头域复制到另一个报头域。交换机可以不支持报头与管道域的所有组合之间的复制。

Optional Action: Change-TTL ttl. 各种改变 TTL 动作修改数据包中的 IPv4 TTL、IPv6 跳数限制或 MPLS TTL。在没有严格要求的情况下,表 2-2 所示的动作极大地增强了一个 OpenFlow

实现在实现路由功能上的实用性。改变 TTL 动作通常被用于最外层报头。

改变 TTL 动作 表 2-2

动　作	相关数据	描　述
Set MPLS TTL	8 位:新 MPLS TTL	替换现有 MPLS TTL。只能用于存在 MPLS shim 报头的数据包
Decrement MPLS TTL	—	递减 MPLS TTL。只能用于存在 MPLS shim 报头的数据包
Set IP TTL	8 位:新 IP TTL	替换现有 IPv4 TTL 或 IPv6 跳数限制,并更新 IP 校验和。只能用于 IPv4 和 IPv6 数据包
Decrement IP TTL	—	递减现有 IPv4 TTL 或 IPv6 跳数限制域,并更新 IP 校验和。只能用于 IPv4 和 IPv6 数据包
Copy TTL outwards	—	从最外层旁第一个域复制 TTL 到最外层 TTL。复制可以在 IP 到 IP, MPLS 到 MPLS,IP 到 MPLS 之间进行
Copy TTL inwards	—	把最外层 TTL 复制到最外层旁第一个域的 TTL。复制可以在 IP 到 IP, MPLS 到 MPLS,MPLS 到 IP 之间进行

OpenFlow 交换机检查数据包是否有无效 IP TTL 或 MPLS TTL,若有则丢弃数据包。不需要对每个数据包进行无效 TTL 检查,但必须至少在每次对数据包应用递减 TTL 动作时,进行检查。交换机的异步配置可以被改为将有无效 TTL 的数据包,用 Packet-in 消息通过控制信道发送给控制器。

2.6.9 压入时域的缺省值

当用压入动作加入一个新的标签时,压入动作本身并不指定标签报头域部分的大多数值。这些值是通过 Set-Field 动作单独设置的。这些报头域在 push 动作中初始化的方式取决于这些域是否被定义为 OpenFlow 匹配域和数据包的状态。push 标签操作部分的和定义为 OpenFlow 匹配域的报头域。执行一个 push 动作时,数据包中已有的外层报头中的相应域的值应该被复制到新的域中。如果数据包中不存在相应的外层报头域,则新的域应该被设为 0。没有被定义为 OpenFlow 匹配域的报头域应被初始化为适当的协议值;这些报头域的设置应该服从管理该域的设定,并考虑数据包报头和交换机配置。例如,VLAN 报头中的 DEI 位在多数情况下应被设为 0。新的报头中的域可以在 push 操作之后用指定的 Set-Field 域动作对适当的域进行覆写。动作组中动作执行顺序使该处理过程更容易。

2.6.10 计数器

每个流表、流表项、端口、队列、组、Action Bucket、流表和流表带维持一个计数器,表示被其处理的数据包的统计量。OpenFlow 计数器可以由软件实现,并通过有限范围的硬件计数器轮询维护。交换机可以不支持所有计数器,但必须支持标有“必需”(Required)的计数器。持续时间是指一个流表项、端口、组、队列或测量器的时间总量,它被安装在交换机里,并且必须以二阶精度来跟踪。接收错误域(The Receive Error field)是表中没有说明的所有接收和碰撞错误的总和。

通过一个 OpenFlow 对象与计数器相关的数据包必须对每个使用该客体的数据包计数,即使这个 OpenFlow 对象没有对数据包产生作用,或者数据包最终被丢弃或送往控制器。例如,交换机应该能维护与以下计数器相关的数据包:

(1)只有一个 goto-table 指令没有任何动作的流表项;

(2)输出到一个不存在的端口的组;

(3)触发一个 TTL 异常的流表项;

(4)已关闭的端口。

计数器是无符号数,没有溢出指示符。如果一个特定的数值计数器不能在交换机中使用,它的值必须被设置为最大域值。

2.6.11 组表

一个组表由多个组项组成。让流表项指向一个组使 OpenFlow 可以实现其他转发方式(如 select 和 all)。每个组项由它的组标识符区别,组项包含:

(1)组标识符(group identifier):32 位无符号整数唯一标识 OpenFlow 交换机中的一个组。

(2)组类型(group type):决定组的语义。

(3)计数器(counters):在数据包由组处理时更新。

(4)动作桶(action buckets):有序的动作链表,其中每个动作桶包含一组要执行的动作和相关参数。动作桶中的动作被作为一个动作组执行。

2.6.12 组类型

交换机可以不支持所有组类型,但必须支持以下标有“必需”(Required)的组类型。控制器可以询问交换机支持哪些可选(Optional)组类型。

(1)Required: indirect:执行组中唯一定义的栏。这种组仅支持一个栏。允许多个流表项或组指向一个共同的组标识符,支持更快、更高效的聚合(如 IP 转发的下一跳)。这个组类型和只有一个栏的全(all)组作用是一样的。这种组是最简单的组类型,因此交换机支持这种组的数量比其他组类型多。

(2)Required：all：执行组中的所有栏。这种组用于多播或广播转发。数据包为每一个栏复制一份复件，组中的每个栏处理一个数据包复件。如果栏明确将数据包指向一个进入端口，则丢弃该数据包复件。如果控制器编写者想转发到进入端口，则组中必须包含一个额外的栏，其中包含一个到 OFPP_IN_PORT 保留端口的输出动作。

(3)Optional：select：执行组中的一个栏。数据包被组中的一个栏处理，这个栏基于一种交换机计算的选择算法（如用户配置元组或简单循环的哈希算法）。选择算法的所有配置和状态属于 OpenFlow 范畴之外。这个选择算法必须实现等负荷分配，并可以选择性的考虑基于栏的负载量实现。当一个在选择组的栏中指定的端口关闭时，交换机可以把栏选择限制在剩下的端口集合（包含转发动作的活跃端口）中，而不是将目的端口为该端口的数据包丢弃。这种运行方式可以减少链接或交换机断开造成的破坏。

(4)Optional：fast failover：执行第一个活跃栏。每个动作栏都与一个特定的控制器活跃度的端口和/或组相关联。这些栏按照组定义的顺序进行评估，选择第一个与活跃端口或组相关的栏。这个组类型使交换机可以不需要与控制器进行来回通信而直接改变转发方式。如果没有活跃栏，则丢弃数据包。这种组类型必须实现一个活跃度机制（Liveness Mechanism）。

2.6.13 测量表

一个测量表由多个测量项组成，测量项定义每个流的流表。OpenFlow 通过流表实现各种简单的速率限制 QoS 操作，并且可以结合每个端口队列来实现如 DiffServ 这样的复杂 QoS 框架。流表测量分配给它的数据包的速率，并将这些数据包速率上报给控制器。测量器与流表项直接关联（和与端口相连的队列相反）。任何流表项都可以在动作链表中指定一个流表，这个流表测量和控制所有流表项集合的速率。同一个表中可以使用多个流表，或者是用独占方式（流表项的并查集），或者是在交换机支持的情况下每个流表项使用多个测量动作。同一组数据包可以使用多个流表，或者是在连续的流表中使用，或者是在交换机支持的情况下每个流表项使用多个测量动作。每个测量项由它的流表标识符区别，测量项包含：

(1)流表标识符（Meter Identifier）：32 位无符号整数唯一标识测量器。

(2)流表带（Meter Bands）：一个无序的 Meter Band 集合，每个 Meter Band 指明了带宽速率以及处理数据包的行为。

(3)计数器（Counters）：当数据包被测量器处理时更新。

2.6.14 流表带

每一个 Meter Entry 都可能有一个或者多个 Meter Bands，每个 Meter Band 指明了带宽速率以及对数据包的处理行为。数据包基于其当前的速率会被其中一个 Meter Band 来处理,其筛选策略是选择定义的带宽速率略低于当前数据包的测量速率的 Meter Band。假如当前数据包的测试速率均低于任何一个 Meter Band 定义的带宽速率,那么不会筛选任何一个 Meter Band。Meter Band 的具体结构如下:

(1)带类型(band type):定义了数据包的处理行为。

(2)速率(rate):测量器使用速率来选取测量带,速率定义了测量带可以使用的最低速率。

(3)burst:定义测量带的间隔。

(4)计数器(counters):被该 Meter Band 处理过的数据包的统计量。

(5)类型特定参数(type specific argument):某些 Meter Band 有一些额外的参数。

该说明书中没有"必需"(Required)带类型。控制器可以询问交换机支持哪些可选(Optional)测量器带类型。

(1)Optional: drop:丢弃数据包,可以用于定义限制速率带。

(2)Optional: dscp remark:增加数据包中 IP 报头的 DSCP 域的丢弃优先级,可以用于定义一个简单的区别服务策略(DiffServ Policer)。

2.6.15 Ingress 处理和 Egress 处理区别

在 Ingress 处理和 Egress 处理中均有流表。Ingress 处理是数据包进入 OpenFlow 交换机时进行的主要处理,可能涉及一个或多个流表。Egress 处理是在输出端口决策之后进行的处理,它发生在输出端口的环境下,可能不涉及流表、涉及一个或多个流表。Ingress 处理和 Egress 处理使用的流表几乎没有区别,流表项的构成相同、流表匹配相同、指令执行相同、Table miss 处理相同,因此控制器推荐在每个 Egress 表中设置一个不匹配表流表项来避免丢弃数据包。在某些情况下,流表可以通过改变第一个 Egress 表来为 Ingress 处理或 Egress 处理进行重新配置。

Ingress 处理刚开始时,动作组为空。用于 Ingress 处理的流表只能通过转到表指令将数据包指向进入流表,而不能用转到表指令将数据包指向外出流表。Ingress 流表通常不支持动作组输出(Action Set Output)匹配域,但在某些情况下也可以支持它。Egress 处理刚开始时,动作组中只包含一个当前输出端口的输出动作。输出动作的有效值是物理或逻辑端口,或者是控制器或本地保留端口,其他保留端口必须用它们的实际值代替。除了动作组输出匹配域,管道域的值都是保留的;如元数据匹配域的初始值是数据包被送往 Egress 处理时的值。用于 Egress 处理的流表只能通过转到表指令将数据包指向外出流表。这些用于 Egress 处理的流表必须支持动作组输出匹配域,来使流可以基于输出端口环境。它们也必须禁止在写动作指令中使用输出动作或组动作,所以数据包的输出端口不能被改变。这些限制必须在流表特征中洪泛通告。

Egress 表可以选择性的在 apply-action 指令中支持 output 动作或 group 动作。这些动作和它们在进入表中的运作方式相同,它们把数据包复件转发到指定端口,这些数据包必须从第一个 egress 表开始进行 egress 处理。如果支持,这可以用于选择性的外出镜像。交换机应该避免数据包在使用 egress 表中的外出动作或组动作时陷入无限循环。

2.7 OpenFlow 通道

OpenFlow 信道是连接 OpenFlow 逻辑交换机到 OpenFlow 控制器的接口。通过这个 OpenFlow 信道接口,控制器实现对交换机进行配置、管理、接收事件、传输数据包传到交换机等。所有 OpenFlow 信道消息须根据 OpenFlow 交换协议设定格式。OpenFlow 信道通常用 TLS 加密,也可直接基于 TCP 通信。

2.7.1 OpenFlow 交换协议概述

OpenFlow 交换协议支持三种消息类型:Controller-to-Switch、Asynchronous 和 Symmetric。每个类型都有多个子类型。Controller-to-Switch 是由控制器发起,用于直接管理或检测交换机状态。Asynchronous 消息由交换机发起,交换机用于更新来自控制器的网络事件和状态。Symmetric 消息由控制器或交换机发起,不许征询直接发送。OpenFlow 使用的消息类型如下所述。

1)Controller-to-Switch

Controller-to-Switch 消息由控制器发起,可以选择是否要求交换机回应。

特征(Features):控制器可以通过发送特征请求来询问交换机的身份标识和能力;交换机须回应特征指明交换机的身份标识和基本能力。这通常由 OpenFlow 信道的建立来执行。

配置(Configuration):控制器能够设置和询问交换机配置。交换机只回应控制器的询问消息。

修改状态(Modify-State):修改状态消息由控制器发送,用来管理交换机状态。其基本目的是添加、删除和修改流表项/组表项,插入或移除 OpenFlow 表中组的动作栏,以及设置端口属性。

读状态(Read-State):控制器使用读状态消息来从交换机中收集各种信息,例如,当前配置、统计和功能。多数读状态请求和回应由分段消息序列实现。

Packet-out:控制器使用 Packet-out 消息通过交换机特定端口发送报文,这些报文是通过 Packet-in 消息接收到的。Packet-out 消息包含整个之前接收到的 Packet-in 消息所携带的报文或者 buffer ID(用于指示存储在交换机内的特定报文)。这个消息需要包含一个动作列表,当 OpenFlow 交换机收到该动作列表后会对 Packet-out 消息所携带的报文执行该动作列表。如果动作列表为空,Packet-out 消息所携带的报文将被 OpenFlow 交换机丢弃。另外 Packet-out 的动作列表可以包含 output 到保留端口 table 的动作,该动作表示 Packet-out 携带或者指示的报文会重新被 OpenFlow 流程处理。Controller 收到 Packet-in 报文,并回应一个 flow modify 报文添加流表项,以匹配 Packet-in 所携带的报文,同时再下发该 Barrier Request 消息保证流表项添加完毕,Controller 收到 barrier reply 消息后再回应 Packet-out 报文并携带包含有 output 到 table 的动作列表。

Barrier Message:Barrier 请求/应答消息用于 Controller 确认消息已经被接收。Barrier 消息结构中仅含有 OpenFlow 通用报文头,其中 BARRIER_REQUEST 报文的类型为 0x14,BARRIER_REPLY 报文的类型为 0x15。

角色请求(Role-Request):控制器使用角色请求消息来设定 OpenFlow 信道的角色,设置控制器 ID,或者询问这些信息。这主要用在交换机连接多个控制器的情况下。

异步配置(Asynchronous-Configuration):控制器使用异步配置消息来设置一个额外的异步消息过滤器,以从 OpenFlow 信道上接收其需要的异步消息,或者用来询问该过滤器。这主要用在交换机连接多个控制器的情况下,并通常在 OpenFlow 信道建立时使用。

2)异步

异步信息不需要控制器向交换机请求直接发送。交换机向控制器发送异步消息通告数据包到达或者交换机状态改变。主要的异步消息类型如下所述。

Packet-in:向控制器转移数据包的控制权。对于所有用流表项或不匹配表流表项转发到控制器保留端口的数据包,Packet-in 事件通常被送往控制器。其他处理如 TTL 检查也可能产生将数据包送往控制器的 Packet-in 事件。Packet-in 消息可以被配置为缓存数据包。由流表项或组栏的输出动作产生的 Packet-in,它可以由输出动作本身单独指明;对于其他的 Packet-in,可以在交换机配置中配置。如果 Packet-in 事件被配置为缓存数据包并且交换机有足够的存储空间来缓存,那么 Packet-in 事件只包含数据包报头的一些片段和当其为交换机转发该数据包做好准备时控制器使用的缓冲区 ID。不支持内部缓存的交换机被配置为不为 Packet-in 消息缓存数据包。内部缓存用尽的交换机必须将完整的数据包作为事件部分发给控制器。缓存数据包通常通过一个来自控制器的 Packet-out 和 Flow－mod 消息进行处理,或者在一段时间之后自动过期失效。

如果数据包被缓存,包含在 Packet-in 中的原数据包的字节数可以被配置。默认为 128 字节。对于由流表项或组栏中的输出动作产生 Packet-in,可以由输出动作本身单独指明,对于其他 Packet-in,可以在交换机配置中进行配置。

流移除(Flow-Removed):告知控制器一个流表项已从流表中移除。流移除消息只在有 OFPFF_SEND_FLOW_REM 标记设置的流表项被移除时发送。流移除消息是作为控制器流删除请求,或当超过一个流超时限制时交换机流失效处理的结果产生的。

端口状态(Port-Status):告知控制器端口变化。当端口配置或端口状态变化时,交换机应该向控制器发送端口状态消息。这些事件包括端口配置事件中的变化,如端口被用户直接关闭;还有端口状态改变事件,如链路关闭。

角色状态(Role-Status):告知控制器其角色变化。当一个新的控制器选为主控时,交换机应该向之前的主控控制器发送角色状态消息。

流监控(Flow-Monitor):告知控制器流表的变化。控制器可以定义一组监控来跟踪流表的变化。

3)对称

在任何方向上发送对称消息不需要询问。

Hello:连接建立时,问候消息在交换机和控制器之间交换。

Echo:回音请求/回复消息由控制器或交换机发送,必须用一个回音回复进行回应。回音消息主要用来检查控制器交换机连接的活跃度,也可以被用于测量连接的延迟或带宽。

错误(Error):错误消息由交换机或控制器使用,用于向连接的另一方发送问题通知。多数情况下交换机使用错误消息,来指出控制器提出的请求失败。

实验者(Experimenter):实验者消息为 OpenFlow 交换机提供了一个标准方式来增加在 OpenFlow 消息类型空间中的附加功能。这是为未来 OpenFlow 修订所保留的待命区域。

2.7.2 消息处理

OpenFlow 交换协议提供可靠的消息传输和处理,但不能自动地提供确认,或保证消息的顺序处理。这一节中描述的 OpenFlow 消息处理行为在主连接和辅助连接上用可靠传输提供,但它不支持在辅助连接上用不可靠传输。

消息传输(Message Delivery):消息是保证送达的,除非 OpenFlow 信道完全失效,在这种情况下,控制器不应该采用任何关于交换机状态的信息,例如,交换机可能已经进入“失效独立模式”。

消息处理(Message Processing):交换机必须处理从控制器接收的每条消息,有些时候可能产生回应。如果交换机不能完全处理从控制器接收的消息,那么它必须发送一个错误消息。对于 Packet-out 消息,完全处理消息不能保证其中包含的数据包实际上退出了交换机。消息中包含的数据包可能在 OpenFlow 处理之后由于交换机的拥塞、QoS 策略或被送往阻塞或无效的端口,而被默默丢弃。

另外,交换机必须把因 OpenFlow 状态变化所产生的异步消息发送给控制器,如流移除、端口状态或 Packet-in 消息,因此控制器始终查看到的是交换机的实际状态。这些消息可能基于异步配置被过滤掉。还有,会触发 OpenFlow 状态变化的条件可能会在造成这种变化之前被过滤。例如,数据端口接收到的应该被转发给控制器的数据包可能由于拥塞或 QoS 策略而在交换机中被丢弃,不产生 Packet-in 消息。这种丢弃可能会发生在有显示输出到控制器的输出动作的数据包上,也可能发生在数据包不能与表中的任何表项匹配,并且表的缺省动作时发送给控制器时。建议对注定发往控制器的数据包采取监控,以防止拒绝控制器连接服务,这时可以通过控制器端口上的一个队列或用每个流测量器实现。控制器可以忽略接收到的消息,但对回音消息必须回应,以免交换机关闭连接。

消息分组(Message Grouping):控制器可以用可选的束消息(Bundle Message)将相关的消息合为一组。在束中的消息集合被用作一个单元,它们一起进行处理,如果出现任何错误,则不应用任何一个消息。如果束被配置为有序,则束中的消息集合也按顺序应用。一个束的处理是独立于其他消息和束的处理的。

Message Ordering:通过 Barrier 消息可以确定消息的排序。在没有 Barrier 消息时,交换机可以任意对消息排序以实现性能最大化,因此,控制器不应该依赖于一个特定的处理顺序。特别是流表项可以以不同于交换机接收到流 mod 的顺序,被插入到表中。消息不能越过 Barrier 消息重新排序,Barrier 消息只能在所有优先消息处理完成后开始处理,更确切地说,Barrier 之前的消息必须在 Barrier 之前被完全处理,包括发送最终的回应或错误,然后必须处理 Barrier,状态应和数据通路与发送的 Barrier 回复一致,可以开始 Barrier 之后的消息处理;如果两个来自控制器的消息相互依赖,必须被一个 Barrier 消息分隔开,或者放到一个相同的顺序束里。这种消息依赖性的实例包括:随一个流 mod 添加的组 mod 将会添加其中引用的组,或添加带有一个用于转发到端口的 Packet-out 的端口 mod,或添加一个将下一个 Packet-out 添加到 OFPP_TABLE 的流 mod。

2.7.3　OpenFlow 信道连接

OpenFlow 信道用于在一个 OpenFlow 交换机和一个 OpenFlow 控制器之间交换 OpenFlow 消息。一个典型的 OpenFlow 控制器管理多个 OpenFlow 信道,每个信道连接不同的交换机。

一个 OpenFlow 交换机可以有一个 OpenFlow 信道连接一个控制器,也可以有多个信道来提高可靠性,每个信道连接一个不同的控制器。

一个 OpenFlow 控制器跨越一个或多个网络远程管理一个 OpenFlow 交换机。用于 OpenFlow 信道的网络详细说明超出本说明书的范围。它可以是一个分离的专用网络(带外控制器连接),或者 OpenFlow 信道可以使用由 OpenFlow 交换机管理的网络(带内控制器连接)。唯一的要求就是网络需要提供 TCP/IP 连接。

OpenFlow 信道通常被实体化为一个使用 TLS 或简单 TCP 的在交换机和控制器之间的网络连接。作为另一种选择,OpenFlow 信道可以有多个网络连接来实现并行性。OpenFlow 交换机必须能通过初始化一个到 OpenFlow 控制器的连接,来创建一个 OpenFlow 信道。一些交换机实现可以选择性的允许一个 OpenFlow 控制器连接到 OpenFlow 交换机,这种情况下交换机通常应该限制自身只连接到安全的连接以防连接到无权限的连接。

1)连接 URI

交换机通过独有的连接 URI 来识别一个控制器连接。这个 URI 必须符合 RFC 3986 中定义的 URI 语法,特别是在字符编码方面。连接 URI 可能具有以下形式之一:

protocol:name-or-address:port(协议:名称或地址:端口)

protocol:name-or-address(协议:名称或地址)

协议域定义了用于 OpenFlow 消息的传输方式。主连接中协议可以用的值是 tls 或 tcp。辅助连接中可用的值是 tls、dtls、tcp 或 udp。

名称或地址域是控制器的主机名或 IP 地址。如果主机名是本地配置的,则推荐 URI 使用 IP 地址。如果主机名通过 DNS 可查,只要保持一致 URI 可以使用任意两者之一。当地址是 IPv6 时,地址应该和 RFC 2732 建议的一样被装入方括号中。

端口域是控制器使用的传输端口。如果没有指定端口域,则必须等价设置该域为默认 OpenFlow 传输端口 6653。

如果交换机实现支持一种本说明书中没有定义的 OpenFlow 连接传输方式,那么它必须使用一个准确定义这种传输类型的协议。这种情况下,连接 URI 的剩余部分是协议定义的。

下面给出一些连接 URI 的实例。

· tcp:198.168.10.98:6653

· tcp:198.168.10.98

· tls:test.opennetworking.org:6653

· tls:[3ffe:2a00:100:7031:1]:6653

连接 URI 通常代表交换机角度的连接信息。如果网络转译了地址或端口,这个地址或端

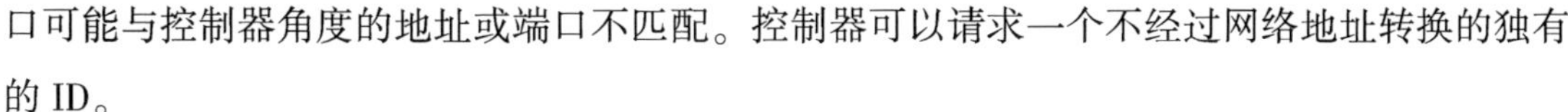

口可能与控制器角度的地址或端口不匹配。控制器可以请求一个不经过网络地址转换的独有的ID。

2)连接建立

交换机必须能在一个用户可配置(固定)的连接URI上与控制器建立使用用户指定的传输端口或默认OpenFlow传输端口6653的通信。如果交换机用一个要连接的控制器的连接URI配置,交换机初始化一个连接URI域指定的到控制器的标准TLS或TCP连接。交换机必须使这些连接能建立和维护。对于带外连接,交换机必须保证发送和来自OpenFlow信道的通信量不经过OpenFlow管道;对于带内连接,交换机必须在OpenFlow管道中为该连接建立一组合适的流表项。

交换机可以选择允许控制器初始化连接。这种情况下,交换机应该接收来自控制器的使用用户指定的传输端口,或默认OpenFlow传输端口6653的新增标准TLS或TCP连接。一旦连接建立,由交换机初始化和控制器初始化的连接运转是相同的。

当一个OpenFlow连接初次建立时,连接的两端必须立即发送一个OFPT_HELLO消息,其中的版本域设为发送方支持的最高OpenFlow交换协议版本。这个问候消息可以选择包含一些OpenFlow要素来帮助建立连接。收到这个消息后,接收方必须计算要使用的OpenFlow交换协议版本。如果发送的问候消息和收到的问候消息都包含OFPHET_VERSIONBITMAP问候元素,并且这些位图中有一些共同的位组,那么最终协定的版本必须是同时在两个位图中的最高版本。否则,最终协定的版本就必须是在接收和发送的版本域中最小版本号。如果接收方支持最终协定版本,则连接继续。否则接收方必须回复一个hello failed错误消息,然后终止连接。

在交换机和控制器交换了OFPT_HELLO消息并成功协定了一个共同的版本号之后,连接建立完成,标准OpenFlow消息就可以在连接上进行交换了。控制器首先做的就是发送一个OFPT_FEATURES_REQUEST消息来获取交换机的数据通路ID。

3)连接维护

OpenFlow连接维护多数由潜在的TLS或TCP连接机制完成,这保证OpenFlow连接能被各种网络和条件支持。侦听连接干扰和终止连接的主要机制必须是TCP超时和TLS会话层超时(可用时)。

每条连接必须单独维护,如果连接一个指定控制器或交换机的连接终止或损坏,不应该导致连接其他控制器或交换机的连接终止。当主连接终止或损坏时相应的辅助连接也必须终止,另一方面如果辅助连接终止或损坏则不应该影响主连接或其他辅助连接。

当连接因网络情况或超时而终止时,如果交换机或控制器时连接的发起方,那么它应该尝试重新连接到另一方,直到新连接建立或另一方的连接URI从它的配置中被移除。尝试重新连接应该以一种递增的时间间隔进行,以避免过量信息淹没网络和另一方,初始时间间隔应该比 TCP 连接建立超时时限长。

OpenFlow 消息不按顺序处理，交换机处理一些请求可能花很长的时间，控制器不能因为请求花费太多时间而终止连接。这条规则有一个例外是回音回复（echo replies），如果对一个回音请求的回复花费过多时间，控制器或交换机可以终止连接，但必须有停止这一功能的方式，并且为了适应各种条件超时时限应该足够大。接收到一个 OpenFlow 错误消息时控制器或交换机可以终止连接，如没有找到共同的 OpenFlow 版本或某一方不支持某个基本特征。这种情况下，结束连接的一方应该不再尝试自动重连。

流控制也是用潜在 TCP 机制（可用时）完成的。对于基于 TCP 的连接，如果交换机或控制器不能尽快地处理进入的 OpenFlow 消息，则它应该停止为该连接服务（停止从该套接字读消息），来引发 TCP 流控制停止发送方发送。控制器应监控其发送队列，避免队列过长。对于基于 UDP 的辅助连接，如果交换机或控制器不能尽快地处理进入的 OpenFlow 消息，则它应该丢弃过量的消息。

4）连接干扰

在交换机失去与一个控制器的联系的情况下，它必须给所有仍保持连接的控制器（如果有）发送一个控制器状态消息以表明身份，并且控制失效控制器信道状态。如果交换机失去与多个控制器的联系，它必须为每个失效控制器发送控制器状态消息。这使剩下的控制器可以采取措施，即使它们也不能彼此通信。当 OpenFlow 信道重新建立好后，交换机必须向所有控制器发送一个更新的控制器状态消息。

作为回音请求超时、TLS 会话超时或其他连接的断开的结果，交换机失去与所有控制器的联系，此时交换机必须立即进入“失效安全模式”（fail secure mode）或“失效独立模式”（fail standalone mode），交换机使用 OFPP_NORMAL 保留端口处理所有数据包；换句话说，交换机像传统以太网交换机或路由器一样工作。当处于“失效独立模式”时，交换机可以自由地以任何方式使用流表，交换机可以删除、添加或修改任何流表项。“失效独立模式”通常只在混合交换机上可用。

当 OpenFlow 信道重新建立时，此时流表中的流表项保留，重新开始正常的 OpenFlow 操作。如果需要，控制器此时有使用流状态请求读所有流表项的选项，用来将它的状态与交换机状态重新同步化。控制器也可以选择有使用流修改请求删除所有流表项的选项，来使交换机回到一个干净状态。

交换机第一次启动时，它将会执行“失效安全模式”或“失效独立模式”，直到成功地连接到一个控制器。启动时要使用的默认流表项组的配置在 OpenFlow 交换协议范围之外。

5）加密

交换机和控制器可以通过一个 TLS 连接通信。如果一个有效连接 URI 指定 tls 作为协议,那么交换机初始化一个到控制器的 TLS 连接,控制器监听用户指定的 TCP 端口或默认 TCP 端口 6653。也可以选择由控制器初始化到交换机 TLS 连接,交换机监听用户指定的 TCP 端口或默认 TCP 端口 6653。交换机和控制器通过交换以特定地址的私有密钥为标志的证明来相互认证。每个交换机有一个认证控制器的证明(控制器证明)和一个控制器认证交换机的证明(交换机证明),这两个证明必须是用户可配置的。

交换机和控制器可以选择用简单 TCP 进行通信。简单 TCP 可以用于不加密通信(不推荐),或用于实现一个轮流的加密配置,如使用 IPsec 或 VPN,这种配置的细节不在说明书范围内。如果一个有效连接 URI 指定 tcp 作为协议,交换机初始化一个到控制器的 TCP 连接,控制器监听用户指定的 TCP 端口或默认 TCP 端口 6653。也可以选择由控制器初始化到交换机 TCP 连接,交换机监听用户指定的 TCP 端口或默认 TCP 端口 6653。当使用简单 TCP 时,推荐使用可替代安全措施来防止窃听、控制器假冒或 OpenFlow 信道上的其他攻击。

6)多控制器

交换机可以和单个控制器建立通信,也可以和多个控制器建立通信。拥有多个控制器可提高可靠性,如果一个控制器或控制器连接失效,交换机也可以继续使用 OpenFlow 模式进行操作。控制器之间的移交是由控制器自身初始化的,这实现快速从故障中恢复和控制器负载均衡。控制器使用一种机制协调它们之间对交换机的管理,这种机制在现有说明书范围之外。多控制器功能的目标只是帮助同步控制器切换。多控制器功能只用于控制器容错和负载均衡,而不用于虚拟化,虚拟化在 OpenFlow 交换协议之外实现。

OpenFlow 操作初始化后,交换机必须连接到所有它配置的控制器,并且同时维护所有连接。控制器可以给交换机发送控制器对交换机命令,这些命令的回复或错误消息只能发到与该命令相关的控制器连接上。异步消息可能需要送到多个控制器,这个消息为每个符合资格的 OpenFlow 信道复制一份,当相应的控制器连接允许时发送这些消息。

控制器的默认角色是 OFPCR_ROLE_EQUAL。在这种角色模式中,控制器可以完全访问交换机,和其他相同角色的控制器是同等的。缺省情况下,控制器接收所有交换机异步消息(如 Packet-in、流移除)。控制器可以发送控制器对交换机命令来修改交换机状态。交换机不能做任何控制器之间的仲裁或资源共享。

控制器可以请求将其角色改为 OFPCR_ROLE_SLAVE。在这种角色模式中,控制器对交换机只有读权限。缺省情况下,控制器不能接收交换机的除了端口状态消息之外的异步消息。控制器拒绝执行所有发送数据包或修改交换机状态的控制器对交换机命令。例如,必须拒绝主体为空的 OFPT_PACKET_OUT、OFPT_FLOW_MOD、OFPT_GROUP_MOD、OFPT_PORT_MOD、OFPT_TABLE_MOD 请求和 OFPMP_TABLE_FEATURES 分段请求。如果控制器发送其中一个命令交换机必须回复一个 Is Slave 错误消息。其他控制器对交换机消息如 OFPT_ROLE_

REQUEST、OFPT_SET_ASYNC 和 OFPT_MULTIPART_REQUEST 只询问数据，应该正常处理。

控制器可以请求将其角色改为 OFPCR_ROLE_MASTER。这个角色和 OFPCR_ROLE_EQUAL 相似，对交换机有完全权限，区别在于交换机必须保证这个控制器是唯一一个处于该角色的控制器。当控制器请求将其角色改为 OFPCR_ROLE_MASTER 时，交换机把当前角色为 OFPCR_ROLE_MASTER 的控制器改为 OFPCR_ROLE_SLAVE 角色，但不影响其他角色为 OFPCR_ROLE_EQUAL 的控制器。当交换机进行这种角色改变时，如果一个控制器角色由 OFPCR_ROLE_MASTER 变为 OFPCR_ROLE_SLAVE，那么交换机必须为控制器产生一个控制器角色状态事件来告知其新状态（很多情况下该控制器变得不可达，交换机可能不能传输这个事件）。

每个控制器可以发送一个 OFPT_ROLE_REQUEST 消息来把它的角色告知交换机，交换机必须存储每个控制器连接的角色。只要消息中的 generation_id 是当前 generation_id（见下文），控制器可以在任何时候改变角色。角色请求消息提供一个轻量机制来帮助控制器管理选举程序、控制器配置角色和控制器之间的并行。交换机不能自己改变控制器的状态，控制器状态的改变通常是由于其中一个控制器发来的请求。任何从动（slave）控制器和平等（equal）控制器可以选择自身成为主控（master）。交换机可以同时连接到多个处于平等状态的控制器，多个处于从动状态的控制器，和最多一个处于主控状态的控制器。处于主控状态的控制器（如果有）和所有处于平等状态的控制器可以完全改变交换机状态，这些控制器之间没有强制划分交换机的机制。如果处于主控角色的控制器需要成为唯一可以改变交换机的控制器，那么不应该有控制器处于平等状态，所有其他控制器应该为从动状态。控制器也可以用 OFPT_ROLE_REQUEST 消息来设置交换机在控制器状态消息中使用的 ID 号。这在 OpenFlow 连接遍历一个改变 IP 标识的 NAT 边界时特别有用，因为控制器状态消息中的 URI 通常代表连接的交换机视角。

控制器也可以控制在它的 OpenFlow 信道上发送的交换机异步消息的类型，并且更改以上所述的缺省情况。这是通过一个异步配置消息完成的，监听特定的 OpenFlow 信道上每个需要使用或过滤的消息类型的所有原因。利用这种特性，不同的控制器可以接收不同的通知，主控模式的控制器可以选择不接收它不关注的通知，从动模式的控制器可以接收它想要监控的通知。

为了在主控/从动转变中监听失序消息，OFPT_ROLE_REQUEST 消息包含一个 64 位的序列数域即 generation_id，标识了一个给定的主控权视角。作为主控选择机制的一部分，控制器（或一个代表其自身的第三方）协调 generation_id 的分配。Generation_id 是一个单调递增的计数器：每当主控权视角改变，分配一个新的（更大的）generation_id，如指派新的主控时。Generation_id 可以环绕使用。

当接收到角色等价于 OFPCR_ROLE_MASTER 或 OFPCR_ROLE_SLAVE 的 OFPT_ROLE_REQUEST 时交换机必须将消息中的 generation_id 与目前收到过的最大 generation_id 比较。一个 generation_id 小于之前收到过的最大 generation_id 的消息必须被看作陈旧废弃的，交换机必须回复一个 Stale 错误消息。以下伪代码描述交换机处理 generation_id 的行为。交换机启动时：

```
generation_is_defined = false;
```

接收到角色等价于 OFPCR_ROLE_MASTER 或 OFPCR_ROLE_SLAVE 并有一个给定的 generation_id 命名为 GEN_ID_X 的 OFPT_ROLE_REQUEST 时：

```
if (generation_is_defined AND
distance(GEN_ID_X, cached_generation_id) < 0) {
 <discard OFPT_ROLE_REQUEST message>;
 <send an error message with code OFPRRFC_STALE>;
} else {
cached_generation_id = GEN_ID_X;
generation_is_defined = true;
 <process the message normally>;
}
```

其中，distance( ) 是如下定义的环形序列号距离(Wrapping Sequence Number Distance)运算符：

```
distance(a, b) := (int64_t)(a - b)
```

即，distance( )是无符号的不同序列号，被转译为有符号的二进制补码值。如果 a 大于 b（在一个环形概念中）但小于序列号空间的一半，结果将会是一个正的距离。不然则会得出一个负的距离(a < b)。如果 OFPT_ROLE_REQUEST 中的角色 OFPCR_ROLE_EQUAL，交换机必须忽略 generation_id，因为 generation_id 是专门为消除主控/从动转变中的竞争条件的歧义而设计的。

7)辅助连接

默认情况下，一个 OpenFlow 交换机和一个 OpenFlow 控制器之间的 OpenFlow 信道是一个网络连接。OpenFlow 信道也可能由一个主连接和多个辅助连接构成。辅助连接由 OpenFlow 交换机创建，能帮助提高交换机处理和利用多数交换机实现的并行性。辅助连接通常由交换机初始化，但也可以由控制器配置。

每条从交换机到控制器的连接由交换机的数据通路(Datapath) ID 和一个辅助(Auxiliary) ID 标识。主连接必须把它的辅助 ID 设置为零，同时辅助连接必须有一个非零的辅助 ID 和相同的数据通路 ID。辅助连接必须用与主连接一样的源 IP 地址,但可以根据交换机配置使用不同的传输方式,如 TLS、TCP、DTLS 或 UDP。辅助连接应该有和主连接相同的目的 IP 地址和传输目的端口,除非交换机配置另外定义。控制器必须识别接入辅助 ID 不为零的连接作为辅助连接,并用相同的数据通路 ID 将它们捆绑到主连接上。

交换机在完成主连接上的连接建立之前不能初始辅助连接,只有在相应的主连接保持活跃时交换机才能建立和维护到控制器的辅助连接。为辅助连接而建立的连接与为主连接建立的一样。如果交换机侦听到连接控制器的主连接损坏,它必须立即关闭所有连接该控制器的辅助连接,来使控制器能正确地解决数据通路 ID 冲突。

OpenFlow 交换机和 OpenFlow 控制器都必须连接上接受任意 OpenFlow 消息类型和子类型:主连接或辅助连接不能被限制于某个特定消息类型或子类型。然而,在不同连接上的不同消息类型或子类型的处理性能可能不同。交换机可能用不同的优先级为不同的辅助连接服务,如一个辅助连接可能被有高优先级的请求,通常在其他辅助连接之前被交换机处理。交换机配置如使用 OpenFlow 配置协议可以选择配置辅助连接的优先级。对一个 OpenFlow 请求的回复必须对与它进入时相同的连接进行。连接之间不存在同步,不同连接上发送的消息可以按任意顺序处理。barrier 消息只在使用它的连接上应用。使用 DTLS 或 UDP 的辅助连接可能会丢失消息或对消息重新排序,OpenFlow 不提供这些连接上的排序或传输保证。如果消息必须按顺序处理,则它们必须在同一条连接上传送,使用一条不会对数据包重新排序的连接,并使用 barrier 消息。

控制器可以自由地使用在其判断范围内的各种交换机连接来发送 OpenFlow 消息,但是为了使性能最大化大多数交换机建议使用以下方针:所有不是 Packet-out(flow - mod、statistic 请求)的 OpenFlow 控制器请求应该通过主连接发送。连接维护消息(问候、回音请求、特征请求)应该在主连接和每个需要的辅助连接上发送。所有包含一个来自 Packet-in 消息的数据包的 Packet-out 消息应该通过 Packet-in 消息送进的连接发送。所有其他 Packet-out 消息应该用一种保持所有相同流的数据包映射到一个相同连接的机制通过各种辅助连接进行传播。如果想要的辅助连接不能使用,控制器应该使用主连接。交换机可以自由地使用各种控制器连接来发送其想发送的 OpenFlow 消息,但建议使用一下方针:

(1)所有不是 Packet-in 的 OpenFlow 消息应该通过主连接发送。

(2)所有 Packet-in 消息使用一种保持相同流的数据包的映射到同一连接的机制通过各种辅助连接进行传播。

使用不可靠传输(UDP、DTLS)的辅助连接相比于使用其他传输(TCP、TLS)的辅助连接有一些额外的限制和规则。不可靠辅助连接上只支持 OFPT_HELLO、OFPT_ERRO、OFPT_ECHO_REQUEST、OFPT_ECHO_REPLY、OFPT_FEATURES_REQUEST、OFPT_FEATURES_REPLY、

OFPT_PACKET_IN、OFPT_PACKET_OUT 和 OFPT_EXPERIMENTER 等消息类型,本说明书中不支持其他消息类型。每个 UDP 数据包中必须包含一个 OpenFlow 消息的整数。多个 OpenFlow 消息可以在同一个 UDP 数据包中发送,OpenFlow 消息不能分开存在于多个 UDP 数据包中。使用 UDP 或 DTLS 连接的部署建议将网络和交换机配置为避免 UDP 数据包 IP 分片。

在不可靠的辅助连接上,连接初始化时发送问候消息来建立连接。如果 OpenFlow 装置在收到问候消息之前接收到一个不可靠辅助连接的其他消息,该装置或者是假定连接已经正确建立,并且使用这个消息中的版本号,或者回复一个具有 OFPET_BAD_REQUEST 类型和 OFPBRC_BAD_VERSION 代码的错误消息。如果一个 OpenFlow 装置从一个不可靠辅助连接上接收到一个具有 OFPET_BAD_REQUEST 类型和 OFPBRC_BAD_VERSION 代码的错误消息,它必须发送一个新的问候消息,或终止该不可靠辅助连接(连接可以过一段时间后再次尝试连接)。在一些实现选择的低于 5s 的时间总量之后,如果没有从辅助连接上接收到任何消息,该装置必须发送一个新的问候消息,或终止该不可靠辅助连接。如果在发送了一个特征请求消息之后,在一些实现选择的低于 5s 的时间总量之后控制器没有接收到特征回复消息,那么装置必须发送一个新的特征请求消息或终止该不可靠辅助连接。如果在接收消息之后,装置在一些实现选择的低于 30s 的时间之内没有收到任何消息,装置必须终止该辅助连接。如果装置接收到一个来自已经终止的不可靠辅助连接的消息,则必须假定其为一条新的连接。

使用不可靠辅助连接的 OpenFlow 装置应该遵循 RFC 5405 中的建议。不可靠辅助连接可以被看作是一条封装的信道,除了 OFPT_PACKET_IN 和 OFPT_PACKET_OUT 消息之外的 OpenFlow 消息都应被禁用。如果一些封装在 OFPT_PACKET_IN 消息中的数据包不是 TCP 数据包或不属于一个有合适的拥塞控制的协议,控制器应该把交换机配置为由测量器或队列处理消息来实现拥塞管理。

2.7.4 流表修改消息

流表修改消息可以有以下类型:

```
enum ofp_flow_mod_command {
OFPFC_ADD = 0, /* New flow. 新的流 */
OFPFC_MODIFY = 1, /* Modify all matching flows. 修改所有匹配流 */
OFPFC_MODIFY_STRICT = 2, /* Modify entry strictly matching wildcards and
priority. 修改与通配符和优先级严格匹配的项 */
OFPFC_DELETE = 3, /* Delete all matching flows. 删除所有匹配流 */
OFPFC_DELETE_STRICT = 4, /* Delete entry strictly matching wildcards and
```

priority.删除与通配符和优先级严格匹配的项 */

};

对于带有 OFPFF_CHECK_OVERLAP 标志组的添加请求(OFPFC_ADD),交换机必须首先检查被请求的表中是否有重叠流表项。两个流表项重叠,如果一个数据包可以匹配这两个流表项,则两个流表项具有相同的优先级。如果一个已有流表项和增加请求之间存在一个重叠冲突,交换机必须拒绝添加,并回复一个重叠错误消息。

对于无重叠添加请求或没有重叠检查的请求,交换机必须在被请求的表中插入这个流表项。如果有相同匹配域和优先级的流表项已经常驻与该表中,那么从表中清除该表项,包括其持续时间,并添加新的流表项。如果设定了 OFPFF_RESET_COUNTS 标记,则流表项计数器必须清除,不然就从替换的流表项中复制出来。作为添加请求结果部分的被删除的流表项不产生流移除消息。如果控制器需要流移除消息,它应该明确地对旧的流表项发送一个优先于添加新流表项的删除请求。

对于修改请求(OFPFC_MODIFY 或 OFPFC_MODIFY_STRICT),如果表中存在匹配项,则该项中的指令域被请求中的值替换,而它的 cookie、idle_timeout、hard_timeout、flags、counters 和持续域保持不变。如果设定了 OFPFF_RESET_COUNTS 标记,则必须清除流表项计数器。对于修改请求,如果当前存在于被请求表中的流表项没有能匹配该请求的,则没有错误被记录,也没有流表修改发生。

对于删除请求(OFPFC_DELETE 或 OFPFC_DELETE_STRICT),如果表中存在匹配项,则必须删除该项,如果该项有 OFPFF_SEND_FLOW_REM 标记组,则它应该产生一个流移除消息。对于删除请求,如果当前没有常驻于被请求表的流表项能与请求相匹配,则不记录错误,也不发生流表修改。

修改和删除流 mod 命令都有非严格版本(OFPFC_MODIFY 和 OFPFC_DELETE)和严格版本(OFPFC_MODIFY_STRICT 或 OFPFC_DELETE_STRICT)。在严格版本中,匹配域集——所有匹配域,包括其掩码和优先级,都和流表项严格匹配,并且只有一个相同的流表项被修改或移除。例如,如果发送一个用来移除流表项的不包含匹配域的消息,OFPFC_DELETE 命令将从表中删除所有流表项,而 OFPFC_DELETE_STRICT 命令只删除在特定优先级的应用于所有数据包的流表项。

对于非严格的修改和删除命令,所有匹配流 mod 的流表项都被修改或移除。在非严格版本中,在一个流表项能准确匹配或比流 mod 命令中的描述更明确时发生匹配。在流 mod 中将对缺失的匹配域进行通配,域掩码有效,忽略其他的流 mod 域如优先级。例如,如果一个 OFPFC_DELETE 命令要求删除所有目的端口为 80 的流表项,则能与所有匹配域进行通配的流表项不会被删除。然而,一个可以和所有匹配域进行通配的 OFPFC_DELETE 命令将会删除匹配所有 80 号端口传输的流表项。这种相同的混合通配符和准确的匹配域的译码也应用于个体和集合流状态请求。

删除命令可能被目的组或输出端口选择性过滤。如果输出端口域包含一个不是 OFPP_ANY 的值,则在匹配时引入一个约束。这个约束是:每个匹配流表项必须在与该流表项关联的动作中包含一个指向特定端口的输出动作。该约束只限于与该流表项直接相关的动作。换句话说,交换机不可以在指向组的动作栏中递归,指向组动作栏中可能含有匹配输出动作。不是 OFPG_ANY 的 out_group 将在组动作上引入一个类似的约束。OFPFC_ADD、OFPFC_MODIFY 和 OFPFC_MODIFY_STRICT 忽略这些域。

如果 cookie_mask 域包含一个非 0 值,修改和删除命令也可能被 cookie 值过滤。该约束是:在流 mod 的 cookie 域中和流表项 cookie 值中的 cookie_mask 指定的位必须相等。换句话说,(flow entry. cookie&flow mod. cookie mask) = = (flow mod. cookie&flow mod. cookie mask).

删除命令可以在 table_id 使用 OFPTT_ALL 值来指示从所有流表中删除匹配流表项。如果交换机不能为被请求表找到添加新的流表项的空间,交换机必须返回一个表满(Table Full)错误消息。交换机必须验证 Flow - mod 消息内容,为指令错误、匹配错误、动作错误、测量器错误和其他流 mod 错误返回合适的错误消息。

2.7.5 流移除

从流表中移除流表项有三种方式:通过控制器请求,或者通过交换机流超时机制,或者通过可选的交换机驱逐机制。交换机流超时机制是由交换机基于流表项的状态和配置运行的,独立于控制器。每个流表项有一个 idle_timeout 和 hard_timeout 与之关联。如果 hard_timeout 域非零,交换机必须记录流表项的到达时间,因为之后交换机可能需要驱逐该流表项。非零的 hard_timeout 域使流表项在给定的秒数之后被移除,不论该流表项匹配了多少个数据包。如果 idle_timeout 域非零,交换机必须记录与该流相关的最后一个数据包的到达时间,因为之后交换机可能需要驱逐该流表项。非零 idle_tmeout 域使在给定秒数内不能与任何数据包匹配的流表项被移除。交换机必须实现流超时,并且当超出某一超时限制时从流表中移除流表项。

控制器可以通过删除流表修改消息(OFPFC_DELETE 或 OFPFC_DELETE_STRICT)主动从流表中移除流表项。流表项被移除也可能是组或测量器被控制器移除所导致的结果。另一方面,当添加、修改或移除端口时,流表项绝不会被移除或修改,如果需要控制器必须明确地移除这些流表项。

当交换机需要回收资源时流表项可能会被从流表中驱除。流表项驱除只发生在明确启用该功能的流表中。流表项驱逐是一项可选特征,用于选择驱逐哪个流表项的机制是由交换机

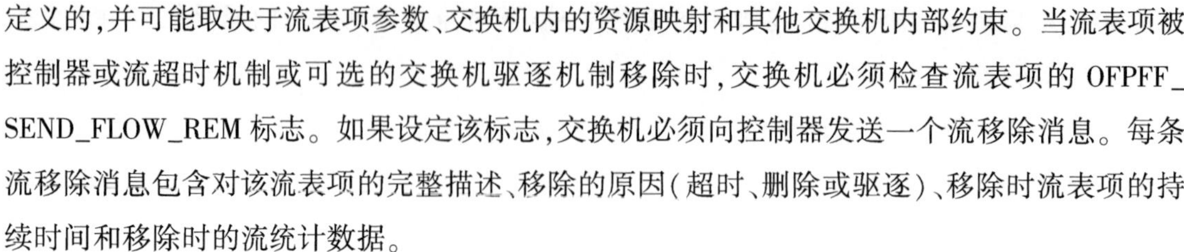

定义的，并可能取决于流表项参数、交换机内的资源映射和其他交换机内部约束。当流表项被控制器或流超时机制或可选的交换机驱逐机制移除时，交换机必须检查流表项的 OFPFF_SEND_FLOW_REM 标志。如果设定该标志，交换机必须向控制器发送一个流移除消息。每条流移除消息包含对该流表项的完整描述、移除的原因（超时、删除或驱逐）、移除时流表项的持续时间和移除时的流统计数据。

2.7.6 流表同步

流表可以选择与另一个流表同步。当一个流表被同步时，其内容由交换机自动更新以反映与之同步的流表的变化。该机制使交换机能实现在 OpenFlow 管道不同点上的同一数据不同视角的多种匹配。流表可以被单向（一个流表与另一个流表同步）或双向（两个流表相互同步）同步，交换机也可以定义一个与多个表同步或与其自身同步的流表。流表的同步在表特征消息中描述，每个同步的流表包括一个识别同步来源流表的流表性质。对于同步的流表，当来源流表添加、修改或移除一个流表项时，交换机必须在同步的流表中自动添加、修改或移除相应的流表项。如果来源流表中添加了一个带有 OFPFF_CHECK_OVERLAP 标志组的流表项，并且相应的流表项与同步流表中已常驻的流表项重叠，则交换机必须拒绝该 flow - mod 请求并回复一个不能同步（Can't Sync）错误消息。如果来源流表中添加了一个流表项，并且在同步流表中已经常驻了一个与该相应流表项有完全相同的匹配和优先级的旧流表项，那么已经存在的流表项必须被替换为同步流表项，并且不为旧流表项产生流移除消息。如果来源流表修改或移除一个流表项，同时相应流表项已不存在于同步流表中，则不应该在同步流表中修改、移除或创建流表项。

在同步流表中创建的流表项可以不与来源流表中相应流表项完全相同，因为它们是对同一数据的不同视角。这些同步流表项之间的翻译不由 OpenFlow 协议指定，而是取决于交换机实现和配置。例如，同步流表项可能有不同的指令集和动作，匹配域也可能被调换（来源和目的颠倒）。如果流表是双向同步，则翻译必须是双射的，每个翻译必须是另一种翻译的准确颠倒，因此翻译的流表项总会被翻译回原始的来源流表项。流表项的计数器必须保持独立于来源流表的计数器，这些计数器是不同步的。总之，同步流表项被创建为永久流表项（两个超时计时器都设为零），因此它们的有效期都与来源流表中的流表项同步。

交换机可以选择允许控制器修改或删除这些自动添加到同步流表中的流表项，也可以允许控制器在同步流表中创建新的流表项。这使控制器能够为这些同步流表项提供优先于交换机自动翻译的个性化处理。如果来源流表项被修改，则可能不会发生这些改变。如果流表同步是双向的（两个表都与对方同步），由控制器完成的针对由同步机制创建的流表项的改变需要在另一个同步流表项上进行反映(就像它作为流表的非同步流表项一样)。

交换机可以对流表同步添加一些限制。如果交换机不能使一个由控制器产生的流 mod 消息在来源流表中同步,那么交换机必须拒绝这个流 mod,并且立即回复一个不能同步错误消息。如果控制器企图增加、修改或删除同步流表中的一个流表项,而交换机不支持这种改变,那么交换机必须拒绝这个流 mod 并且立即回复一个已同步(Is Sync)错误消息。

流表同步特征理论上可以用于描述复杂的同步交互,比如表与多个表同步,或表与同步表同步。本说明书建议只描述简单、普通的同步配置,比如仅涉及两个表的同步。特别是应该避免循环同步。

使用同步表的一个实例就是用一对同步流表把一个以太网学习/转发硬件表映射到 OpenFlow。同步流表用于以太网学习/转发有多种方式,本说明书没有建议采用哪一种方式。在这个用于说明并简单化的例子中,第一个流表表达在以太网源地址和输入端口(也可以选择有其他域如 VLAN IP)上学习查找和匹配;第二个流表表达在以太网目的地址上转发查找和匹配,并设置输出端口。这两个表彼此同步,其中以太网地址在匹配中调换位置。第一个流表中的流表项根据学习老化计时器设置为逾期失效,第二个流表中的流表项没有逾期失效计时器,当第一个流表中对应的流表项失效时自动移除。控制器可以向这两个流表中的任意一个中添加流表项,在此之后也可以修改自动添加到另一个流表中的流表项的指令。另一个使用同步表的示例是用流表为多播数据包映射 RPF 检查。

2.7.7　组表修改消息

组可以由零个或以上栏组成。没有栏的组不能修改与数据包相关的动作组。如果交换机支持,组也可以包括调用其他组的栏。每个栏的动作组必须用附加组专用检查来验证是否使用与其他流 mod 一样的规则。组表修改消息可以有以下命令:

```
/* Group commands */
enum ofp_group_mod_command {
OFPGC_ADD = 0, /* New group. 新组 */
OFPGC_MODIFY = 1, /* Modify all matching groups. 修改所有匹配组 */
OFPGC_DELETE = 2, /* Delete all matching groups. 删除所有匹配组 */
OFPGC_INSERT_BUCKET = 3,/* Insert action buckets to the already available
list of action buckets in a matching group 在一个匹配组中向动作栏可用列表中插入动作
栏 */
/* OFPGC_??? = 4, */ /* Reserved for future use. 为以后的使用保留 */
```

OFPGC_REMOVE_BUCKET = 5,/ * Remove all action buckets or any specific action bucket from matching group 移除所有动作栏或匹配组中的任一特定动作栏 * /

};

一个带有添加命令(OFPGC_ADD)的 group - mod 请求将会在组表中添加一个新的组表项。如果指定的组已经存在,则交换机必须返回一个组存在(Group Exist)错误消息。

对于修改请求(OFPGC_MODIFY),如果带有特定组标识符的组表项已经常驻于组表中,则该组表项的配置,包括其类型和动作栏,必须被移除(清除),并且组表项必须使用包含在请求中的新配置。对于该项,组最高层的统计数据被保留(继续),组栏统计重置(清除)。如果指定组并不存在,交换机必须拒绝组 mod 并发送一个未知组(Unkown Group)错误消息。对于删除请求(OFPGC_DELETE),如果当前没有带有特定组标识符的组表项存在于组表中,则没有错误被记录,也没有组表修改发生。否则,该组被移除,并且一个组动作中所有包含该组的流表项也被移除。对于删除请求不需要指定组类型。删除请求也与添加或修改请求不同,在将来尝试添加组标识符时删除请求没有指定栏,因此不会导致组存在错误。如果想有效地删除一个组,但有流表项正在使用它,那么这个组可以通过发送一个不指定栏的修改消息来清除。

要用一条信息删除所有组,把组值指定为 OFPG_ALL 即可。对于插入栏请求(OFPGC_INSERT_BUCKET),如果一个带有特定组标识符的组表项已经存在于该组表中,则新的动作栏将插入到当前动作栏列表的一个指定位置。对于这种组,保留(继续使用)组的最高层统计数据和存在栏的组栏统计数据。Command_bucket_id 域用于指定当前动作栏列表中插入新动作栏的位置,以下是 OFPGC_INSERT_BUCKET 请求中支持的 command_bucket_id 域值:如果 command_bucket_id 是 OFPG_BUCKET_FIRST,新动作栏将会被插入到当前动作栏之前的动作列表的起始位置,也就是说整个当前动作栏列表将会被后推,并附加到新的动作栏之后。如果当前动作栏列表为空,则新的动作栏取代当前动作栏列表。如果 command_bucket_id 是 OFPG_BUCKET_LAST,新动作栏将会被插入到当前动作栏列表之后,也就是说新的动作栏附加到当前动作栏列表之后。如果当前动作栏列表为空,则新的动作栏取代当前动作栏列表。

如果 command_bucket_id 是当前动作栏列表中的有效标识符,新动作栏将被插入到 command_bucket_id 值之后,也就是说新的动作栏会被插入到 command_bucket_id 中提到的栏标识符值和列表的下一个值之间。在 command_bucket_id 标识为最后一栏的情况下,command_bucket_id 将被按照 OFPG_BUCKET_LAST 处理。

如果 command_bucket_id 域值不是上述保留值之一,也不存在于当前动作栏列表中,则交换机必须返回一个未知栏(Unkown Bucket)错误消息。对于移除栏请求(OFPGC_REMOVE_BUCKET),如果有特定组标识符的组表项已经存在于组表中,则从当前动作栏列表中移除所有栏或指定栏。对于该组,剩余栏的组最高层统计数据和组栏统计数据保留(继续使用)。command_bucket_id 域用于指定要从动作栏列表中移除的栏的标识符,以下是 OFPGC_REMOVE_BUCKET 请求中支持的 command_bucket_id 域值:如果 command_bucket_id 是 OFPG_BUCKET_ALL,则从组中移除所有动作栏,因此组的当前动作栏列表变为空。如果 command_bucket_id 是 OFPG_BUCKET_FIRST,则从当前动作栏列表中移除第一个动作栏。如果 command_bucket_id 是 OFPG_BUCKET_LAST,则从当前动作栏列表中移除最后一个动作栏。如果 command_bucket_id 是当前动作栏列表中的一个有效标识符,则从动作栏列表中移除指定动作栏。在交换机支持的情况下,当至少一个组转发到另一个组或在更复杂的配置中时,组可以链接。例如,一个快速重路由组可能有两个栏,这两个栏分别指向一个选择组。交换机在支持链接组时可以支持检查是否没有创建环:如果发送一个组 mod 就会创建一个转发环,那么交换机必须拒绝这个组 mod 并发送一个环(Loop)错误消息。如果交换机不支持这种检查,那么转发行为就是不明确的。交换机可以支持检查由其他组转发的组是否没有被移除:如果因为一个组被另一个组引用,交换机不能删除它,那么交换机必须拒绝该组项,并且发送一个相连组(Chained Group)错误消息。如果交换机不支持这种检查,那么转发行为就是不明确的。

快速失效转移(Fast Failover)组支持对活性监控的请求,由此来决定执行哪一个指定栏。其他组类型则不能请求执行活性监控,但可以选择实现该功能。如果交换机不能对组中的任何栏实现活性检查,那么它必须拒绝该组 mod 并返回一个错误。决定活性的规则包括:

如果端口存在于数据通路中并且其端口状态已设定 OFPPS_LIVE 标志,那么该端口被认为是有活性的。端口活性可以由交换机 OpenFlow 部分之外的代码进行管理,这部分定义在 OpenFlow 说明书范围之外,例如生成树或保活(KeepAlive)机制。如果交换机中 OpenFlow 端口启用的端口活性机制之一认定端口没有活性,或者端口配置位 OFPPC_PORT_DOWN 显示端口已经关闭,或者端口状态位 OFPPS_LINK_DOWN 显示链接已经关闭,则该端口不能被认为是有活性的(同时 OFPPS_LIVE 标志必须是未设定的)。

如果 watch_port 不是 OFPP_ANY 且观察端口是有活性的,或者如果 watch_group 不是 OFPG_ANY 且观察端口是有活性的,则认为该栏是有活性的。换句话说,如果 watch_port 是 OFPP_ANY 或观察端口没有活性,或者如果 watch_group 是 OFPG_ANY 或观察端口没有活性,则认为该栏没有活性。如果组中至少有一个栏是有活性的,则认为该组有活性。控制器通过检测各种端口的状态可以推断组的活性状态。

2.7.8 测量器修改消息

测量器修改消息可以有以下命令:

```
/* Meter commands 测量器命令 */
enum ofp_meter_mod_command {
OFPMC_ADD, /* New meter. 新测量器 */
OFPMC_MODIFY, /* Modify specified meter. 修改指定测量器 */
OFPMC_DELETE, /* Delete specified meter. 删除指定测量器 */
};
```

带有添加命令(OFPMC_ADD)的 meter - mod 请求会在交换机中添加一个新的测量器项。如果指定测量器已经存在,交换机必须返回一个测量器存在(Meter Exist)错误消息。

对于修改请求(OFPMC_MODIFY),如果带有指定测量器标识符的测量器项已经存在,则该测量器项的配置包括其标志和测量带,都必须被移除(清空),同时该测量器项必须使用请求中包含的新的配置。对于这种项,测量器最高层统计数据被保留(继续使用),而测量带统计数据被重置(清除)。如果带有指定测量器标识符的测量器项不存在,那么交换机必须拒绝测量器 mod 并发送一个未知测量器(Unknown Meter)错误消息。对于删除请求(OFPMC_DELETE),如果当前没有带有指定测量器标识符的测量器项存在,则没有错误记录,并且没有测量器修改发生。否则,测量器被移除,同时所有在指令集中包含该测量器的流也被移除。对于删除请求只需指定测量器标识符,其他域如测量带(bands)可以省略。

要用一条消息删除所有测量器,就要把所有测量器值指定为 OFPM_ALL。虚拟测量器不能删除,在删除所有测量器时也不能被移除。

2.7.9 消息束(Bundle Message)

1)束的概述

束是一个来自控制器的 OpenFlow 修改请求序列,这个序列被用作一个 OpenFlow 操作。如果束中的所有修改都成功,则保留所有的修改,但如果出现任一错误,则不保留任何修改。束的首要目的是将交换机上相关联的状态改变组合在一起,这样所有改变将同时被应用,否则将不应用任何改变。束的另一个目的是为了让一组 OpenFlow 交换机上的改变更好地同步:束可以在每个交换机上准备好并进行提前验证,然后几乎同时由控制器使用。

规定一个束为在一个指定控制器连接上的带有相同 bundle - id 的添加束消息(Bundle Add Message)中传输的所有消息。在添加束消息中传输的消息采用与普通 OpenFlow 消息相同的格式与语义。束的消息部分在其存储于束中时进行提前验证,以减小束执行时发生错误的可能性。包含在束添加消息中的消息推迟到束提交时执行。

束是一个可选功能,可能由 OpenFlow 交换机不支持束。交换机可以不接受束中的任意消息或束中的某些消息类型,也可能不允许消息类型的各种组合作为一个束。例如,交换机应该禁止在一个束添加消息中嵌入一个束消息。如果交换机支持束,它至少必须支持多种流 mod 和端口 mod 以任意顺序组成的束。

2)束的使用实例

控制器可以发布以下消息序列来同时实现一系列的修改。

1. OFPBCT_OPEN_REQUEST bundle_id

2. OFPT_BUNDLE_ADD_MESSAGE bundle_id modification 1

3. OFPT_BUNDLE_ADD_MESSAGE bundle_id…

4. OFPT_BUNDLE_ADD_MESSAGE bundle_id modification n

5. OFPBCT_CLOSE_REQUEST bundle_id

6. OFPBCT_COMMIT_REQUEST bundle_id

交换机应该按下述方式运行。当打开一个束时,修改不生效,而应该被保存到临时存储区。当提交束时,存储区中的改变被应用到交换机使用的状态上。如果一个修改发生错误,则状态不执行任何改变。

3)束错误处理

束的 OpenFlow 消息部分必须在其存储到束之前进行预先验证。对于控制器发送的每条消息,交换机必须验证消息的语法是有效的,消息中的特征都是交换机所支持的;如果验证消息无效,则立即返回一个错误消息。交换机可以选择性地验证资源可用性,这时可以指派资源,交换机也可以产生错误。消息在添加到束中时产生错误,则不将其存储到束中,束不进行修改。

当提交束时,大多数错误应该已经被检测且报告。提交时束中仍可能有某一消息部分失败,例如因为资源可用性造成的失败。这种情况下,束的消息部分都不执行,交换机必须产生一个相应的错误消息。束中的消息应该有独有的 xid 来匹配消息与错误。如果束中没有一个消息部分产生错误消息,则交换机将束的成功应用报告给控制器。

4)束的原子修改

提交束必须是控制器原子操作,例如,控制器查询交换机时不能看到中间状态,控制器只能看到不变化的交换机状态或是束中包含的所有修改都已经执行的状态。尤其是当束失败时,控制器不应该接收到束部分执行后的结果通知。

如果指定标志 OFPBF_ORDERED,则束的消息部分必须严格按照顺序执行,就像被 OFPT_BARRIER_REQUEST 消息分隔一样(但是并没有产生 OFPT_BARRIER_REQUEST)。如果没有指定该标志,则消息不需要按顺序执行。

如果指定标志 OFPBF_ATOMIC,则提交束必须是数据包的原子操作,例如,一个来自输入端口或 Packet-out 消息的给定的数据包要么不被处理,要么用被执行的所有修改进行处理。是否支持这个标志取决于交换机硬件和软件体系结构。执行改变时数据包和消息可以临时排入队列。由于该标志造成的转发/处理延迟增大可能不被接受,所以通常采用双缓冲技术。如果没有指定标志 OFPBF_ATOMIC,则提交束可以不是数据包的原子操作。数据包可以由束的部分执行所产生的中间状态处理,即使束最终提交失败。这种情况下,各种 OpenFlow 计数器也会反映出束的部分执行。

交换机必须支持在束的创建和使用期间交换回音请求和回音回复消息,交换机必须回复回音请求,不必等待束的结束。回音请求和回音回复消息不能被包含在束中。同样的,由交换机产生的异步消息不能嵌入到束中,交换机必须发送状态事件,不必等待束的结束。

如果交换机支持多个控制器信道或辅助连接,则交换机必须为每个控制器交换机连接维持一个单独的束暂存区。这使多个束可以并行递增地填入到一个给定的交换机上。对于每个控制器连接,bundle_id 命名空间都是特定的,所以不需要协调控制器。

交换机可以选择性地支持通过多路传输带有不同 bundle_id 的束消息来在同一个控制器连接上填入(populate)多个并行的束,然后可以用一个提交消息指定其 bundle_id,这样就可以按任意顺序执行这些束。反过来,交换机可能在打开束和提交束(或丢弃束)之间这段时间中不允许创建新的束,也不接收任何普通 OpenFlow 消息。

在某些实现中,当交换机开始存储一个束时,交换机可能锁住一些束涉及的对象。如果同一或其他控制器连接上的消息企图修改一个被束锁住的对象,则交换机必须拒绝该消息并返回一个错误。交换机不是必须锁住束涉及的对象。如果交换机不锁住束涉及的对象,则在这些对象通过其他控制器连接被修改的情况下束的执行可能会失败。

5)排定束(Scheduled Bundle)

一个束提交请求可能包括一个执行时间(execution time),来指明该束应该在何时被提交。接收到排定束的交换机在尽可能接近提交消息中指明的执行时间内提交该束。

(1)排定束程序(The Scheduled Bundle Procedure)

排定束程序如下:

①控制器通过发送一个 OFPBCT_OPEN_REQUEST 开始该束程序,并接收一个来自交换机的回复。然后控制器发送一组 N 个 OFPT_BUNDLE_ADD_MESSAGE,其中 N≥1。

②然后控制器可能发送一个 OFPBCT_CLOSE_REQUEST。该结束请求是可选的,所以控制器可以跳过这步。控制器发送一个 OFPBCT_COMMIT_REQUEST。这个 OFPBCT_COMMIT_REQUEST 包含 OFPBF_TIME 标志,该标志显示这是否是一个排定提交(a scheduled commit)。一个排定提交请求包括时间特性 ofp_bundle_prop_time,时间特性包含排定时间,在这个时间交换机应该执行该束。交换机在接收到提交消息后,在排定时间 Ts 执行束,并向控制器发送

一个 OFPBCT_COMMIT_REPLY。

(2)丢弃排定束

控制器可以通过发送一个类型为 OFPBCT_DISCARD_REQUEST 的 OFPT_BUNDLE_CONTROL 消息来取消一个排定束。例如,如果交换机接收到排定提交消息但为束排序,那么交换机向控制器回复一个错误消息。该指示在所有交换机成功排序操作或是丢弃束时可用于实现一个协同更新;当控制器从交换机之一接收到一个排序错误消息时,它可以向其他在同一时刻需要提交束的交换机发送一个丢弃消息,然后终止该束。

(3)计时与同步(Timekeeping and Synchronization)

所有支持排定束的交换机必须维持一个时钟(clock)。假定时钟都是由本说明书范围之外的一种方式实现同步的,如网络时间协议(Network Time Protocol, NTP)或精确时间协议(Precision Time Protocol, PTP)。有两个因素影响交换机提交一个排定束的精确程度:一个是用于同步多个交换机时钟的时钟同步方式的精确性;另一个是交换机执行实时操作的能力,这极大地取决于交换机实现所有支持排定束的交换机能够把它的估计排序精确度报告给控制器。控制器可以用 OFPMP_BUNDLE_FEATURES 消息从交换机重新获取此信息。由于交换机不能在瞬间提交一个束,所以必需操作的处理时间是不能忽视的。预定时间和执行时间通常在相关操作的开始时间(start time)提及。

(4)排序容差(Scheduling Tolerance)

当交换机收到一个排定提交请求时,它必须验证排定时间 Ts 并不在太久的过去或太远的未来。交换机验证 Ts 是在排序容差范围内。Ts 的下界验证束的新鲜度以避免按照旧的和可能不相关的消息运行。相似地,Ts 的上界确保交换机不需要长期负责执行一个可能由于超出其预期会被调用的时间而废弃的束。

排序容差是由两个参数决定的:sched_max_future 和 sched_max_past。这两个参数的缺省值是 1s。控制器可以使用束特征请求(bundle features request)来给这些域设置不同的参数。

如果排定时间 Ts 是在排序容差范围之内,则排定束被提交;如果 Ts 是发生在过去且在排除容差范围内,则交换机尽快提交束。如果 Ts 是未来的时间,则交换机以尽可能接近 Ts 的时间提交束。如果 Ts 不在排序容差范围之内,那么交换机向控制器回复一个错误消息。

2.8 线速交换

线速交换,指网络设备交换转发能力的一个标准,达到线速标准的设备是指能够按照网络通信线上的数据传输速度实现无瓶颈的数据交换,避免了非线速设备的转发瓶颈,称作“无阻塞处理”。其实现首先依 ASIC 芯片,通过专用硬件完成协议解析和数据包的转发,而不是通过软件方式依交换机的 CPU 完成。线速交换的实现还借助于分布式处理技术,交换机多个端口的数据流能够同时进行处理。因此局域网交换机可以看做是 CPU、RISC 和 ASIC 并用的并行处理设备。

背板带宽:是交换机接口处理器或接口卡和数据总线间所能吞吐的最大数据量。背板带宽标志了交换机总的数据交换能力,单位为 Gbps,也叫交换带宽。交换机的背板带宽越高,所能处理数据的能力就越强,但同时设计成本也会增高。包转发线速的衡量标准是以单位时间内发送 64byte 的数据包(最小包)的个数作为计算基准的。

2.9 OpenFlow 存在的问题

SDN 和 OpenFlow 曾经几乎同义,SDN 和 OpenFlow 曾经如孪生姐妹,任何关注 SDN 的专业人士无不高度关注 OpenFlow 协议。但近一年来 SDN 的概念外延逐步扩张的同时 OpenFlow 的光芒似乎不如昔日那么耀眼。OpenFlow 协议演化至今对网络界而言需要进一步审视。

在开放网络基金会(ONF)明确指出:“OpenFlow 是第一个 SDN 架构的控制和转发的通信接口标准。OpenFlow 可以直接访问和控制如交换机和路由器这样的虚拟或真实物理网络设备”。

OpenFlow 通过 SDN 控制器发送流规则使得对转发平面的访问和管理的能力大大增强。甚至可以绕过控制平面建立非常简单转发交换机。Google、NTT、Goldman Sachs 等大公司都曾经对 OpenFlow 高度关注。风险投资大量进入 OpenFlow 相关设备项目,OpenFlow 炙手可热。但时至今日,OpenFlow 并未得到广泛采纳。

(1)缺乏对 OpenFlow 的交换机的互操作性。虽然很多交换机支持 OpenFlow1.0,但对 OpenFlow 1.3 的支持并不理想。这部分归因于 OpenFlow 1.3 的过于复杂。尽管 ONF 尽了最大努力尝试并实现它的测试和一致性方案更高的互操作性,但很多交换机厂商认为成本压倒了利益。过于严格的设计使厂商觉得得不偿失。

(2)OpenFlow 的表容量受限且存在延迟。为支持大的流表或组表需要修改芯片结构。往往这些芯片并没要有高速三重内容可寻址存储器而具有延迟。

(3)OpenFlow 协议的配置并未普及。对网络工程师而言,SDN 和 OpenFlow 是完全新的协议下,与传统的控制平面的管理不同,OpenFlow 的掌握需要一个过程。

(4)Controller 的集中式控制的方式本身就存在一定争议。如单点失效、组网控制器的一致性协议等。控制面健壮性、稳定性、可扩展性、安全性对网络的运行直接构成了威胁。

(5)按照 OpenFlow 标准,一张流表可以使用任意的字段组合查找,所用到的 TCAM 表价格较贵。

2.10 本章小结

本章主要阐述了 OpenFlow 协议的相关概念定义、协议行为过程描述等,重点对 Openflow 交换机及其相关定义加以描述。Openflow 交换机包括一个或者多个流表(flow table)和一个组表(group table)。每个流表中每个流条目包括:匹配 match 域、对包进行计数的统计、操作 3 个部分。

第3章　SDN网络仿真

3.1 Mininet 介绍

Stanford 大学 Nick McKeown 教授领导的研究小组开发的 Mininet 可以在自己的笔记本上测试一个软件定义网络（Software-Defined Networks），对基于 Openflow、Open vSwitch 的各种协议等进行开发验证。代码几乎可以无缝迁移到真实硬件环境中。一行命令就可以创建一个支持 SDN 的任意拓扑的网络结构，并可以灵活的进行相关测试，验证了设计的正确后，又可以轻松部署到真实的硬件环境中。目前 Mininet 已经作为官方的演示平台对各个版本的 Openflow 协议进行演示和测试。本章简单介绍 Mininet 常用命令。支持 OpenFlow 的 Mininet 实现的特性包括 OpenvSwitch 等定义网路部件、支持系统级的还原测试，支持复杂拓扑，自定义拓扑等、提供 Python API，方便多人协作开发，且具有很好的硬件移植性与高扩展性。具有模拟数千台主机的网络结构的能力。本章将对 Mininet 相关常规操作进行介绍。

Mininet 和 Floodlight 均为开源软件。本章首先简单介绍 Linux 操作系统 Ubuntu 的安装步骤；然后阐述 Mininet 和 Floodlight 在 Ubuntu 下的安装方法。

3.2 Mininet 安装

Mininet 和 Floodlight 需要 Ubuntu10.04 及其以上版本安装。本节以双系统安装为例，简单介绍系统环境的安装。在安装 Ubuntu 之前，首先需对原有硬盘进行重新分割，调整出安装 Ubuntu 系统所需的硬盘空间就。从硬盘中分割出（60 ~ 80）G 空间，并格式化为 ext 4 格式。具体安装步骤如下：

（1）设置 BIOS 以 U 盘启动计算机。

（2）在开机选项中选择 Try Ubuntu 进行简单测试，确保无误后选择 Install Ubuntu 进行正式安装。

（3）安装开始后，会先后出现语言选择、是否安装升级及是否安装第三方软件等界面，根据相关提示和自身需要，完成相关安装选项。

（4）然后，可根据自身需要对 Ubuntu 系统进行有关分区。需特别注意的是，在 Ubuntu 系统中,分区不是由磁盘形式表现的,而表现为一个分区即为一个文件夹,所有分区均挂载于“/”根节点之下。

完成 Ubuntu 系统后重启电脑,选择 Ubuntu 系统。在 Ubuntu 操作系统下进行软件安装十分容易,详见下述有关 Mininet 和 Floodlight 软件的安装过程。在 Ubuntu 系统下进行软件安装十分容易,直接通过 CLI 命令安装即可。Mininet 的安装命令如下:

```
$ git clone git://github.com/mininet/mininet
$ cd mininet
```

在正式安装 Floodlight 之前,需安装 JDK Ant(其中 eclipse 可选择性安装)。具体的 JDK Ant 安装指令如下:

```
$ sudo apt-get install build-essential default-jdk ant python-dev eclipse
```

完成 JDK Ant 的安装后,方可进行相应 Floodlight 的安装,其官网指示安装命令如下:

```
$ git clone git://github.com/floodlight/floodlight.git
$ cd floodlight
$ git checkout stable
$ ant;
$ sudo mkdir /var/lib/floodlight
$ sudo chmod 777 /var/lib/floodlight
```

3.3 Mininet 使用

3.3.1 命令行使用方法

安装好 Mininet 后,可以用如下命令对 Mininet 进行测试运行界面如图 3-1 所示。

```
sudo mn --test pingall
```

可以用 Wireshark 解析 OpenFlow 的数据包(通过 OpenFlow 插件)。在 Wireshark 的过滤文本框中输入“of”并应用,可显示 OpenFlow 的数据包内容;抓包接口选择“lo”(loopback),开始抓包。启动 wireshark 命令:

```
$ sudo wireshark &
```

命令 sudo mn,启动 Mininet 并默认建立包含两台主机 h1、h2,一台交换机 s1 和一台控制器 c0 的基本拓扑,相应过程,如图 3-2 所示。

```
 * * * Adding controller
 * * * Adding hosts:
h1 h2
 * * * Adding switches:
s1
 * * * Adding links:
(h1,s1)(h2,s1)
 * * * Configuring hosts
h1 h2
 * * * Starting controller
c0
 * * * Starting 1 switches
s1 ...
 * * * Waiting for switches to connect
s1
 * * * Ping:testing ping reachability
h1 -> h2
h2 -> h1
 * * * Results:0% dropped (2/2 received)
 * * * Stopping 1 controllers
c0
 * * * Stopping 2 links
..
 * * * Stopping 1 switches
s1
 * * * Stopping 2 hosts
h1 h2
 * * * Done
completed in 7.083 seconds
mininet@mininet-vm:~$
```

图 3-1 Mininet 运行界面

```
 * * * Creating network
 * * * Adding controller
 * * * Adding hosts:
h1 h2
 * * * Adding switches:
s1
 * * * Adding links:
(h1,s1)(h2,s1)
 * * * Configuring hosts
h1 h2
 * * * Starting controller
c0
 * * * Starting 1 switches
s1 ...
 * * * Waiting for switches to connect
s1
h1 -> h2
h2 -> h1
 * * * Results:0% dropped (2/2 received)
 * * * Stopping 1 controllers
c0
 * * * Stopping 2 links
..
 * * * Stopping 1 switches
s1
 * * * Stopping 2 hosts
h1 h2
 * * * Done
completed in 6.224 seconds
mininet@mininet-vm:~$
```

图 3-2 启动 Mininet 并默认建立网络

```
administrator@ubuntu:~$ sudo mn
 * * * Creating network
 * * * Adding controller
 * * * Adding hosts:
h1 h2
 * * * Adding switches:
s1
 * * * Adding links:
(h1, s1) (h2, s1)
 * * * Configuring hosts
h1 h2
 * * * Starting controller
 * * * Starting 1 switches
```

s1
＊＊＊ Starting CLI:
mininet >

3.3.2 使用案例

Mininet 提供一系列启动参数以方便测试和设置。启动参数的形式可概括为 -cmd = ＊＊＊ 或-cmd ＊＊＊（＊＊＊为具体参数或命令）的形式，现对常见启动参数进行具体介绍。

利用-test 测试命令，其后参数可为[cli build pingall pingpair iperf all iperfudp none]，例如输入命令：

$ sudo mn --test pingpair

该命令会建立一个最小拓扑。开启运行 OpenFlow 协议的 controller，并自动在 h1 和 h2 之间进行 pingpair 测试，完成后自动关闭拓扑和控制器。

又如命令：

$ sudo mn --test none

该命令会记录建立和关闭一个拓扑的时间。

除默认拓扑（即上文所述最小拓扑），Mininet 自带多种拓扑，并允许我们用参数 —topo 进行选择；-topo 后的参数可为[tree reversed single linear minimal]，例如命令：

$ sudo mn --topo single, 3

该命令将建立一个 3 台主机连载一台 switch 上的简单拓扑，运行界面截图如 3-3 所示。

```
mininet@ mininet-vm: ~ $ sudo mn --topo single,3
＊＊＊ Creating network
＊＊＊ Adding controller
＊＊＊ Adding hosts:
h1 h2 h3
＊＊＊ Adding switches:
s1
＊＊＊ Adding links:
(h1,s1)(h2,s1)(h3,s1)
＊＊＊ Configuring hosts
h1 h2 h3
＊＊＊ Starting controller
c0
＊＊＊ Starting 1 switches
s1 ...
＊＊＊ Starting CLI:
mininet >
```

图 3-3 mn 命令建立拓扑

除了使用系统自带拓扑,还可利用-custom 关键字进行自定义拓扑的调用。Mininet 安装文件夹下 custom 下提供了一个利用 Python API 进行自定义拓扑的范例文件:

custom/topo-2sw-2host. py

该文件定义了一个含有两台交换机和两台主机的拓扑,其代码如下:

```
"""Custom topology example
Two directly connected switches plus a host for each switch:
  host --- switch --- switch --- host
Adding the 'topos' dict with a key/value pair to generate our newly defined
topology enables one to pass in '--topo=mytopo' from the command line.
"""
from mininet.topo import Topo
class MyTopo( Topo ):
    "Simple topology example."
    def __init__( self ):
        "Create custom topo."
        # Initialize topology
        Topo.__init__( self )
        # Add hosts and switches
        leftHost  = self.addHost( 'h1' )
        rightHost  = self.addHost( 'h2' )
        leftSwitch  = self.addSwitch( 's3' )
        rightSwitch  = self.addSwitch( 's4' )
        # Add links
        self.addLink( leftHost, leftSwitch )
        self.addLink( leftSwitch, rightSwitch )
        self.addLink( rightSwitch, rightHost )
topos = { 'mytopo': ( lambda: MyTopo() ) }
```

调用该拓扑并自动 ping 通测试:

```
$sudo mn --custom ~/mininet/custom/topo-2sw-2host.py --topo mytopo --test pingall
```

对 mytopo. py 的调用,具体如图 3-4 所示。

```
mininet@ mininet-vm: ~ $ sudo mn --custom ~/mininet/custom/topo-Zsw-Zhost. py --topa
mytopo --test pingall
* * * Creating network
* * * Adding controller
* * * Adding hosts:
h1 h2
* * * Adding switches:
s3 s4
* * * Adding links:
(h1,s3)(s3,s4)(s4,h2)
* * * Configuring hosts
h1 h2
* * * Starting controller
c0
* * * Starting 2 switches
s3 s4 ...
* * * Waiting for switches to connect
* * * Waiting for switches to connect
s3 s4
* * * Ping:testing ping reachability
h1 -> h2
h2 -> h1
* * * Results:0% dropped (2/2 received)
* * * Stopping 1 controllers
c0
* * * Stopping 3 links
...
* * * Stopping 2 switches
s3 s4
* * * Stopping 2 hosts
h1 h2
* * * Done
completed in 6.186 seconds
mininet@ mininet-vm: ~ $_
```

图 3-4 自定义拓扑

利用启动参数,可以对 host、switch、controller 的类型进行设置。使用参数 --host(其后类型包含[process]), --switch(其后类型包含[kernel user ovsk]), --controller(其后类型包含[nox_dump none ref remote nox_pysw])。例如输入如下命令:

```
$ sudo mn --switch ovsk --controller remote
```

将对拓扑内 switch 和 controller 的类型进行指定。Mininet 2.0 允许用户利用 --link 参数对连接参数进行设定,具体命令如下:

```
$ sudo mn --link tc,bw = 10,delay = 10ms
mininet > iperf
...
mininet > h1 ping -c10 h2
```

如果每个连接的延迟为 10ms,那么 RTT(the round trip time)将为 40ms(ICMP 请求往返于两个连接之间)。

默认情况下,系统会为主机随机分配 MAC 地址,这将使调试和查找变得困难。可以利用 --mac 选项使主机、交换机分配到的 MAC 地址与它们的 ID 是一致,这样容易通过 MAC 地址较快找到对应的节点。--mac 选项所分配的 MAC 地址均独立且短小易读,具体命令如下。

使用 --mac 参数前的情况如下：

```
$ sudo mn
...
mininet > h1 ifconfig
h1 -eth0   Link encap:Ethernet   HWaddr f6:9d:5a:7f:41:42
           inet addr:10.0.0.1   Bcast:10.255.255.255   Mask:255.0.0.0
           UP BROADCAST RUNNING MULTICAST   MTU:1500   Metric:1
           RX packets:6 errors:0 dropped:0 overruns:0 frame:0
           TX packets:6 errors:0 dropped:0 overruns:0 carrier:0
           collisions:0 txqueuelen:1000
           RX bytes:392 (392.0 B)   TX bytes:392 (392.0 B)
mininet > exit
```

使用 --mac 参数后的情况如下：

```
$ sudo mn --mac
...
mininet > h1 ifconfig
h1 - eth0   Link encap:Ethernet   HWaddr 00:00:00:00:00:01
            inet addr:10.0.0.1   Bcast:10.255.255.255   Mask:255.0.0.0
            UP BROADCAST RUNNING MULTICAST   MTU:1500   Metric:1
            RX packets:0 errors:0 dropped:0 overruns:0 frame:0
            TX packets:0 errors:0 dropped:0 overruns:0 carrier:0
            collisions:0 txqueuelen:1000
            RX bytes:0 (0.0 B)   TX bytes:0 (0.0 B)
mininet > exit
```

默认条件下，主机节点有其独立的名字空间（namespace），而控制节点、交换节点都被安置在根名字空间（root namespace）中。可以利用 --innamespace 参数让所有节点拥有各自的名字空间，即启动命令为：

```
$ sudo mn --innamespace
```

这一选项提供了一种区别各交换节点的办法。

通过 --verbosity 参数可以调整输出日志，它包含的类型有[info warning critical error debug output]；其中系统默认级别为 info 级别。请读者自行尝试对比下述类型输出日志同默认输出日志之间的区别：

```
$ sudo mn -v debug
...
$ sudo mn -v output
...
```

其中,debug 类型为完全输出类型;此外,另有一种 warning 类型为,用于测试时隐去不必要的输出。如果需要打开每个节点的 xterm,可借助选项 - -xterms(= -x),运行命令:

```
$ sudo mn -x
```

所有节点的 xterm 将以窗口形式打开,可借助各窗口进行更复杂的调试(单步调试)。退出各 xterm 可在 Mininet 的 CLI 中输入:

```
mininet > exit
```

参数 --clean(= -c)可用于清理环境,在 Mininet 崩溃时能发挥作用:

```
$ sudo mn -c
```

以上是常见 Mininet 启动参数。

3.3.3 自定义拓扑

Mininet 提供了 Python API,可以用来方便地自定义拓扑结构。此处,在 mininet/custom 目录下给出如下实例。例如,在 topo -2sw -2host. py 文件中定义了一个 mytopo,则可以通过 --topo 选项来指定使用这一拓扑,命令为:

```
mn --custom topo -2sw -2host. py --topo mytopo
```

同样,我们可以通过下面的 Python 脚本来完成对一个两层 tree 拓扑网络的测试:

```
from mininet. net import Mininet
from mininet. topolib import TreeTopo
tree4 = TreeTopo( depth =2,fanout =2)
net = Mininet( topo = tree4)
net. start( )
h1, h4 = net. hosts[0], net. hosts[3]
print h1. cmd( 'ping -c1 %s'% h4. IP( ))
net. stop( )
```

具体编程实现的拓扑控制,在此不加以表述。

3.3.4 其他常见命令

常见的其他命令见表 3-1。

常见其他命令汇总　　表 3-1

常见命令	解释说明	常见命令	解释说明
mininet > node	查看 mininet 中结点的状态	mininet > xterm h1	打开 host 1 的终端
mininet > help	获取帮助列表	mininet > exit	退出 mininet 登录
mininet > h1 ifconfig	查看 host1 的 IP 等信息		

下面是 Mininet 常用命令。

(1)查看帮助信息:

mininet > help

(2)打印节点:

mininet > nodes

执行该条命令后,会看到:

mininet > nodes

auailable nodes are:

c0 h1 h2 s1

(3)打印链路信息:

mininet > net

执行该条命令后,会看到:

mininet > net

h1 h1 - eth0:s1 - eth1

h2 h2 - eth0:s1 - eth2

s1 lo:s1 - eth1:h1 - eth0 s1 - eth2:h2 - eth0

c0

(4)打印所有节点及其端口链接:

mininet > dump

执行该条命令后,会看到:

mininet > dump

< Host h1:h1 - eth0:10.0.0.1 pid = 1514 >

< Host h2:h2 - eth0:10.0.0.2pid = 1517 >

< OVSSwitch s1:lo:127.0.0.1,s1 - eth1:None,s1 - eth2:None pid = 1522 >

< Controller c0:127.0.0.1:6633 pid = 1507 >

首先,键入拓扑的节点及希望运行的命令;若想要改变执行节点,命令格式为 node cmd,即在命令前列出所指节点。例如:

mininet > h1 ifconfig

上述命令会打印主机 h1 上的网络信息。

两台主机之间的 ping 通测试：

mininet > h1 ping －c 1 h2

该命令表示在 h1 和 h2 之间进行 ping 一个包的测试。如果输入上述命令后，则出现如下一条信息流：

```
mininet >h1 ping －c 1 h2
PING 10.0.0.2(10.0.0.2)56(84)bytes of data.
64 bytes from 10.0.0.2:icmp_seq =1 ttl =64 time =12.9 ms
---10.0.0.2 ping statistics ---
1 packets transmitted, 1 received,0% packet loss,time 0ms
rtt min/auy/max/mdev =12.919/12.919/12.919/0.000 ms
```

证明 h1 和 h2 之间是 ping 通的。

需要特别提醒的一点是，如果在第一次 ping 通后，再次输入命令：

mininet > h1 ping －c 1 h2

会发现其打印信息流：

```
mininet >h1 ping -c 1 h2
PING 10.0.0.2(10.0.0.2)56(84)bytes of data.
64 bytes from 10.0.0.2:icmp_seq =1 ttl =64 time =12.9 ms
---10.0.0.2 ping statistics ---
1 packets transmitted, 1 received,0% packet loss,time 0ms
rtt min/auy/max/mdev =12.919/12.919/12.919/0.000 ms
mininet >h1 ping -c 1 h2
PING 10.0.0.2(10.0.0.2)56(84)bytes of data
64 bytes from 10.0.0.2:icmp_seq =1 ttl =64 time =1.14ms
--- 101.0.0.2 ping statistics ---
1 packets transmitted,1 received,0% packet loss,time 0ms
rtt min/avy/max/mdev =1.145/1.145/1.145/0.000 ms
```

信息流之间的 ping 通时间明显低于第一次 ping 通所需时间，这是因为第一次 ping 通时，需要建立新的流表项（可以通过 wireshark 进行查看）。用 ping 三个包的形式，输入如下命令：

mininet > h1 ping -c 3 h2

可以更清楚地看到在第一次 ping 通时因建立新的流表项而时 ping 通时间大于第二次和第三次的过程：

```
mininet >h1 ping -c 3 h2
PING 10.0.0.2(10.0.0.2)56(84)bytes of data.
```

64 bytes from 10.0.0.2:icmp_seq =1 ttl =64 time =30.6ms

64 bytes from 10.0.0.2:icmp_seq =2 ttl =64 time =2.94ms

64 bytes from 10.0.0.2:icmp_seq =3 ttl =64 time =0.563ms

---10.0.0.2 ping statistics ---

3 packets transmitted, 3 received,0% packet loss,time 2003ms

rtt min/avy/max/mdev =0.563/11.387/30.653/13.657 ms

利用 ping 在两个主机之间进行互 ping 测试:

Mininet > h1 ping h2

该过程可用 Ctrl + C 结束。可以用 lind up/down 来开启和关闭一条连接。

(5)关闭 s1 和 h1 之间的连接:

mininet > link s1 h1 down

会看到如下提示:

mininet > link s1 h1 down

mininet > h1 ping h2

connect:Network is unreachable

(6)再开启它们之间的连接:

mininet > link s1 h1 up

mininet > link s1 h1 down

mininet > h1 ping h2

connect:Network is unreachable

mininet > link h1 s1 up

mininet > h1 ping h2

PING 10.0.0.2(10.0.0.2)56(84)bytes of data.

64 bytes from 10.0.0.2:icmp_seq =1 ttl =64 time =18.5ms

64 bytes from 10.0.0.2:icmp_seq =2 ttl =64 time =0.834ms

64 bytes from 10.0.0.2:icmp_seq =3 ttl =64 time =0.080ms

64 bytes from 10.0.0.2:icmp_seq =4ttl =64 time =0.174ms

64 bytes from 10.0.0.2:icmp_seq =5 ttl =64 time =0.073ms

∧C

---10.0.0.2 ping statistics ---

5 packets transmitted, 5 received, 0% packet loss,time 4002ms

rtt min/avy/max/mdev =0.073/3.947/18.576/7.319 ms

(7)利用 xterm 打开 h1 和 h2 的 xterm:

mininet > xterm h1 h2

该命令将会打开两个窗口,分别为主机 h1 和 h2 的 xterm。

(8)列出所有的网络接口:

mininet > intfs

输入该命令后,将会看到:

mininet > intfs

h1:h1 - eth0

h2:h2 - eth0

s1:lo,s1 - eth1,s1 - eth2

c0:

(9)利用 iperf 命令对两个节点进行简单的 iperf TCP 测试:

mininet > h1 iperf h2

输入该命令后,将会看到:

mininet > h1 iperf h2

iperf:ignoring extra argument --10.0.0.2

Usage:iperf[-si - c host][options]

Try'iperf --help'for more information.

在命令前加上 py,可以执行相应的 Python 表达式,例如:

mininet > py 'hello ' + 'world'

输入该行语句后,将看到:

mininet > pu'Hello' + 'World'

HelloWorld

输入命令:

mininet > py dir(s1)

将看到[dir()会列出 s1 可用的资源]:

mininet > py dir(s1)

['IP','MAC','OVSVersion','TCReapply','_class_','_delattr_','_dict_','_doc_','_format_','_getattibute_','_hash_','_init_','_module_','_new_','_reduce_','_reduce_ex_','_repr_','_setattr_','_size of_','_str_','_subc lasshook_','_weakref_','_popen','_uuids','_addIntf ','argmax','attach','batch',

'batchShutdown' ,'batchStartup','bridgeOpts','checkSetup','cleanup','cmd','cmd

Print','cmds' ,'commands' ,'config','configDefault','connected','connections To','control Intf ','controllerUUIDS','datapath','defaultDpid','deflfaulntf ','del eteIntfs','detach ','dpctl ','dpid','dpidLen','execed','failMode ','fdToNode','in Namespace','inToNode ','inband','intf ','intf IsUP ','intf List ','intfNames','intf Opts','intfs ','isOldovs','isSetup ','lastCmd','lastPid ','linkTo','listemPort ',' monitor','mountPrivate Dirs ','name ','nameToIntf ','newPort','opts','outToNo de ','params','pexec','pid ','pollOut ','popen ','portBase','ports','privateDirs', 'protocols',' read',' readbuf ',' readline',' reconnectms',' sendCmd ',' sendInt',' setARP',' setDe faultRoute','setHostRoute','setIP','setMAC','setParam', 'setup','shell','start','startShell','stdin','stdout','stop','stp''terminate','unmountPriv ateDirs','vsctl','waitOutput','waitReadable','waiting','write']

同理,也可以利用 sh 参数引入外部 shell 程序或命令,在此不再详述。

退出 Mininet CLI 用 exit/quit:

```
  mininet > exit
mininet > exit
 * * * Stopping 1 controllers
c0
 * * * Stopping 2 links
..
 * * * Stopping 1 switches
s1
 * * * Stopping 2 hosts
h1 h2
 * * * Done
completed in 742.312 seconds
mininet@ mininet - vm: ~ $
```

以上是 Mininet 的常用命令,有兴趣的读者可查阅学习更多 Mininet 命令输入。

3.3.5 链路控制

Mininet2.0 允许你设置连接参数,甚至可以通过命令行实现自动化设置。在 Mininet CLI 中,使用 link 命令,可以禁用或启用某条链路,格式为:

link node1 node2 up/down

例如,临时禁用 s1 跟 h2 之间的链路,可以用:

link s1 h2 down

```
$ sudo mn  --link tc,bw=10,delay=10ms
  mininet> iperf
  ...
  mininet> h1 ping  -c10 h2
```

3.3.6　调整输出信息

Mininet 默认输出信息的级别是 Info,Info 级别会输出 Mininet 的详细信息。也可以通过 -v 参数来设置输出 DEBUG 信息,这样会打印出更多额外的细节。现在尝试 output 参数,这样可以在 CLI 中打印更少的信息。

```
$ sudo mn  -v debug
...
mininet> exit
$ sudo mn  -v output
mininet> exit
```

3.3.7　使用友好的 MAC 编号

默认情况下,主机、交换机启动后分配的 MAC 地址是随机的,这在某些情况下不方便查找问题。此时,可以使用 --mac 选项,这样主机、交换机分配到的 MAC 地址跟它们的 ID 是一致的,容易通过 MAC 地址较快找到对应的节点。

```
$ sudo mn
    mininet> h1 ifconfig
h1-eth0   Link encap:Ethernet   HWaddr c2:d9:4a:37:25:17
          inet addr:10.0.0.1   Bcast:10.255.255.255   Mask:255.0.0.0
          inet6 addr: fe80::c0d9:4aff:fe37:2517/64 Scope:Link
          UP BROADCAST RUNNING MULTICAST   MTU:1500   Metric:1
          RX packets:17 errors:0 dropped:0 overruns:0 frame:0
          TX packets:7 errors:0 dropped:0 overruns:0 carrier:0
          collisions:0 txqueuelen:1000
          RX bytes:1398 (1.3 KB)   TX bytes:578 (578.0 B)
```

```
Io          Link encap:Local Loopback
            inet addr:127.0.0.1  Mask:255.0.0.0
            inet6 addr: ::1/128 Scope:Host
            UP LOOPBACK RUNNING  MTU:65536  Metric:1
            RX packets:0 errors:0 dropped:0 overruns:0 frame:0
            TX packets:0 errors:0 dropped:0 overruns:0 carrier:0
            collisions:0 txqueuelen:0
            RX bytes:0 (0.0 B)  TX bytes:0 (0.0 B)
```

使用 --mac 参数：

```
$ sudo mn --mac
mininet > h1 ifconfig
    h1-eth0  Link encap:Ethernet  HWaddr 00:00:00:00:00:01
            inet addr:10.0.0.1  Bcast:10.255.255.255  Mask:255.0.0.0
            inet6 addr: fe80::200:ff:fe00:1/64 Scope:Link
            UP BROADCAST RUNNING MULTICAST  MTU:1500  Metric:1
            RX packets:17 errors:0 dropped:0 overruns:0 frame:0
            TX packets:8 errors:0 dropped:0 overruns:0 carrier:0
            collisions:0 txqueuelen:1000
            RX bytes:1414 (1.4 KB)  TX bytes:676 (676.0 B)
Io          Link encap:Local Loopback
            inet addr:127.0.0.1  Mask:255.0.0.0
            inet6 addr: ::1/128 Scope:Host
            UP LOOPBACK RUNNING  MTU:65536  Metric:1
            RX packets:0 errors:0 dropped:0 overruns:0 frame:0
            TX packets:0 errors:0 dropped:0 overruns:0 carrier:0
            collisions:0 txqueuelen:0
            RX bytes:0 (0.0 B)  TX bytes:0 (0.0 B)
```

3.3.8 指定交换机与控制器类型

通过 --switch 选项跟 --controller 选项，可以分别指定采用哪种类型的交换机和控制器。例如,使用用户态的交换机:sudo mn --switch user;使用 OpenvSwitch:sudo mn --switch ovsk。使用 NOX pyswitch 时,首先确保 NOX 运行:cd $ NOX_CORE_DIR./nox_core -v -i ptcp:然后,Ctrl-c 杀死 NOX 进程;最后,指定 NOX 交换机:

sudo -E mn --controller nox_pysw

注意:通过 -E 选项来保持预定义的环境变量(此处为 NOX_CORE_DIR)。

3.3.9 名字空间

默认情况下,主机节点有独立的名字空间(namespace),而控制节点与交换节点都在根名字空间(root namespace)中。如果想要让所有节点都拥有各自的名字空间,需要添加 --innamespace 参数,即启动方式为 sudo mn --innamespace。注意:为了方便测试,在默认情况下,所有节点使用同一进程空间,因此,在 h1 和 h2 或者 s1 上使用 ps 查看进程得到的结果是一致的,都是根名字空间中的进程信息。

3.3.10 mn 命令参数

(1) --topo 用于指定 openflow 网络拓扑。MiniNet 已经为大多数应用实现了四种类型的 openflow 网络拓扑,即 tree、single、linear 和 minimal。缺省情况下,创建的是 minimal 拓扑包括 4 个元素:one OpenFlow kernel switch connected to two hosts, plus the OpenFlowreference controller; --topo single,3 则是 1 个 openflow switch 加上 3 个主机; --topo linear,4 则表示 four OpenFlow switches, each switch has one host, and all switchesconnect in a line; --topo tree, depth =2,fanout =8 则表示 a network with atree topology of depth 2 and fanout 8 (i. e. 9 switches connecting 64 hosts)。

(2) --custom:在上述已有拓扑的基础上,MiniNet 支持自定义拓扑,使用一个简单的 Python API 即可。

(3) --switch:可以有三类 openflow 交换机:kernel 内核状态、user 用户态以及 ovsk 是 Open vSwith 状态。当然 kerner 和 ovsk 的性能和吞吐量会高一些,通过运行 sudo mn --switch ovsk --test iperf 进行 iperf 的测试得知。

(4) --controller:可以是参考控制器,NOX 或者虚拟机之外的远端控制器,一个指定远端控制器的方法:sudo mn --controller = remote --ip = [controller IP] --port = [controllerlistening port]

(5) -mac: 作用是让 MAC 地址易读,即 setsthe switch MAC and host MAC and IP addrs to small, unique, easy - to - read IDs。

其他常见的参数包括:

① -h, --help:打印帮助信息;

② --host = HOST：模拟主机类型，包括[process]；

③ --controller = CONTROLLER：控制器类型，包括[nox_dump none ref remote nox_pysw]；

④ -c，--clean：清理环境；

⑤ --test = TEST：测试命令，包括[cli build pingall pingpair iperf all iperfudp none]；

⑥ -x，--xterms：在每个节点上打开 xterm；

⑦ --arp：配置所有 ARP 项；

⑧ -v VERBOSITY，--verbosity = VERBOSITY [info warning critical error debug output]：输出日志级别；

⑨ --ip = IP：远端控制器的 IP 地址；

⑩ --port = PORT：远端控制器监听端口；

⑪ --innamespace：在独立的名字空间内；

⑫ --listenport = LISTENPORT：被动监听的起始端口；

⑬ --nolistenport：不使用被动监听端口；

⑭ --pre = PRE：测试前运行的 CLI 脚本；

⑮ --post = POST：测试后运行的 CLI 脚本；

⑯例如，参数 -h 输出了 mn 的帮助信息：

```
$ sudo mn -h
Usage: mn [options]
(type mn -h for details)
The mn utility creates Mininet network from the command line. It can create
parametrized topologies, invoke the Mininet CLI, and run tests.
Options:
 -h, --help show this help message and exit
 --switch = SWITCH ivs|ovsk|ovsl|user[,param = value...]
 --host = HOST cfs|proc|rt[,param = value...]
 --controller = CONTROLLER
none|nox|ovsc|ref|remote[,param = value...]
 --link = LINK default|tc[,param = value...]
 --topo = TOPO
linear|minimal|reversed|single|tree[,param = value...]
 -c, --clean clean and exit
 --custom = CUSTOM read custom topo and node params from .pyfile
```

--test = TEST

cli | build | pingall | pingpair | iperf | all | iperfudp | none

-x, --xterms spawn xterms for each node

-i IPBASE, --ipbase = IPBASE

base IP address for hosts

--mac automatically set host MACs

--arp set all - pairs ARP entries

-v VERBOSITY, --verbosity = VERBOSITY

info | warning | critical | error | debug | output

--innamespace sw and ctrl in namespace?

--listenport = LISTENPORT

base port for passive switch listening

--nolistenport don't use passive listening port

--pre = PRE CLI script to run before tests

--post = POST CLI script to run after tests

--pin pin hosts to CPU cores (requires --host cfs or --host -rt)

--version

3.3.11 Mininet 建立仿真网络举例

1)简单的单交换机结构

下面的命令创建具有 1 个交换机,交换机上连接 3 台主机的网络拓扑结构。每个主机被分配静态 IP 地址和 MAC 地址。

$ sudo mn --arp --topo single,3 --mac --switch ovsk --controller remote

(1) -mac:自动设置 MAC 地址,MAC 地址与 IP 地址的最后一个字节相同。

(2) -arp:为每个主机设置静态 ARP 表,例如:主机 1 中有主机 2 和主机 3 的 IP 地址和 MAC 地址 ARP 表项,主机 2 和主机 3 依次类推。

(3) -switch:使用 OVS 的核心模式。

(4) -controller:使用远程控制器,可以指定远程控制器的 IP 地址和端口号,如果不指定,则默认为 127.0.0.1 和 6633。

简单的单交换机结构实例如图 3-5 所示。

2)两个线性连接的交换机

下面的命令创建具有 2 个交换机,两个交换机下面个连一个主机,交换机之间再互联起来。具体如图 3-6 所示。

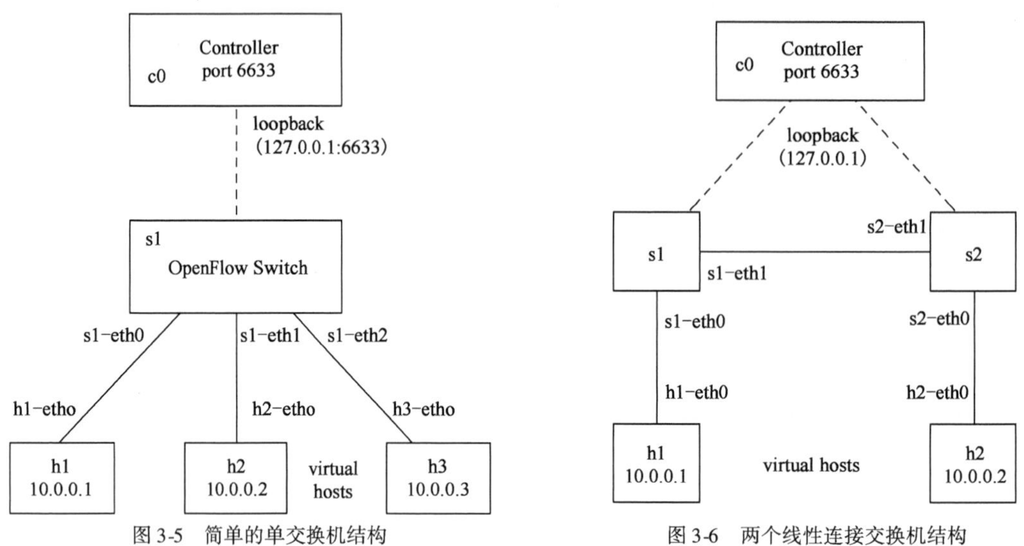

图 3-5 简单的单交换机结构

图 3-6 两个线性连接交换机结构

3)负载均衡器器(Load-balancer)

下面的命令创建的拓扑结构:1 个交换机,交换机上连接 3 个服务器(server)和 1 个客户端(client)。控制器充当负载均衡器,控制客户端先服务器请求时,由控制器控制客户端真正访问的哪一个服务器。但是,有一些额外的步骤需要注意。

```
$ sudo mn --arp --topo single,4 --mac --switch ovsk --controller remote
```

3.4 Python API 在 Mininet 中的应用

可以利用 Python 调用 Mininet 接口建立虚拟网络环境。也正是由于 py 程序的引入,才使得 Mininet 能模拟各种真实网络调度情况。因此,要用好 Mininet,具有良好的 Mininet 编程能力也是不可或缺的,在此提供如下网址:

https://github.com/mininet/mininet/tree/master/examples

读者可根据该网站提供的示例程序细细体会 Python API 在 Mininet 中的巧妙运用。

3.5 MiniEdit

MiniEdit 是 Mininet 的图形界面编辑器,操作便捷,建立网络连接轻松容易。尽管如此,它目前仅作为 Mininet 的延参存在,用以展示 Mininet 的可延展性。因此,使用 MiniEdit 前,应确保对 Mininet 命令和操作的理解和熟练。

一般情况下,MiniEdit 脚本在 Mininet 的 Examples 文件夹中已经存在,要运行 MiniEdit 只需执行如下命令;

```
$ sudo ~/mininet/examples/miniedit. py
```

MiniEdit 的界面窗口如图 3-7 ~ 图 3-9 所示。

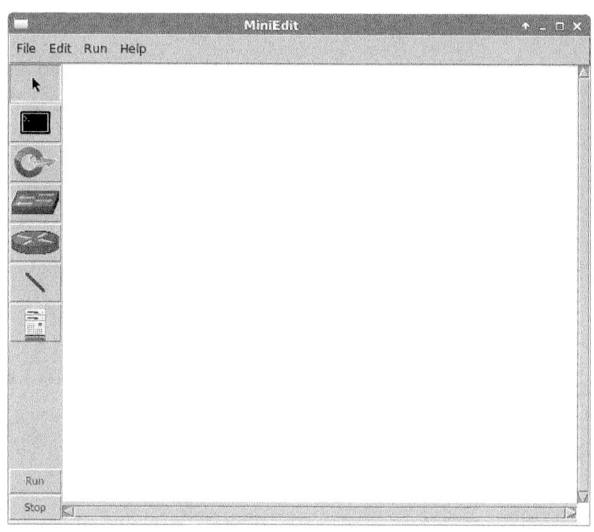

图 3-7 MiniEdit 界面窗口(1)

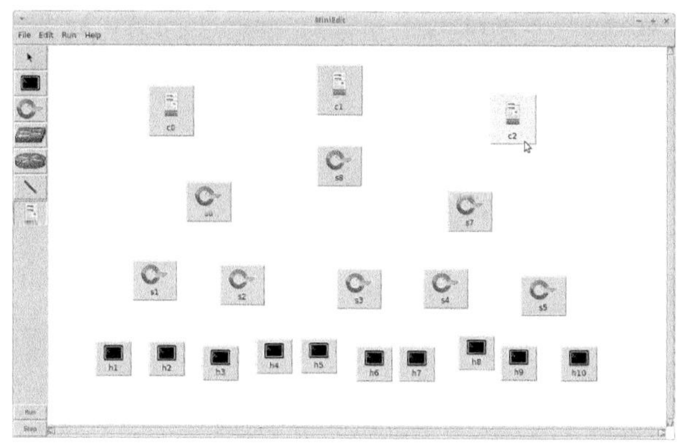

图 3-8 MiniEdit 界面窗口(2)

其用户界面极为简洁,顶部为菜单栏,左侧为功能图示。左侧的功能图示从上到下依次为:选择按钮(Select)、主机(Host)、交换机(Switch)、Legacy Switch、Legacy Router、网络连线(NetLink)和控制器(Controller)。左下方的 Run 和 Stop 按钮分别为启动和停止按钮。

单机左侧的各按钮,可在右边的空白画布上进行网络拓扑的布置和连接。

在右边画布上各按钮和网络连线上单击右键即可对相应节点和网络连线进行各项参数设置。设置完毕后,点击 Run 按钮,开始运行。需特别注意的是,在退出时,应先退出 Terminal 窗口,再点击 Stop 按钮。

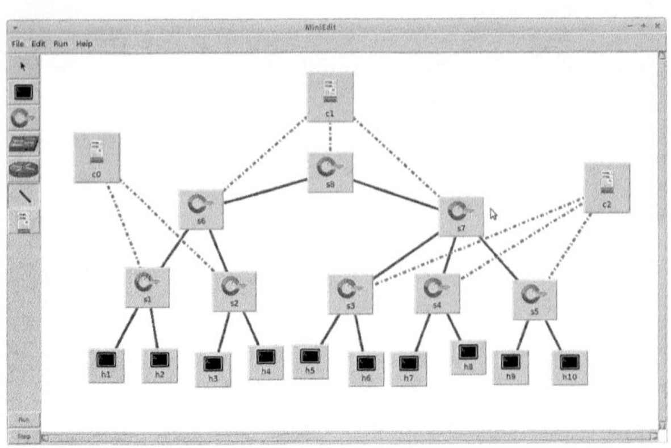

图 3-9　MiniEdit 界面窗口(3)

3.6　本章小结

Mininet 是支持 OpenFlow 协议的轻量级软件定义网络系统平台。Mininet 通过虚拟化技术通过基本的硬件环境可以建立一个完整的网络运行环境。本章介绍了 Mininet 的相关概念与使用方法,包括 Mininet 自定义网络及参数网络拓扑示例。Mininet 建立的环境包括交换机(Switch)、主机(Host)、控制器(Controller)。同时,Mininet 可以运行在多种操作系统上,具有很强的系统兼容性。在 Mininet 上进行的实验,可以无缝地移到真实的环境中。

第4章 Mininet结构

4.1 mininet. link 模块

(1)链路相关的接口和连接,包括 Intf 类、Link 类、TCIntf 类和 TCLink 类。

mininet. link. Intf:基本的网络接口,包括节点、名称、所接的 link、mac/ip 信息等。

```
def __init__( self, name, node = None, port = None, link = None, * * params ):
"""name: interface name (e. g. h1 - eth0)
node: owning node (where this intf most likely lives)
link: parent link if we're part of a link
other arguments are passed to config( )"""
self. node = node
self. name = name
self. link = link
self. mac, self. ip, self. prefixLen = None, None, None
# Add to node (and move ourselves if necessary )
node. addIntf( self, port = port )
# Save params for future reference
self. params = params
self. config( * * params )
```

(2)mininet. link. Link:基本链路,最基本的链路在 mininet 中其实就是一对 veth 接口对。

```
def __init__( self, node1, node2, port1 = None, port2 = None,
intfName1 = None, intfName2 = None,
intf = Intf, cls1 = None, cls2 = None, params1 = None,
params2 = None ):
"""Create veth link to another node, making two new interfaces.
node1: first node
node2: second node
port1: node1 port number (optional)
port2: node2 port number (optional)
```

```
intf: default interface class/constructor
cls1, cls2: optional interface - specific constructors
intfName1: node1 interface name (optional)
intfName2: node2 interface name (optional)
params1: parameters for interface 1
params2: parameters for interface 2"""
# This is a bit awkward; it seems that having everything in
# params would be more orthogonal, but being able to specify
# in-line arguments is more convenient!
if port1 is None:
port1 = node1.newPort()
if port2 is None:
port2 = node2.newPort()
if not intfName1:
intfName1 = self.intfName( node1, port1 )
if not intfName2:
intfName2 = self.intfName( node2, port2 )
self.makeIntfPair( intfName1, intfName2 )
if not cls1:
cls1 = intf
if not cls2:
cls2 = intf
if not params1:
params1 = {}
if not params2:
params2 = {}
intf1 = cls1( name=intfName1, node=node1, port=port1,
link=self, **params1 )
intf2 = cls2( name=intfName2, node=node2, port=port2,
link=self, **params2 )
# All we are is dust in the wind, and our two interfaces
self.intf1, self.intf2 = intf1, intf2
```

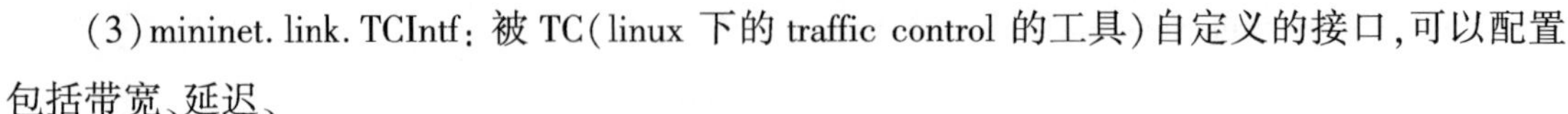

(3)mininet. link. TCIntf：被 TC(linux 下的 traffic control 的工具)自定义的接口，可以配置包括带宽、延迟、

丢包率、最大队列长度等参数。

mininet. link. TCLink

表示一对对称的 TC 接口连接到一起。

4.2 mininet. node 模块

表示网络中的主机、交换机和控制器基本元素。每个主机默认在一个单独的名字空间中，交换机和控制器都在 root 名字空间中。

(1)mininet. node. Node，表示一个基本的虚拟网络节点，是所有的网络节点的父类。节点包括名称、是否在网络名字空间、接口、端口等可能的属性。

(2)mininet. node. Host，表示一个主机节点，目前与 Node 类定义相同。

(3)mininet. node. CPULimitedHost——继承自 Host 类，通过 cgroup 工具来对 cpu 进行限制。

(4)mininet. node. Controller——控制器基类。表示一个控制器节点，包括 ip 地址、端口等。主要方法包括启动和停止一个控制器。

(5)mininet. node. RemoteController，表示一个在 mininet 控制外的控制器，即用户额外运行了控制器，此处需要维护连接的相关信息。

(6)mininet. node. Switch，表示一个交换机的基类。运行在 root 名字空间。主要包括 dpid、listenport 等属性。

(7)mininet. node. OVSSwitch，表示一台 openvswitch 交换机(需要系统中已经安装并配置好 openvswitch)，基于 ovs - vsctl 进行操作。目前所谓的 OVSKernelSwitch 实际上就是 OVSSwitch。

(8)mininet. node. UserSwitch——用户态的 openflow 参考交换机，即 ofdatapath。

4.3 mininet. net 模块

(1)mininet. net. Mininet——模拟一个 mininet 中的网络，包括拓扑、交换机、主机、控制器、链路、接口等。根据拓扑创建网络,配置网络名字空间,配置主机的 ip、mac 等信息,检查是否启动 xterm,是否配置自动静态 arp 等。

(2) mininet. net. MininetWithControlNet——继承自 Mininet 类,主要用于使用用户态 datapath 时,模拟一个控制器网络,即连接用户态的交换机和用户态的控制器。

(3) mininet. clean 模块,用于 mininet 后的清理工作,主要包括 cleanup( ) 函数。cleanup( ) 函数主要包括清除僵尸进程,临时文件,X11 tunnel,额外的内核态 datapath,ovs datapath,ip link 等。

4.4　mininet. topo 模块

(1) mininet. topo. MultiGraph 表示一个图结构,要维护节点、边信息。在 MultiGraph 中,节点就是一个序号,边则通过节点和节点所对应的连接列表中元素来表示。节点和节点的连接列表的对应关系通过字典结构来维护。

(2) mininet. topo. Topo——拓扑基类,包括节点、连接信息等。主要的方法就是添加节点、连接等。Topo 中一个 node 实际上就是图结构中的一个节点,一个 port 是全局维护增长的源和目的 node 所对应的序号。添加节点方法被添加主机 addHost、交换机 addSwitch、控制器 addController 等方法使用。

4.5　mininet 自定义拓扑

在 mininet/custom 目录下,给出一个实例 topo-2sw-2host. py ,定义了一个 mytopo。mininet 支持参数化拓扑,通过 Python 代码,可以创建一个灵活的拓扑结构,也可根据自定义传递进去的参数进行配置,并且可重用到多个环境中。

```
from  mininet.topo import Topo

class My Topo(Topo):

    def_init_(self):
```

```
    # Initialize topology
    Topo. _init_( selt)
    # Add hosts and switches
    host_1 = selt. addHost ('h1')
    host_2 = selt. addHose('h2')
    switch_1 = selt. addswitch('s1')
    switch_2 = selt. addswitch('s2')
    switch_3 = selt. addswitch('s3')
    switch_4 = selt. addswitch('s4')
    switch_5 = selt. addswitch('s5')
    # Add Links
    selt. addLink(switch_1,switch_2,2,1)
    self. addLink(switch_2,switch_3,2,1)
    self. addLink(switch_1,switch_4,3,1)
    self. addLink(host_1,swithc_1,1,1)
    self. addLink(host_2,swithc_3,1,2)
    self. addLink(switch_3,switch_5,3,1)
    self. addLink(switch_4,switch_5,2,2)
topos = {'mytopo':(Lambda:MyTopo())}
```

使用拓扑的命令：

```
sudo mn --custom test. py --topo mytopo --mac --switch ovsk --controller = remote --ip = 127.0.0.1
```

```
#! /usr/bin/python
from mininet. topo import Topo
from mininet. net import Mininet
from mininet. util import dumpNodeConnections
from mininet. log import setLogLevel

class SingleSwitchTopo(Topo):
def __init__(self, n = 2, * * opts):
Topo. __init__(self, * * opts)
switch  =  self. addSwitch('s1')        #添加一个交换机
```

```
for h in range(n):
    host = self.addHost('h%s' % (h + 1))   #添加主机到拓扑中
    self.addLink(host, switch)   #添加双向连接拓扑
def simpleTest():
topo = SingleSwitchTopo(n=4)
net = Mininet(topo)      #创建和管理网络
net.start()      #启动拓扑网络
print "Dumping host connections"
dumpNodeConnections(net.hosts)        #转存文件连接
print "Testing network connectivity"
net.pingAll()      #所有节点彼此测试互连
net.stop()         #停止网络

if __name__ == '__main__':
simpleTest()
```

4.6 本章小结

本章简单介绍了 Mininet 的系统结构和功能。Mininet 是一个模拟软件定义网络环境的网络仿真平台,能提供 OpenFlow 交换机和控制器实践的集成化环境。Minine 提供 API 通过 python 编程可进行灵活的网络模拟;Mininet 给出了 python 程序例程,包括使用 gui 方式创建拓扑、运行多个测试,以及在节点上运行 sshd、创建 tree 结构网络等。

第5章　SDN流调度

5.1 网络流调度介绍

一直以来,路由算法都是网络的关键所在,路由算法就是为了找到传递信息的最佳路径,以此来更合理地利用网络带宽,提高网络服务的质量、速度和整体资源利用率。在传统网络体系架构中,每个网络节点进行分布式路由计算,根据局部的网络状态难以达到路由算法的最佳性能。而 SDN 的控制平面实时掌控全网流量、链路、拓扑信息,根据全局拓扑和实时流量需求进行路由计算,及时通过对流表的操作灵活、动态地调整路由策略,实现网络数据传输的优化和负载均衡。

5.2 基于 SDN 的等价多路由算法

传统网络的路由算法是基于距离、跳数或时延,来实现最短路径的算法。由于选择的路径单一,并难以参考实时链路信息,往往会造成局部链路的拥塞,使整个网络的带宽和资源利用率较低。SDN 为网络提供的集中控制平面和可编程接口为路由算法带来了更大的改进空间:网络中往往存在多条代价相同或相近的路径,可以将分布式单路径选择改进为集中式多路径路由算法,找到前 n 条最佳路径,使数据分组可通过多条路径进行传输,实现负载均衡;控制平面实时获得网络的链路状态,路由算法可以基于最新的参数进行计算,动态地调整传输路径,有利于提高网络的链路利用率。

5.3 前 n 条最短路径算法

5.3.1 Dijkstra 算法与前 n 条最短路径问题

最短路径问题是图论的经典问题之一,Dijkstra 算法被认为是解决这个问题最优秀的算法之一。但 Dijkstra 算法能找到两点之间最短的路径，而实际问题中，可能存在多条最短路径，或者需要在一个范围内的前 n 条最短路径。

前 n 条最短路径问题的定义为：有权无向图 $G(V,E)$ 中有两个不同的定点 v_i,v_j，r 是 v_i,v_j 之间的一条路径，长度为 $d(r)$。集合 $R(G, v_i,v_j)$ 是 G 上 v_i 和 v_j 之间所有互不相同的路径的集合，若按路径长度大小从下到大排序得 $r_1,r_2,\cdots,r_m$，则 r_i 为 G 上 v_i,v_j 间第 i 最短路径，求 G 上 v_i,v_j 之间第 $1\sim n(n\leqslant m)$ 最短路径则为前 n 条最短路径问题。

根据结论：若 $r=v_0e_1v_1\cdots e_nv_n\in R(G,v_i,v_j)$，则存在 $G'\subseteq G$，使得 $r=r_1(G', v_i,v_j)$；反之，若 $G'\subseteq G$，则 $R(G',v_i,v_j)\subseteq R(G\cdot v_i,v_j)$ 可知，带权图 $G(V,E)$ 上两个顶点间任一路径都一定是它的某个子图 $G'(V,E')$ 上相同两个顶点的第一最短路径，所以，可以将图 $G(V,E)$ 上两个顶点间的第 i 最短路径，转化为其某一子图的第 1 最短路径问题来求解。

根据结论：设

$$R(G,v_i,v_j)=\{r_1,r_2,\cdots,r_m\},d(r_1)\leqslant d(r_2)\leqslant\cdots\leqslant d(r_m)$$

$$r_1=v_0e_1v_1\cdots e_nv_n$$

$$R'(G,v_i,v_j)=U_{k=0.1,\cdots,n}R_k(G_k,v_i,v_j)$$

$$R_k(G_k,v_i,v_j)=R\{G_k(V,E_k),v_i,v_j\}$$

$$E_k=E(G)-(e_k)$$

则 $R(G,v_i,v_j)-(r_1)=R'(G,v_iv_j)$

可将第 1 最短路径 r_1 从集合 $\{r_1,r_2,\cdots,r_m\}$ 中分离出来，分别将 $r_1=v_0e_1v_1\cdots e_nv_n$ 中的一条边 e_k 从图 G 的边集中删除，可以得到图 $G_k(k=1,\cdots,n)$。这些子图上的路径集合的并集就是 $\{r_2,\cdots r_m\}$，即除第 1 最短路径之外的路径集合。继续将 G_k 的路径集合 R_k 照同样的方法分离，递归之后就可以将每条路径都转化为某个子图的第 1 最短路径。

求前 n 条最短路径可以将所有路径求出，然后从小到大排序得到前 n 条最短路径，但实际应用中 n 往往远小于 m，全部求出就浪费了时间和资源。如果前 $s-1$ 条最短路径 $r_1,r_2,\cdots,r_{s-1}$ 已经求出，且剩余路径 $r_s,r_{s+1},\cdots,r_m$ 在若干子图上路径集合 R_k 中，则第 s 最短路径 r_s 是这些子图上第 1 最短路径的最短的一个；求得第 s 最短路径之后，得到新的子图集，就是求第 $s+1$最短路径所需的。当 $s=1$ 时，利用原图即可求得第 1 最短路径，然后分离出若干子图，求第 2 最短路径，以此类推可以一直求到第 n 最短路径。

5.3.2 前 n 条最短路径算法设计与分析

定义边、路径、图等结构；Paths 数组存放路径类型的指针变量，大小为 N，用于存放排序后的结果，Paths[i] $=r_1(G',v_i,v_j)$；CutEdgeSet 数组存放边的集合变量，CutEdgeSet[i]存储的是

$G'(V,E')$中 $E-E'$的边集。

算法进行 n 次循环,第 i 次循环得到第 i 最短路径。在第 i 次循环中,先选择第 $i-1$ 最短路径,即 Paths[$i-1$],然后根据 Paths[$i-1$]和 CutEdgeSet[$i-1$]中的边得到若干子图,求这些子图的第 1 最短路径存放到 Paths[k]($k=i,\cdots,n$),存放时采用排序算法插入,完成后 Paths[i]中存放指向第 i 最短路径的指针。

Dijkstra 算法的时间复杂度为 $O(n^2)$,所以此算法的时间复杂度为 $O(e*n^2)$,e 为图 $G(V,E)$的边数,n 为顶点数。

5.3.3 Yen 算法

Yen 算法可以从高到低以此列出最短路径。假设从源节点到目的节点有多条不同长度的路径,第 k 最短路径是长度从小到大第 k 短的路径。Yen 算法是求解无环第 k 最短路径问题的当前公认的最好的算法。

Yen 算法的思想是:首先求得从源节点到目的节点的第 1,2,…,$k-1$ 最短路径,然后根据这 $k-1$ 条最短路径,可以求出第 k 最短路径。由于在最短路径图中,从源节点到目的节点的最短路径是有限的,所以当 k 足够大时,按照 Yen 算法,可以求得从源节点到目的节点的所有最短路径。

算法描述为:P_i 为源节点 s 到目的节点 t 的第 i 最短路径,把 $P_1 \sim P_i$ 定义为一棵树 T_i,Dev_i 为 P_i 的偏离点——T_i 上 P_i 对应分支中第一个不在 T_{i-1}上的点。每个符合条件的 P_i 都可以产生若干候选路径:从 P_i 上 Dev_i 之前的一个点到目的节点 t 之前的一个点,其中每一个点 v 都可以产生一条候选路径。从源节点 s 到点 v 的 P_i 的子路径用 P_{isv}表示,从点 v 到目的节点 t 的最短路径用 P_{ivt}表示。条件一:若点 v'是点 v 在 Ti 上的对应点,则 P_{ivt}上以 v 为起点的边不能与 T_i 上以 v'为起点的任意边相同;条件二:P_{isv}上出现的点(除 v)都不能出现在 P_{ivt}上。如果能找到 P_{ivt},则 P_{isv}和 P_{ivt}就可以连接成为一条新的候选路径。从候选路径的集合中,每次取一条成为 P_{i+1},则产生新的候选路径,直到求出 P_k;若 P_k 求出之前候选路径集合为空,则 P_k 不存在。

5.4 Floodlight 上多路径路由模块的实现

在 Floodlight 控制器上添加模块,实现对 OpenFlow 网络的控制,完成多路径路由,计算正确的路径。多路径路由模块在 Floodlight 的转发模块基础上完成，Floodlight 的转发功能由 Forwarding 类实现，Forwarding Base 类为其父类，Topology Manager 类为其提供路由管理引擎服务，TopologyInstance 类实现计算转发路径，其模块关系如图 5-1 所示。

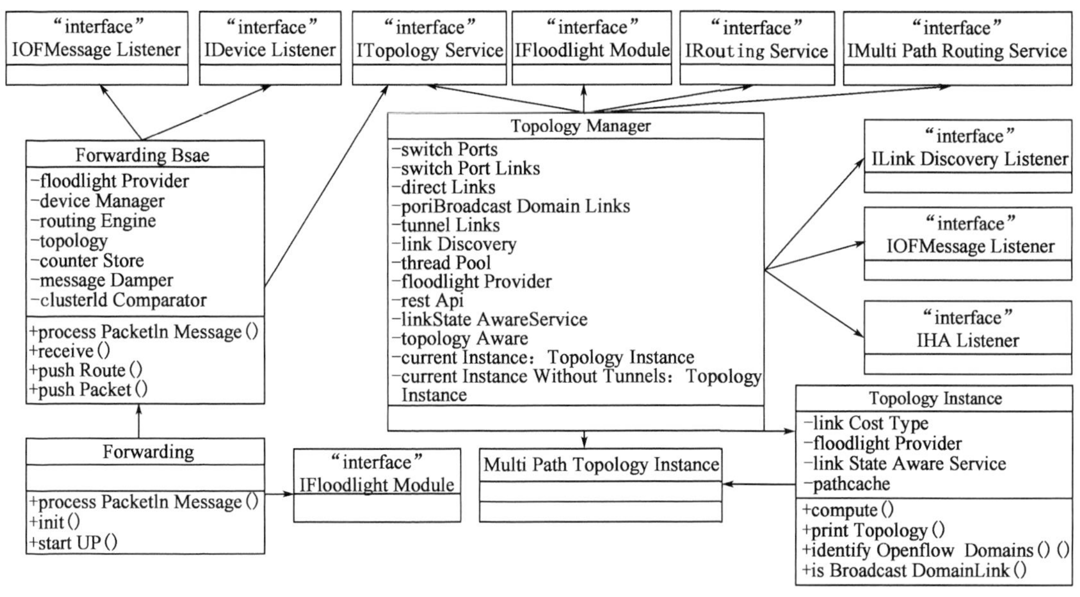

图 5-1 Floodlight 转发模块关系

多路径路由算法模块实现功能首先要在现有网络拓扑中找到多条路径，然后对每个数据流，按某种策略选择一条路径进行转发。

5.4.1 MP Forwarding

以已有的 Forwarding 模块为模板，编写 MP Forwarding 模块实现多路径路由转发。定义 MP Forwarding 类继承 Forwarding 类，除转发流操作不同之外，其余部分与 Forwarding 类相一致，在 Forwarding 类中，do Forward Flow 方法定义了对转发流的操作，其获取路径是直接从路由引擎中得到一条路径。而在 MP Forwarding 类中主要改变的就是其获取路径的流程：首先从多路径路由引擎（MP Topology Instance）中获取多路径列表，然后在可用路径中根据网络状态信息选择出一条最佳路径。

5.4.2 Topology Manager

多路径路由引擎服务由 IMP Routing Service 接口定义，继承 IFloodlight Service 接口。在 IMPRouting Service 接口中只定义一个方法 getRoutes，其功能是寻找从源交换机到目的交换机的多路径列表,其中包括是否允许隧道、输入参数中是否包含路由器接口编号等多个重载。Topology Manager 类是路由引擎服务的实现类,在其中定义一个 useECMP 开关(类启动时从配置文件中读取),来判断拓扑发生改变时,是使用 Topology Instance 来提供单路径路由引擎服务,还是使用 MP Topology Instance 来提供多路径路由引擎服务。

5.4.3 MP Topology Instance

定义 MP Topology Instance 类,继承 Topology Instance 类,在实现 getRoutes 方法时需直接引用 MP Topology Instance 来支持多路径路由计算。MP Topology Instance 类实现的功能是通过多路径路由算法找到源节点到目的节点之间的多条路径,将这些路径按照代价从小到大排列,选择前 n 条在等价范围内的路径作为备选转发路径提供转发模块(MP Forwarding)使用。

MP Topology Instance 类定义 kNum 属性,来记录要寻找的路径数;maxPercent 属性,来记录代价最大和最小路径之间代价的倍数。在构造函数中设置 kNum 和 maxPercent 的值,由 Topology Manager 模块从配置文件中读取。

定义新类 Cost Route 继承 Route 类,Route 类原本有一个 ID 属性和节点接口映射表,Cost Route 中增加 cost 属性用于记录路径的代价。

定义新类 Path。属性 path 为 List <Link> 类型,用来记录一条路径上的链路集。属性 cost 与 Cost Route 类中的属性 cost 相同,用于记录路径代价。定义一个以 CostRoute 为参数的构造函数,将 CostRoute 对象转换为 Path 对象。定义一个 getCost Route 方法,来获取等价的 Cost Route 对象。在 Path 类中还有一个 Comparable <path> 接口,可以比较 Path 类对象的路径总代价大小。

定义方法 getRoutes,来获取 Route 列表。方法 getRoutes 计算从源节点到目的节点的最短路径,返回一个 Cost Route 对象,把这个 Cost Route 对象作为参数传给方法 getMP,得到一个 Path 列表(前 n 条最短路径),将其转换为 Route 列表返回。

定义方法 getMP,来实现前 n 条最短路径的计算。getMP 方法根据输入参数所提供的 Cost Route 对象实现上一节所述前 n 条最短路径算法——Yen 算法,以 Path 列表形式返回代价最小的多条路径。算法实现首先要找到 Dev_i 点,定义方法 getDev Node,返回 Dev_i 的位置即该点在 Path 上的序号。T_i 树存储在一个 List <Path> 结构中。Dev_i 点不可能是 Path 中的源节点,所以把这个位置定义为 Path 中链路序号,且 Dev_i 点显然在链路的目的节点。getDev Node 方法流程图如图 5-2 所示。getMP 方法使用父类中定义的 Dijkstra 算法计算修剪过的拓扑中的最短路径,流程图如图 5-3 所示。要计算 P_{ivt} 的最短路径需要对拓扑进行修剪,定义一个 Map 类来存储修剪的节点,计算完后恢复拓扑。当节点 v 是 Dev_i 的前一个节点时,可以修剪两条及以上链路，当节点 v 是 Dev_i 或其之后的节点时，可以修剪一条链路，即在 P_i 中从 v 出发的那条链路。其存在于 T_i（Path 列表）中，不需要变量来存储，可以直接按照删除顺序进行恢复。

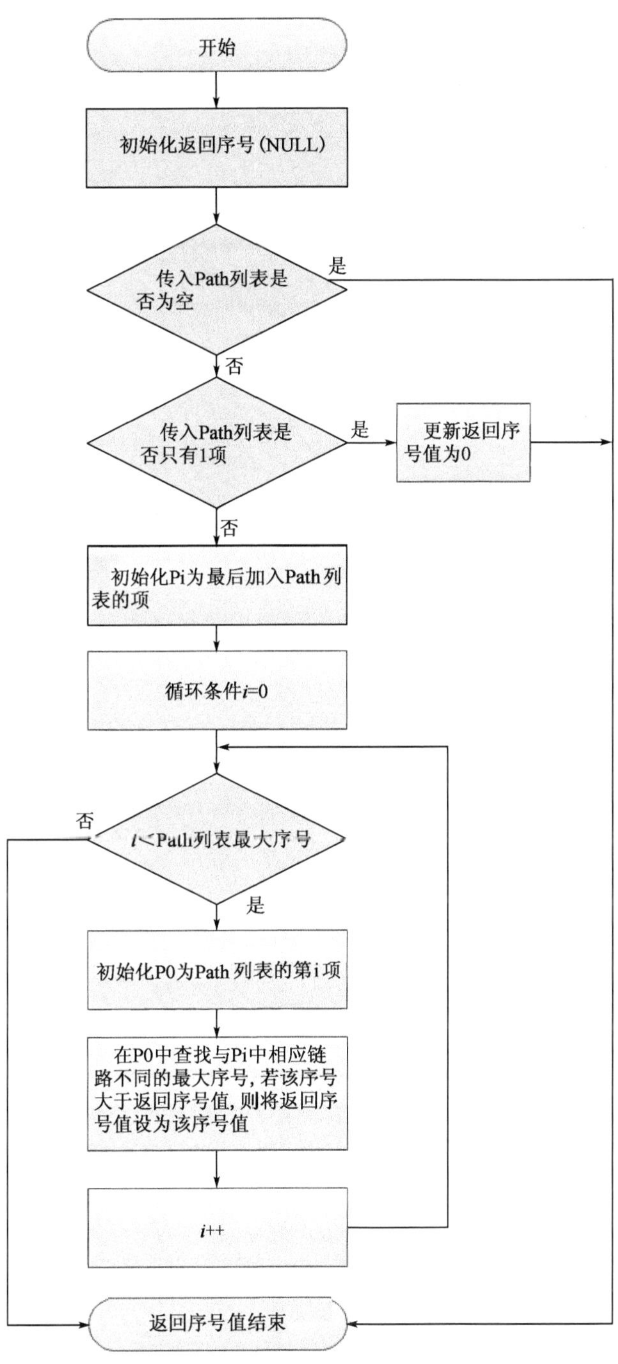

图 5-2　getDev Node 方法流程图

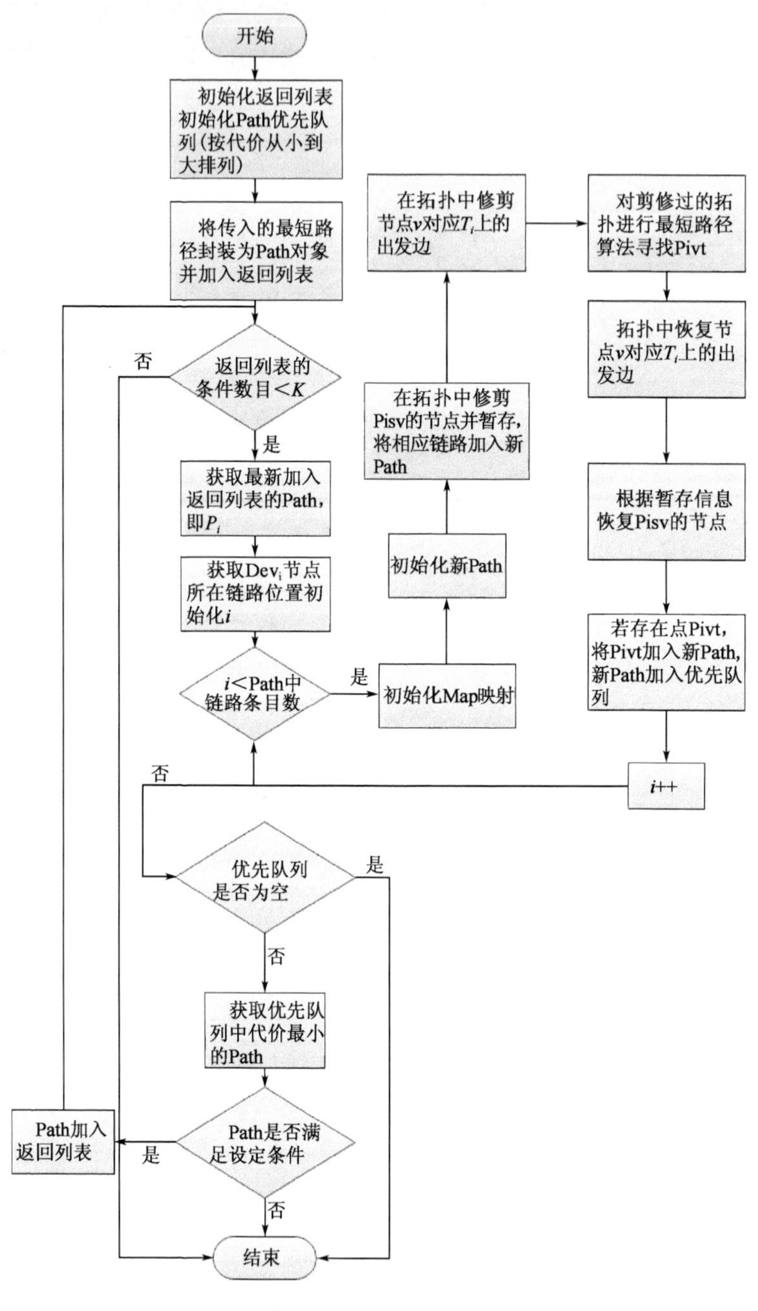

图 5-3 getMP 方法流程图

5.5 本章小结

本章首先提出最短路径路由的不足，多路径路由可以实现网络的效率和资源利用率的提升。然后介绍了一个前 n 条最短路径算法——Yen 算法，并以控制器 Floodlight 为基础开发了一个多路由计算和转发模块。经过统计实验数据，发现采用等价多路由策略的网络在实验拓扑中表现出比最短路径策略更优的性能。基于 Floodlight 设计和实现了一个多路径路由系统，可以在 OpenFlow 网络中实现 Yen 算法的多路径路由寻路和转发功能。基于实验平台，对最短路径路由策略和多路径路由策略在胖树拓扑网络中的转发效果进行了比较，不足之处在于只能简单实现多路径路由转发策略，没有实现在链路动态变化的条件下进行链路信息收集，应根据实时信息，调整路由策略的模块。

第6章　SDN与网络管理

6.1 网络管理介绍

下一代互联网研究中要解决的最重要的科学和技术问题包括:扩展性、安全性、高性能、实时性、移动性和可管理性等。美国是互联网的发源地,也是世界上最早提出"下一代互联网"计划的国家。北美的学术界不断摸索下一代互联网的发展道路。一部分学者和工业界积极探索以光传输为代表的新一代物理网络传输和数据链路控制技术,发展出用户控制光路 UCLP 、混合光与分组交换基础设施 HOPI 等新技术,而在网络层面则还是基于 IPv4 和 IPv6 技术逐步演进。另一部分学者则主张摒弃现有互联网条条框框的限制,基于"Clean Slate "(全新设计)的原则进行下一代互联网的研究,对互联网体系结构进行重新设计,并先后启动了未来互联网设计 FIND 和全球网络创新环境 GENI 等重大研究项目。

可管理性既是当前互联网存在的一个主要技术问题,也是下一代互联网研究中应该重点解决的系统化问题。另外,下一代互联网管理本身也面临很多新的挑战,既有网络管理体系结构等比较宏观的问题,也包括网络管理的各种单元关键技术,诸如服务发现和管理技术、资源动态调度技术、自动配置技术等。

随着物联网、移动计算、泛在网、云计算、传感器网络等互联网应用技术的快速发展,以及"永远在线"的 3G 业务、在线游戏、视频流媒体等互联网应用的广泛部署,未来的网络管理系统应该能从体系结构和系统实现上动态地发现网络新技术和服务的部署,并自适应地实现对新技术和新服务的管理的能力;未来的网络管理系统也应该支持更细粒度的服务质量管理能力,以充分发挥网络本身的服务质量保障能力。

为了进一步实现差别化的网络服务质量管理,未来的网络管理应该具有动态资源调度和管理的能力,根据监测到的不同网络区域的运行和性能状况,以及来自用户的不同服务质量需求(包括永久性需求和临时需求),动态地实现对资源的调度和管理。

人们普遍认为,未来的网络将越来越复杂,也越来越智能,但这种智能并非天然就具备,需要网络管理系统的密切配合。自动配置技术是未来网络管理系统中极其重要的关键单元技术,这既包括网络设备本身的智能和自治管理功能,也包括网管系统对配置管理任务的抽象描述、对被管设备的统一描述及智能感知,以及基于两者的智能匹配等。云计算和移动化是互联网的两大发展趋势。

6.2 网络管理体系结构发展现状与趋势

随着以 IPv6 为核心的下一代互联网技术的发展和在全球范围内的广泛部署,对网络管理问题提出了更高的需求,其中一个重要的问题就是体系结构的可扩展性。IPv6 的引入解决了网络在组网层面的可扩展性问题,更大规模的网络部署对网络管理的可扩展性提出了新的挑战;无论是集中式的,还是分布式的,传统的网络管理体系结构只能构造出面向系统的网管,难以构造面向网络的网管,难以构造对等的管理网络,难以适应大规模网络的管理需求。

当前,关于未来互联网的研究已经超越 IPv6 技术。美国国家科学基金会支持的项目 FIND (Future Internet Design)就提出了一个重大的问题:未来 15 年全球互联网的需求是什么;如果不拘泥于目前的 Internet 限制,如何构造一个满足这些需求的网络;如何从本质上提高互联网的安全性和可用性;如何设计一种全新的网络体系结构使其更有利于信息传播、位置管理、身份管理等。此外,欧洲的 FP7(Seventh Framework Programme)、COST(European Cooperation in Science and Technology)等都对未来互联网技术给予高度关注。与对未来互联网体系结构研究的高度关注相比,对未来互联网的管理研究明显不足。

网络管理系统是一种软件系统,软件的结构性是软件的基本特性之一。因此,网络管理体系结构的研究一直是网络管理研究的重要内容。网络管理体系结构模型主要包括:

1)基于策略的网络管理

基于策略的管理方法最初是一种用来保证 QoS 的方法,由于基于策略的管理方法可以显著地提高系统的可伸缩性,因此,很快地在网络管理中得到了应用,形成了基于策略的网络管理方法(Policy Based Network Management)。基于策略的网络管理方法的研究内容包括应用模型、策略描述方法、策略冲突消除机制等。有关文献介绍了基于策略的网络管理的基本概念和主要问题,基于策略的网络管理的一个具体的应用,基于策略的网络管理中策略冲突消除的方法,以及基于策略的网络管理研究情况。

2)分布网络管理

分布网络管理是解决复杂、大规模网络管理、提高网络管理可伸缩性的有效方法。分布网络管理的研究范围包括,分布网络管理的体系结构、分布网络管理的模型、分布网络管理的评价等。有关文献介绍了分布网络管理的基本情况、分布网络管理的模型、分布网络管理的应用案例,以及分布网络管理研究情况。

3)基于移动代理的网络管理

基于移动代理的网络管理(Mobile agent-based network management)属于网络管理体系结构研究的内容,因为基于移动代理的网络管理有可能提高网络管理的可伸缩性、降低网络管理的复杂性,因而成为网络管理体系结构中的研究热点。有关文献从网络管理体系结构的角度,介绍了基于移动代理的网络管理,介绍了两个基于移动代理的网络管理的具体应用。虽然基于移动代理的网络管理有可能提高网络管理的可伸缩性,但其安全性和效率仍然是需要继续研究的问题,有关研究人员建立一个可以分析网络管理效率的基于移动代理的网络管理模型,并对基于移动代理的网络管理的效率和传统的集中网络管理的效率进行比较。

目前,各个网管系统是不同的自治域,甚至于同一域内的网管系统之间也相互孤立,没有形成网络管理基础设施。网络管理体系结构的研究主要分为两个方面:一个网管系统各个部分之间的关系;不同网络管理系统之间的关系。当前网络管理体系结构的研究注重于前者,导致了上述问题的出现。分布式管理体系一定程度上解决了上述问题,但仍然没有从业务、逻辑和服务的层面上进行无缝融合。跨域的分布式组件之间的耦合性要尽量低。Web Services 面向服务的架构用于跨域管理比较合适。另外近几年出现的 P2P 技术也为跨域管理提供了一种路线。

P2P 作为一种互联网应用模式,在网络管理服务的发布、查找和交换方面具有一定优势。过去,互联网上的应用模式以 C/S(Client/Server)或 B/S(Browser/Server)为主,资源集中于一个拥有强大处理能力和大带宽的高端服务器上。随着网络规模的不断扩大以及用户数量的不断增长,服务器的瓶颈效应越趋明显,已经越来越不能满足用户不断增长的体验需求。而在对等网络中,每一个 Peer 同时充当服务器与客户的角色,采用互惠互利的原则,是一种完全的分布式环境,P2P 这种没有中心服务器的完全对称的结构具有很好的可扩展性与容错性,网络资源与带宽的共享和应用非常方便,P2P 网络是一个自组织的动态的网络,具有很好的灵活性。

基于上述优点,P2P 在网络管理中也得到了关注:

(1)法国 INRIA 的项目 MADYNE 在 2003 年的时候首先对 P2P 在网络管理中的应用做了一些尝试性的工作,利用 P2P 具有高度的灵活性与自组织性提出了用于管理无线网络环境的 P2P 管理平台。

(2)EU-IST 项目 Ambient Network 的目的是研究并提供异构无线网络间的无缝整合解决方案,解决用户在不同网络间的切换问题。Ambient Network 中一个很关键的概念就是网络组合(network composition)。网络组合对网络管理带来了一个很大的挑战:网络的组合必然要求各个单独的网络管理系统也需要组合成一致的管理网络。为了应对以上需求,Ambient Network 采用了 P2P 作为网络管理的基本技术。

(3)EuroNGI 项目 AutoMon 提出了 DNA(Distributed Network Agent)的概念,利用 P2P 技术构建 DNA 的分布式 overlay 网络对各种应用服务进行监控。但 DNA overlay network 主要针对

应用服务以及端系统进行测试,基本不涉及网络基础设施或其他的网络管理任务。也就是说DNA 的功能局限于预先定义好的测试集,而且 DNA 必须安装到端系统之上,目前还只能适用于 windows 操作系统等。

L. Granville, D. Rosa 等人提出了一个比较简单的基于 P2P 的网络管理模型,并于 2006 年给出了较为详细的结构描述。此模型描述了一个 P2P 的管理网络,系统中存在 3 种主要的管理实体,即高层管理者(top-level manager,TLM)、中间层管理者(mid-level manager,MLM)以及下层的代理(agent)。TLM 为与管理人员直接交互的管理 Peer,一般来说拥有 GUI(图形用户接口)。管理人员通过 TLM 完成管理任务,如有必要可以与其他管理人员通过 TLM 沟通,以一种合作的方式共同完成一项管理任务。MLM 为 TLM 或其他的 MLM 管理实体提供管理服务,对管理服务的请求意味着一项管理任务的执行。管理服务的发布和查找通过 P2P 管理网络进行。最基本的管理服务可以针对一个受管设备进行信息的存取。实际上,多个的 MLM 可以组织成一个 Peer group,共同提供一个管理服务组。这样可以达到负载平衡的目的,在管理任务较为复杂时提高性能。一个管理任务由多个 MLM 处理提高了系统的容错性,即使 group 中只剩下一个 MLM,管理服务依然是可得的。当然,Peer group 概念的引入增加了系统的复杂性,Peer group 必须具有自管理、自组织的能力。对用户来说,Peer group 的概念是透明的,用户无须关心一个 group 里有多少个 Peer 参与,以及 Peer 的位置所在。在模型中的 agent,即运行在被管设备上的软件实体,提供访问及控制设备的接口。Agent 通过部分 MLM 网关向 P2P 管理网络中发布服务,本身并不是一个 Peer,并不参与 P2P 管理网络的运行。在网络管理中,各位管理域之间是对等的关系,利用 P2P 管理域对网络服务的发布、组织查找和内容非常方便。

目前,典型的网络管理系统基于 SNMP、OSI/CMIP、TMN 和 CORBA 协议。其优缺点如下:

基于 SNMP 的网络管理系统的优点是简单、易于实现,而且得到广泛支持,且 SNMP 已成为 Internet 的事实规范;缺点是管理对象类定义过多,缺乏管理者特定的功能描述,而且没有明确定义 SNMP 网络管理系统的标准或建议。

基于 OSI/CMIP 的网络管理系统的优点是普适性、开放性,能处理复杂系统的综合处理。但其大而全的思想导致相关标准的数量和内容太多,系统代价太大,CMIP 功能的灵活和强大使 OSI 系统管理方法太复杂,从而使 OSI 系统管理与实际的应用有距离,在实际应用中不成功等。

基于 TMN 的网络管理系统的优点是技术先进、强调公认的标准和接口;缺点是抽象化程度太高、MIB 的标准化进度太慢、OSI 协议栈效率不高。

基于 CORBA 的网络管理系统的优点是可重用 ITU-T/OSI 标准的知识和经验,同时保证管理系统能够适应具有特有的 SNMP,CMIP 和 CORBA 接口的网元系统;缺点是系统基于同步通信机制,容错能力低、扩展性不强。

基于 Web Services 的网络管理站可以通过 Web Service 平台相互通信,增加了网络管理系统的分布性和容错性。同时,被管设备基于 Web Service 平台能提供比传统的代理更丰富的功能,如管理信息的预处理。这样在大规模复杂网络环境下减轻了网络管理站的负荷。Web Service 技术由于其松耦合性和底层技术支持的广泛性,引起了网络管理研究领域的极大关注,但 Web service 在管理、性能、服务质量、互操作、事务处理等方面存在局限性。

从体系结构上看,网络管理的实现可以采取多种体系结构,传统意义上有四种:

(1)集中式体系结构;

(2)分层式体系结构;

(3)分布式体系结构;

(4)基于 Web 的体系结构。

上述几种体系结构各有优劣,每种类型都具有在一定环境下工作良好的特定功能。其中基于 Web 的网络管理服务正逐渐被大家所接受。这种管理方式的体系结构与传统的网管体系结构最大的不同之处在于,它使用浏览器作为最终的管理界面,有着跨平台、使用方便简单等特点。随着互联网络的高速发展,对网络管理也提出了自适应性、可扩展性,逐步提出了可扩展网络管理的需要,强调网络管理软件采用构件化技术和体系结构技术,要求网络管理系统具备很强的重用性。

6.3 网络管理当前遇到的主要问题和挑战

6.3.1 网络管理可扩展性和高可用性

2011 年 7 月中国互联网络信息中心发布《第 28 次中国互联网络发展状况统计报告》统计,截至 2011 年 6 月底,中国网民规模达到 4.85 亿,家庭电脑宽带上网网民规模达到 3.90 亿人,1.95 亿微博用户,截至 2011 年 6 月底,我国手机网民达 3.18 亿。网络购物、团购、网上银行和网上支付、网络游戏和网络音乐、网络视频、电子邮件、微博、社交网站、网络文学,大量网络数据膨胀式增长,各种 IP 网络数据的爆炸性增长。网络数量剧增的背后,是网络通信膨胀的外在表现,自然带来网络规模和基础设施的大量增加。大规模的网络基础设施存在成千上万的网络设备,包括路由器、交换机、防火墙、VPN 控制器等。而网络管理是互联网应用发展的基础保障。网络规模急剧增大后,网络管理可扩展性受到极大的挑战。

网络基础设施传输着许多关键网络服务,在实时性、不可中断性、高可用性要求往往非常高。移动网络带来的容断、容延只是要求通信握手协议变化,对网络基础设施本身的高可用性要求更高。这是由于其频繁的客户连接和中断请求,要求网络必须保持持续的活性。电子购物、电子售票、网上银行和交易等对网络高可用性要求极高。即使是普通的网民,由于日常对网络服务的依赖性逐步增加,网络中断即使对普通网民也是难以接受的。

网络服务、网络应用、网络业务和网络用户爆炸式增加,网络交换数据持续增长,路由器、交换机和各种移动网络设备等大量递增接入,同时网络接入设备、特别是移动网络接入设备的种类不断增长,同时对高可用性提出较高要求,网络管理遇到了前所未有的巨大挑战,网络管理业务部门承担巨大的工作压力。

传统的集中式网络管理,在管理通信上有优势的同时明显不能满足可扩展性,分布式网络管理在一定程度上满足可扩展性的同时,节点之间的通信大为增加,而这种通信仍旧依赖于网络,基于 web 的网络管理除了在表现形式有所改进外,在管理能力和可扩展性、高可用性方面并无明显改进。基于 P2P 的网络管理由于 P2P 模型本身的特点不能保证实时性和高可用性。因此如何将集中式网络管理的低通信量和分布式管理的高可扩展结合起来,并进一步提高可扩展性,这就要求网络管理体系结构上要有较大的改进。

6.3.2　中小企业网络管理

互联网的普及和高速发展,使得企业对互联网的依赖日益加深。当前,大多数企业都已经认识到网络管理系统的重要性,并且多数企业已经根据自身情况采购了相应的网络管理软件,希望借此提升企业网络和业务系统的可用性和服务水平。通过专业的网管软件进行基础监测,发现并解决常见问题,再针对问题集中定位诊断,进行细分管理。随着网络的发展,网络环境变得越来越复杂,网络管理难度逐步加大。而网络管理是信息化的基础性保障。对于现代企业而言,网络无疑是一把棘手的双刃剑,管理不好就可能给企业带来灾难。企业信息设施在提高企业效益的同时,也给企业增加了风险隐患。

企业网络的高效、稳定、可靠、安全运行对企业的发展极其重要。企业网络承载着企业运转的基础数据,一旦网络通信中断,企业的生产经营将会受到严重影响,给企业带来巨大的经济利益损失。因此,要求负责接入的路由器具有高稳定性和自我恢复能力,从而保证网络可靠稳定的运行。

网络安全管理问题也一直困扰着中小企业,给中小企业所造成的损失不可估量。黑客攻击、病毒传播、蠕虫攻击、垃圾邮件泛滥、敏感信息泄露等外网攻击,已成为影响最为广泛的安全威胁。同时,企业内部员工对网络的不正当使用,降低了生产率、消耗企业网络资源、并引入病毒和间谍程序,或者使不法员工可以通过网络泄漏企业机密。由于企业经营的不断壮大,企业规模也势必水涨船高,因此网络必须具备一定的扩展能力。

网络设备的可用性和状态、性能测量和管理,是当今网络管理的重要组成部分。企业内部往往包括像 Unix、NT、NetWare、Linux、VMS 等多种网络操作系统,这样在多种网络操作系统下如何保护数据安全,应该是企业网络管理人员需要解决的当务之急问题。在一个共享的跨平台的网络环境中,各种数据的安全和保护问题,就成了中小企业在网络管理中的“重中之重”。在中小企业的网络建设和管理中首先就要考虑到,网络系统要有对数据具有超强的可管理性、强大的灾难恢复功能、备份和支持各种应用的数据库。

作为一家中小企业有必要搭建起一个管理企业网络的技术服务平台,以适应企业实现与国际竞争接轨、实现网络化和信息化的要求。其中,性能测量和管理应当是网管软件的一个重要指标。如何实施建网计划也是一个棘手的难题。一般要购置一定的设备、增加办公场地、配备上网的硬件产品、寻找合适的网络管理、主页设计、内容制作人才。这是一笔很大的开支,使得不少中小企业望而却步,许多中小企业是没有这个经济能力来维持这样的系统。更何况在开支后,还难免由于技术等方面的原因出现不尽如人意的地方。对专业设施(FTP 上传、E - mail 设置、计数器设置、访问统计报告、数据库设置等)进行配置、了解国内的网络市场状况、购置专用的网络设备等工作是十分困难的。

许多中小企业缺少网络管理设施,中小企业往往缺少专业的网络技术人员,因此网络的维护对中小企业来说具有一定的难度,所以如何能够更好地管理和维护网络就成为重要的问题。企业条件和信息技术力量的局限,在如何管理好企业的网络、挖掘和整合企业网络资源优势、为企业发展核心业务服务等诸多方面,还存有许多不尽如人意的地方,致使不少中小企业的网络系统,从建立网络,到应用网络,直至管理网络,都缺乏一个科学性、有序化和规范化的发展态势,甚至直接影响乃至制约着企业核心业务的持续发展。提高网络可用性、改进网络性能、减少和控制网络费用以及增强网络安全性等方面中小企存在巨大困难。

6.3.3 网络管理体系结构研究存在的问题

互联网的发展已经远远超出了最初的设计目标,它不是一种简单的通信工具,也不是一个虚拟的游戏世界,甚至不能简单地用社会基础设施来概括他,互联网上已初步形成与物理世界平行的另外一个社会。与网络技术的飞速发展相比,互联网的管理及其相关技术的研究一直是一个薄弱环节。造成这种现状的原因是多方面的。一方面,互联网技术的发展和互联网的成功都得益于其良好的开放性,而网络管理技术的发展则处于相对封闭的状态;另一方面,从事网络管理技术研究的人往往缺乏实际的网络运行管理经验,而真正从事实际运行管理的人员又往往鲜于从事网络管理新技术的研究，导致多年来网络管理问题在学术上缺乏具有重要影响力和应用价值的创新成果。

在管理方面，要向对待人类社会一样对待网络。传统网管较少考虑到互联网的社会性，因而对互联网的治理问题(Governance)缺乏支持。当前互联网本身正在经历着巨大的变革，IPv6、无线与移动通信、P2P、云计算以及物联网等新技术正在改变整个互联网，甚至互联网体系结构都可能发生根本性的变革；另一方面，"三网融合"已经消除了政策方面的障碍，但三网融合可能对互联网技术和管理方面提出的新需求和新挑战并未完全厘清。互联网新技术的发展引发一系列新的管理问题。因此，研究和设计新的网络管理体系结构和网络管理单元技术，显得非常急迫。

全球化的网络和离散的管理系统是当前互联网管理现状的真实写照。目前，互联网上几乎没有公共的网络管理基础设施，而把大量网络管理负担留给了用户。所有用户都要考虑防病毒和反垃圾邮件问题，必须全副武装后才能上网，稍有疏忽必然就会遭受损失。必须安装防病毒软件、加载防火墙、每天更新系统补丁、每个邮件服务器甚至客户端都要进行垃圾邮件过滤、投入大量金钱和精力。即便如此，人们仍然没有找到渴盼的安全感。

网络管理体系结构与网络体系结构是分立设计的，其直接后果是网络管理成为网络应用层上的一种特殊业务，就像一个补丁，始终不能与网络自然融合。具体问题表现在对网络测量和控制等网络管理功能缺乏原生支持，网络测量和控制的实现往往要独立实现，不仅破坏网络的自然结构，引入新的故障来源，而且实现成本过高，难以广泛部署。网络管理体系结构与网络体系结构分立所导致的另一问题是，网络管理组织结构模型不具备互联网体系结构的开放性特点，不同的管理系统之间缺乏开放互联解决方案，只能在系统级耦合，难以实现信息共享和互操作，客观上形成了"全球化的网络和离散的管理系统"的格局，难以维持网络的基本秩序，导致不良行为泛滥。

网络管理体系结构与网络体系结构分立还导致网络管理的发展与互联网的演进不能同步。互联网已具有社会形态，网络管理却没有针对网络社会性的管理功能，对于不良行为的管理，主要采取被动防御的姿态，无法从根本上解决问题；互联网技术不断创新，网络管理却没有与网络技术进步相适应的扩展能力，面对 P2P 管理等新问题时，只能采取简单粗暴的临时措施。

通信能力控制与管理和数据转发的分离是解决目前网络体系结构问题的重要手段。GMPLS 就是很好的尝试。通用多协议标志交换协议(GMPLS)对各种网络连接层的控制和数据平面进行完全划分。GMPLS 通过允许端对端设定、控制和建立流量工程的方式支持新旧网络的无缝互连和会聚。通过自动化的端对端设定连接、自动化的网络资源管理和自动提供新的应用程序中所需求的服务质量水平，通用的控制平面很有希望简化网络的操作和管理。尽管

GMPLS 控制平面所使用的技术仍停留在 IP 的基础之上,但其数据平面(通信平面)却支持多样化的通信方式(TDM、Lambda、数据包和光纤等)。通用的 MPLS(GMPLS)支持多种类型的交换,即额外地支持 TDM、Lambda 和光纤(端口)交换。安全、可信、增值的互联网管理是网络管理研究的核心工作,网络精细管理是必然的要求。总结起来,目前的网管管理与控制领域存在如下问题:

(1)管理域之间通信不足,存在管理信息孤岛。

(2)网络管理通信路由和数据路由没有分离,使得数据路由失效常常造成管理和配置也同步失效。

(3)网络接入点、接入设备缺乏对网络管理的源生支持,数据收集和显示能力强,而配置和管理能力弱,即对网络状态"看"(网络运行状态)的多、"管"(网络配置)的少。

(4)中小企事业单位由于网管能力弱成为互联网管理的"盲点"。

6.3.4 云计算

《哈佛商业评论》前编辑尼克拉斯?卡尔(Nicholas Carr)在《巨大的转变》一书中断言,100 年前曾经在机械动力领域出现的一幕正在今天的计算领域上演。卡尔说,在 19 世纪末期如果企业需要运转一台机器,没有其他选择,只能自己建造一个动力运营部门来生成动力,最初利用的是水力和蒸汽动力,后来便是电力。而当特斯拉(Nicola Tesla)发明了电力传输方式之后,一切都发生了变化。只要处于一个供电网络之中,就可以获得来自遥远地方的电力。随着宽带网络的普及,今天的计算就如同当年的电一样,正在完成从工具向效用的转变。企业将不再需要自己的数据中心或是桌面软件。IT 大公司将类似国家电网,托管全球数据的处理和存储服务,其他企业付费使用。Google 的施密特说,过去把所有东西都放在计算机里面,计算机丢了,所有信息也随之丢失了,而在以网络为中心的新模式中,这种情况不再发生,因为所有的服务和应用都通过网线提供的。这种模式就是云计算。

云计算(Cloud Computing)是从 2007 年开始兴起的商业计算模型。其最基本的概念,是将计算任务分布在由大量计算机构成的资源池上,使各种应用系统能够根据需要获取计算力、存储空间和软件服务。云计算具有超大规模、高扩展性、高可靠性、高通用性等特点,是继互联网、个人电脑后信息技术的重大革新,也是信息移动化、网络化趋势的具体体现,代表下一代计算机技术的发展方向。云计算是由分布式计算(Distributed Computing)、并行处理(Parallel Computing)、网格计算(Grid Computing)发展而来,通过网络提供可动态伸缩的计算力。微软超级计算机研究员 Dan Reed 认为,"推动云计算兴起的动力是高速互联网连接的发展、更加廉价且功能强劲的芯片,以及硬盘、数据中心的发展"。美国标准局(NIST)专家于 2009 年给出了一个云计算定义草案，概括了云计算的五大特点、三大服务模式、四大部署模式。五大特点：按需自助服务、通过网络访问、与地点无关的资源池、快速伸缩性、按使用付费。云计算服务着重于无国界、低耦合、模块化和语义互操作性，充分利用云计算优势。服务模式：软件即服务、平台即服务、云基础设施即服务；部署模式：私有云、社区云、公共云、混合云。云计算是一种按使用付费的模式，提供可用的、便捷的、按需的网络访问，进入可配置的计算资源共享池（资源包括网络、服务器、存储、应用软件和服务），这些资源能够被快速提供，只需投入很少的管理工作或与服务供应商进行很少的交互。

当前市场上主要的云计算厂商都是一些 IT 巨头，都处在攻城略地阶段，标准尚未形成。云计算的概念由互联网服务商率先提出，国内外 IT 企业迅速跟进并推动其成为 IT 产业发展的新热点。云计算涉及虚拟化、云平台、分布式资源管理、海量分布式存储、云安全等核心技术。在技术层面上，云计算通过网络使用各种 IT 资源与服务的方式，将改变传统 IT 的资源提供与管理模式，实现 IT 资源的集约共享，降低能源消耗。在产业层面上，云计算将推动传统设备提供商进入服务领域，带动软件企业向服务化转型，催生跨行业融合的新型服务业态，支撑物联网、智能电网等新兴产业发展，加速制造业、服务业的转型和提升。信息产业强国纷纷将云计算纳入战略性产业范围，从政策、标准、政府应用等方面制定了长期发展战略，部分国家已开始部署国家级云计算基础设施。国际知名 IT 企业把云计算作为引领下一轮信息技术创新的重要产业机遇，纷纷投入巨资进行前沿技术研发和标准研究，希望在云计算领域占据主导地位。

微软、IBM、谷歌、亚马逊等企业都已推出了云计算相关产品，并占据了部分市场份额。Google 的 Google App Engine、IBM 的 IBM Blue Cloud、亚马逊的简单存储服务（Simple Storage Service，S3）、弹性计算云（Elastic Compute Cloud，EC2）、简单排队服务（Simple Queue Service，SQS）及数据库管理系统等即插即用（plug - and - play，PnP）服务、微软 Microsoft Live Mesh、Sun 公司的 Sun Black Box。同时，云计算受到了国际资本市场的高度关注，Salesforce 等多家新兴云计算技术和服务企业凭借先发优势，已成功在欧美证券市场上市，发展势头强劲。云计算研究和工业产品得到了 IT 巨头的高度重视。

在我国，云计算发展也非常迅猛。国内部分省市和大型企业已开始关注云计算产业发展。北京、广东、无锡等省市率先启动云计算基础设施、云计算服务平台和云计算产业园区建设，吸引国内外云计算技术和服务企业入驻，部分云计算平台已开始向企业和社会提供服务。部分基础运营商和数据中心企业从市场需求出发，着手建设面向企业服务的云计算基础设施；一批新兴互联网企业基于云计算技术创新商业模式，已开始提供服务于产业的云计算基础平台；传统软件企业纷纷抓住产业变革机会，推出面向行业的云计算解决方案。国内风险投资基金和产业集团也在密切关注云计算产业发展动态，掌握云计算核心技术的创新型企业已成为资本市场的关注热点。

2008年6月24日,IBM在北京IBM中国创新中心成立了第二家中国的云计算中心IBM大中华区云计算中心;2008年11月28日,广东电子工业研究院与东莞松山湖科技产业园管委会签约在东莞松山湖投资2亿元建立云计算平台;2008年12月30日,阿里巴巴集团旗下子公司阿里软件与江苏省南京市政府正式签订了2009年战略合作框架协议,计划于2009年初在南京建立国内首个"电子商务云计算中心",首期投资额将达上亿元人民币;2009年11月11日,全国首家云计算产业协会在深圳成立,2009年12月中国云计算技术与产业联盟在京成立,四十多家企业一起共同倡议成立中国云计算技术与产业联盟。2010年8月上海公布云计算发展战略,3年内,云计算将为上海新增1000亿元的服务业收入,推动百家软件和信息服务业企业转型,培育10家年收入超亿元的龙头企业和10个云计算示范平台。2010年7月9日,随着中关村云计算产业技术联盟挂牌成立,北京启动实施"祥云工程"行动计划, 2010年11月1日,微软与上海市北高新技术服务业园区正式签署了战略合作备忘录, 联手打造国内首个"微软数据港上海市云计算产业基地云计算应用孵化中心",以及"健康云"和"中小企业云"。

6.3.5 云计算与网络管理

作为一种全新的计算模式,云计算给网络管理的研究带来了巨大的冲击,充分发挥云计算带来的独特计算特性,解决上文提到的网络管理研究挑战成为一个重大问题。云计算与网络管理的结合点包括:

(1)云计算的弹性计算能力从根本上满足了网络管理的可扩展问题。云计算以编程模型、数据管理技术、数据存储技术、虚拟化技术为基础,云管理技术最为关键。灵活地支持不可预测的扩展,如网络的大小,变更的速度或厂商的数量,而不用增加更多的人员和专门技术。

(2)云计算的弹性供应能力对绿色网络管理提供了理想的解决方法。云计算为网络应用提供了强大的计算能力,可以为普通用户提供每秒十万亿次的运算能力,完成用户的各种业务要求。这种超级运算能力在普通计算环境下是难以达到的。有些工程需要大量的计算任务,而内部资源不够用或没有足够的资金购买所有需要的设备时,可以通过云计算只购买所需的服务。

(3)通过将网络管理转变为服务,使用云计算的SaaS进行管理和使用,从体系结构上根本改进了网络管理的灵活管理能力;云计算时代,用户将不需要安装和升级电脑上的各种应用软件,只需要具有网络浏览器,就可以方便快捷地通过访问高质量共享框架,就像购买日用品一样方便的购买存储、计算等云计算服务。这将有效地降低技术应用的难度曲线,进一步推动

Web 服务发展的广度和深度。

(4)云计算的高可用性、无缝向上扩展的弹性存储能力为网络管理系统的稳定性提供了物理基础。可靠、安全的数据存储。云计算提供了可靠安全的数据存储中心，数据(如文档和媒体)将会自动同步，通过 Web 可在所有的设备上使用。这样避免了用户将数据存放在个人电脑上可能造成的数据丢失或病毒等问题。云计算通过严格的权限管理策略支持数据的共享。

(5)云计算的虚拟供应机制为基于规则的精细网络管理的实施提供了理想的实现机制。

云计算中的数据中心管理，包括物理设备、虚拟机管理、虚拟机供应机制关联管理、收费模型等，云计算给网络管理带来了广阔的研究和应用空间。

网络的规范、有序运行需要先进的网络管理系统的支撑。网络管理系统帮助管理员管理配置网络设备，保障连接网络的网络对象(路由器、交换机、线路等)的正常运转，同时监测网络的运行性能，优化网络的拓扑结构，防止非法用户使用网络，提供信息的保密、认证和完整性保护机制，使网络中的服务、数据，以及系统免受侵扰和破坏。随着网络规模的扩大和发展，网络管理系统也越来越独立，越来越复杂，功能也越来越完备，网络管理也发展成为计算机网络中的一个重要分支，国际上各种网络管理的标准也相继制定，网络管理逐步变得智能化、规范化、制度化。

确保网络接入点、链路、关键主机和服务的正常运行是非常关键的任务。如何保证网络服务系统的性能监控智能化，成为目前网管研究的重要内容。尤其是移动服务的快速发展、云计算研究的突飞猛进，如何充分利用移动计算技术提供网络服务管理水平，加强对网络服务的关键技术研究，是极为迫切的热点问题。

6.4　网管云定义

6.4.1　云网管

一般而言，云网管表示，采用虚拟化为基础的技术，管理一个服务器集群或规模较大的网络。这种“云网管”技术面向的是比较高端、拥有大量服务器的用户群体，如门户网站、网络游戏、大型企业等，是一种对大规模服务器、网络设备、状态进行海量监测的实现手段。将多台服务器进行虚拟化，构建出弹性资源池，满足用户对大规模监测的稳定可靠性、持久安全性、灵活扩展性的需求，具备动态监测、负载均衡、多机容灾备份、监测服务器热插拔等优点。云网管也

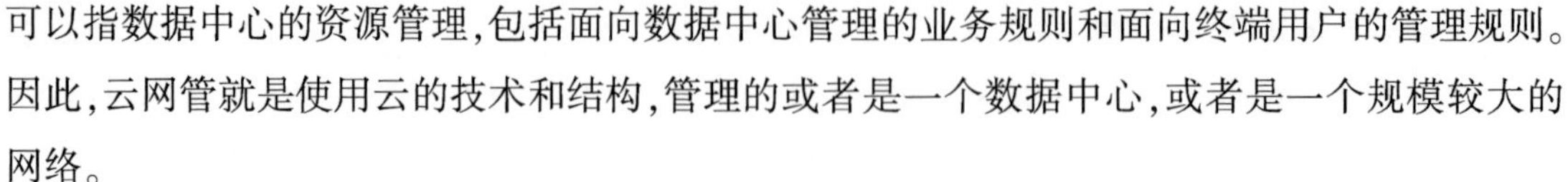

可以指数据中心的资源管理,包括面向数据中心管理的业务规则和面向终端用户的管理规则。因此,云网管就是使用云的技术和结构,管理的或者是一个数据中心,或者是一个规模较大的网络。

6.4.2 网管云

网管云目前并无显式的定义,这里给出的定义仅仅是一种参考定义,需要进一步加以深化研究。

网管云:一般而言,将各个网络的、传统的网络管理系统的部分功能,从各个网络物理存在位置相应的网络管理中心,移到数据中心统一管理;没有移到数据中心的网管功能,则通过网管自动化技术或远程管理方法进行管理。如果把每一个网络都看作是一个云状结构,则提供统一网管功能的数据中心,就形成了数朵网络被管子云。网管云主要针对中小企事业单位,如酒店、学校、印刷厂等。网管云强调的是将多个网络集中到云中管理,类似于水、电,通过集中提供网管功能基础设施实现网络管理的效用计算模式,实质上就是提供网络管理基础设施。

网管云当然要提供对数据中心本身的管理能力,因此,网管云从某种程度上已经涵盖了云网管的定义。网管云与云网管对比,见表6-1。

网管云与云网管对比 表6-1

管理量	管理多个网络	管理一个大的网络、机群或数据中心
对象	面对中小型企业或单位	大型网络
距离	远程或自动管理,异地远程管理	本地被管网络
虚拟化	使用虚拟化技术	使用虚拟化技术
范围	可以面对个人或终端用户	只面对园区网络

6.4.3 云管理

在IaaS这个层面,云管理主要是管理虚拟化资源。每一台虚拟机器都能够像普通的物理机器一样运行完整的操作系统以及执行正常的应用程序。当需要管理的物理机器数量较小时,虚拟机生命周期管理(资源配置、启动、关闭等)可以通过手工操作实现。当需要管理的物理机器数量较大时,则需要脚本或程序提高虚拟机生命周期管理的自动化程度和效率。云计算是指通过网络访问物理/虚拟计算机并利用其计算资源的实践。因此,虚拟化技术是云计算的基础。

任何一个云计算管理平台,都是构建在虚拟化基础之上。如果某个虚拟化管理平台仅对某个企业内部提供服务,那么这个虚拟化管理平台一般称为“私有云”;如果某个虚拟化管理平台对公众提供服务,那么这个虚拟化管理平台一般称为“公有云”。服务对象的不同,对虚拟化管理平台的构架和功能提出了不同的需求。私有云服务于企业内部的不同部门(或者应用),强调虚拟资源调度的灵活性。公有云服务于公众,强调虚拟资源的标准性。通过将计算资源切割成标准化的虚拟机配置(多个系列的产品,每个产品配置相同数量的 CPU、内存、磁盘空间、网络流量配额),公有云提供商可以通过标准的服务合同(Service Level Agreement, SLA)以标准的价格出售计算资源。当用户对计算资源的需求出现改变时,用户只需要缩减或者是增加自己所使用的产品数量。

综上可知,云管理是基于虚拟化技术管理数据中心的各种资源,包括物理网络、服务器和存储资源等,通过管理和调度大量物理/虚拟计算资源实现云计算的调度。而网管云与云网管均建立在云管理基础之上。

特别需要指出的是,这里给出云管理、网管云和云网管的定义,仅仅是理解性的,只是为了表述的清晰和准确,并无意为了概念而概念的炒作概念。空洞的谈论概念是毫无意义的,但清晰的概念是表述的基础,这也是为了后面的行文方便。现主要关注网管云。

6.4.4　网管云核心特征

网管云的最大目的就是为中小企业提供网络管理设施,通过远程管理和自管理为中小企业提供优质的网络管理。使得中小企业从繁重而又较为重要的网络基础设施的管理中解放出来,从而集中精力关注企业本身的核心业务。将网管业务从传统的网络中心和网管部门移到云中管理,必然从理论、技术、业务和评价体系上带来较大变化,而为了支撑网管云体系结构的网络管理,在网络管理的可扩展性、可靠性、配置能力方面必然带来根本改变。

(1)每个中小企业是一个节点,一朵子云,全部节点集中于数据中心。

(2)网管云系统管理数据中心基础设施、管理节点共享服务(如用户和 P2P 形式的服务)、管理节点的网络服务(Web、FTP、邮件服务器)部分网管功能(云中的部分)。

(3)网管云强调使用云的相关技术实现网络的管理,基本上是本地管理一个网,核心是虚拟化技术。

(4)网管云则是多个网络的远程云中管理,核心是虚拟化技术和网络本身的远程管理和自配置。

(5)网络本身的远程管理实现方法:将管理与配置流量和数据流量独立路由,逻辑上分离。

6.4.5 网管云研究挑战

一个体系结构是否真正满足客观需要,一般而言需要从理论和逻辑上证明这个体系结构是合理、科学的,从实践上要证实这个结构可以实现相应的设计目标。

实际上国际知名学机构都在从各个方面开展着相关的研究,包括 Onix、RCP、4D project、SANE、Ethane、NOX 和 MMX,其核心思想为网络数据流量与管理流量在逻辑上的路由分离、自主集中配置、流式集中的企业网络管控。必须从协议及其物理实现上根本改进,从路由器、交换机上物理上实现,才是根本的出路。仅仅依赖 SNMP 等传统的网络管理方法根本无法从本质上解决网络的可管理性。特别是在下一代互联网这一大的背景下,如何改进目前的网络体系结构的沙漏模型,将网络的管理、配置和运行与内容根本分开,是一个非常重要的方向。像管理公共电话系统一样管理网络,使包括 Google 等 IT 巨头在内的各个内容供应商和普通的网络终端用户,集中于网络内容的供应和使用,网络内容供应商关心的只是业务流程而不是网络基础设施,终端网络用户关心的是网络内容本身而不是网络病毒和连通性,这是根本改进网络管理的唯一途径。这样使得网络管理与网络内容根本分开,网络管理像电信一样管理网络。

国际上对这一领域给予了充分的重视,以网络自治愈、自优化、自配置、自管理等 Self-X 管理模式成为一个明显的努力方向。而将网络数据路由和管理、配置路由在共享物理连接基础设施上逻辑分离,是一个重要的手段。这种数据平面和管理平面的逻辑分离,在物理实现上是通过不同的路由算法和路由机制分别实现,通过在链路层帧识别是管理路由还是数据路由,分别路由。这样做的最大意义是使得数据路由失效不影响管理路由,从而为通过管理路由实现网元的再配置和修改在逻辑上成为可能。

数据路由比管理路由更容易出错,这个原因是多方面的。从管理网元的角度,路由器、交换机的多个接口和接口状态、多个路由协议及其状态,本身为确保数据路由的网络配置是非常复杂的。需要有经验的管理人员实现,而且容易出错,如果这种配置一旦出错,在管理路由和数据路由分离的情况下,就可以通过管理路由进行再配置。从用户的角度看,业务数据和用户数据一定占了网络通信数据的绝大部分,而数据本身的不安全性大为增加。因此将其分离是合理的。

Onix、4D、RCP、SANE、Ethane 等实际上均为软件定义网络(Software Defined Network,SDN)思想。SDN 是由美国斯坦福大学 Clean Slate 研究组提出的一种新型网络创新架构,其核心技术 OpenFlow 通过将网络设备控制平面与数据平面分离开来,从而实现了网络流量的灵活控制。这样就使得 OSPF、BGP、组播、区分服务、流量工程、NAT,防火墙、MPLS、冗余层等路由器功能彻底与网络管理分开。

计算机系统的持续革新已经创造了新的抽象层,从最初的操作系统到如今的虚拟化。每次都抽象底层的硬件,同时在上层创造一个新的用于竞争和革新的平台。然而在网络方面,软硬件的功能划分就不那么清晰,正确的可编程平台变得难以捉摸。一个逐步显现的趋势指出,越来越多的网络基础设施将用数据通道之外的软件来定义。

OpenFlow 是一种协议,允许中央控制器配置和更新 OpenFlow 边缘交换机的转发表。支持 OpenFlow 的控制器可根据最短距离、访问协议、带宽和其他限制条件来决定通过网络的最佳路径。虽然 OpenFlow 现在仍是一种研究工具,但 NEC 最近推出了使用 OpenFlow 协议的边缘交换机。如何在企业网络里实现类似于 X86 指令集这样的网络"BIOS"将,成为未来网络的一个基础。InteropNet 和 OpenFlow 实验室组织的首届多厂商 Openflow 协议展示,演示跨越不同厂商的物理或虚拟基础设施(包括 Extreme Networks ExtremeXOS 交换机系列)的统一管理平台 。

中小型企业一般具有较小的互联网影响力以及 IT 架构。同时他们一般都采用"宽松的安全策略",因此面对每日出现的各种风险,如病毒,木马,安全漏洞和服务器故障,他们所承担的挑战更大。中小型企业和大型企业应对风险的响应方式不同,而风险的大小不会因为二者的企业规模不同而有所不同。结合流控网络,将中小企业的网络管理放到云中,实现网管云必然涉及这些关键技术。因此,网管云是云计算、虚拟化和可移动性带来的必然结果,是企业网通过流控,实现企业网"BIOS"。结合网管云含义、特征和上述企业网络管理分析,网管云的核心挑战是:

(1)网管云体系结构、通信协议与技术标准。

(2)网管云服务建模方法和性能评价体系。

(3)远程管理技术和自管理技术。

(4)网管数据的安全性管理。

(5)网络管理功能"云分解",本地实现与云中实现分析与分离。

(6)动态自适应的网管业务规则的分析与定义。

(7)各个被管云数据的统计分析及其应用。

上述各个方面含义是不言自明的,本文不可能面面俱到的解决各个问题。通过分析可知,管理流量与数据流量分离为基础的网络自管理、自配置和体系结构通信协议和实现方法。这是必须解决的首要问题,因此本文重点解决了研究了以下几个问题:

(1)网管云业务模式和管理内容。

(2)网管功能的云化初步分析与云中实现。

(3)网管云体系结构模型设计、分析。

(4)网管云实现方法和工具。

(5)远程管理和自管理通信协议设计。

6.5 网管云 MulCNeT 体系结构

6.5.1 MulCNeT 组织模型

首先需要明确网管云要解决的问题,围绕要解决的问题进行阐述。网管云主要解决以下三个问题:

(1)数据中心管理,包括数据中心基础设施、面向终端用户的 IaaS;

(2)网络管理的云化,即将部分适合的网管及网络服务通过数据中心提供的基础设施实现;

(3)接入点、接入设备和服务器的远程配置、自管理和事件响应机制。

此三者之间的关系是:数据中心的管理是基础,为网管云提供资源池;网络管理特别是中小企业的网络管理云化是核心,包括如何实现资源按需调度、网管功能如何划分;网元、主机或服务器的物理状态如何监控和配置是关键,这涉及远程管理和自管理的通信信道的建立、实现手段、状态信息显示和报警。

根据上述研究,提出一种称为 MulCNeT(Multi-tenant, Cloud-based, Network Property trust-eeship)的网管云体系结构,如图 6-1 所示。由网络连接形成的数据中心,在各种虚拟化技术如 VMware、XEN、KVM 等支持下,形成的硬件资源池,使用数据中心管理系统及各种虚拟化 API,结合业务逻辑形成面向各个角色的 Portal。当然,角色主要分为数据中心管理和终端用户管理两大类。具体主机和服务器的云中管理实现方法参见第 4 章。整个系统分为云端和子云节点两个部分。

(1)云端:是数据中心,包括物理资源层、虚拟化层、数据中心管理层和虚拟机与远端物理主机监控端子共四层。物理资源是通过网络互联的服务器集群,这些服务共享存储资源。共享存储资源是实现高可用性的物理基础。这种共享存储器是使用虚拟化技术实现动态迁移的前提。动态迁移是负载均衡、热备容灾的实现手段。每个物理服务器上均配置有虚拟客户端。数据中心管理层要做到“两个面向”,面向物理服务器实现对物理资源的统一调度和管理,整合物理资源;面向用户的业务逻辑实现。

(2)子云节点:是一个被管网络,逻辑上就是一个被管节点挂在云端,物理上对应一个或

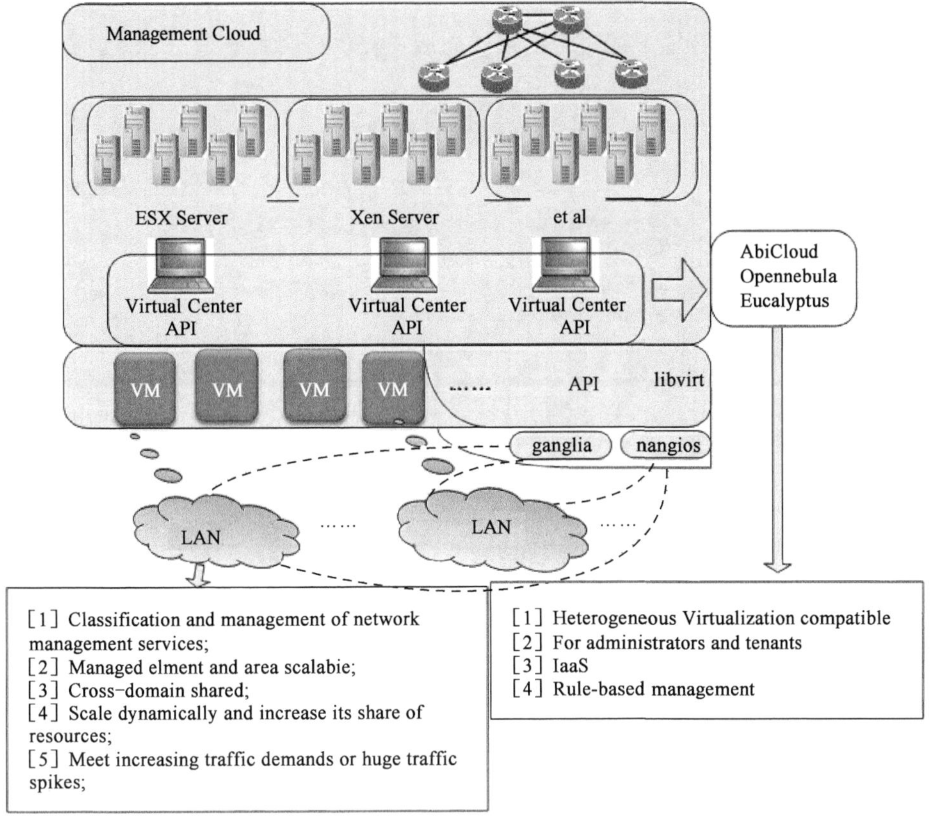

图 6-1 MulCNeT 网管云体系结构

多个虚拟机。

通过管理模块,根据管理规则和需求,在虚拟技术的支持下,完成对网络管理节点的管理。为了更加清晰准确的描述 MulCNeT 结构的各个模块、关系、作用,从组织结构、功能模型、通信模型、业务模型四个方面加以阐述。通过组织模型阐述 MulCNeT 的组织结构关系构成,功能模型描述各个模块的关系和关联作用,通信模型描述各个模块之间的通信和交流机制、事件响应机制等,业务模型包括业务逻辑的实现方法、使用过程。

6.5.2 MulCNeT 功能模型

按照开放系统互联(Open System Interconnection,OSI)的定义,网络管理主要包括五个功能:故障管理、配置管理、性能管理、安全管理和计费管理。其中,配置管理是基础,其主要功能包括发现网络的拓扑结构、监视和管理网络设备的配置情况,而监视和管理网络设备的基础是已知网络的拓扑结构,所以,网络拓扑发现才是网络管理的基础。但随着网络协议、内容、应用的发展,网络管理的被管对象不断增加。网络内容和网络服务管理逐步得到了高度关注和重视。如图6-2所示，物物相连的物联网必将形成大量网络服务，同时各个网络服务必然依托于资源条件各不相同的硬件环境。通过云的形式向用户提供透明服务是一个客观需求。

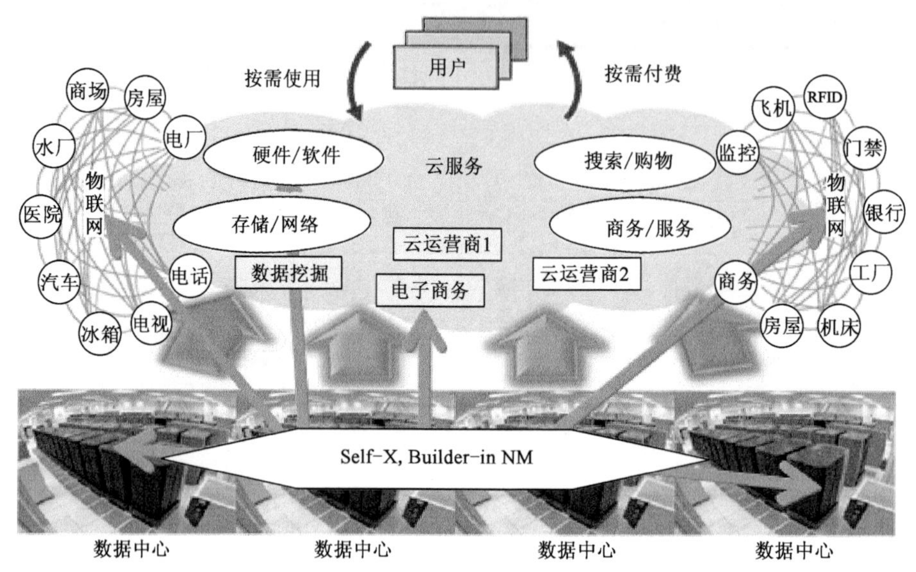

图6-2　Self-X与网络自管理下的网络服务管理

如何使网络设备和计算设备具有自管理能力。使网元具有自治化功能，以便实现网络的自组织（Self-Organization）、自管理（Self-Management）、自配置（Self-Configuration）、自感知（Self-Aware）、自优化（Self-Optimization）、自保护（Self-Protection）、自修复（Self-Healing）等自治特性，因此通过Built - in的形式实现Self - X管理就成为重要内容。

网管云MulCNeT就是在这样的背景下，结合集中式、分布式优点及云计算特征得出的一种新型的网络管理体系结构。网管云MulCNeT背后的支撑技术是云计算，云计算的使用模式一般分类基IaaS、PaaS、SaaS三大类。

（1）IaaS基础设施重点是向用户提供裸虚拟机、具有操作系统的虚拟机和具有特定应用程序的应用套件。

（2）PaaS提供的特定平台的API。

（3）SaaS提供的是各种网络服务。

1）数据集中心管理

各种平台的、版本的虚拟机、各种虚拟技术对外的API和网络服务已经成为新的被管对象。如图6-3所示。通过提供对上述被管对象的管理实现数据中心基础设施的管理，从而为满足终端用户的资源调度提供了基础和可能。这样就可以根据业务规则、CPU的主频、硬盘和内存的容量、网络适配器的数量和性能的单价、租用时间、需要的数量、满足的性能指标等，提供自动的流水线管理。目前，已经根据开源软件，实现了部分功能，具体详见第4章有关内

容。经过上述分析,MulCNeT 管理的数据中心对象包括:

(1)基础设施管理

①管理数据中心,包括:创建、修改、删除。

②管理机架/物理机器,包括:创建、修改、删除、克隆、显示内存/处理器/硬盘状况、网络信息。

③显示物理设备上的虚拟设备利用率。

(2)虚拟设备

①管理虚拟数据中心,包括:创建虚拟数据中心,修改虚拟数据中心,删除虚拟数据中心。

②管理虚拟设备,包括:创建设备,修改用具,删除设备,基本观点,完整视图,部署工具,管理日志。

(3)Monitoring-as-a-Service(MaaS)

①平台、控制(工作)和服务的监控。

②log 集中与分析,对提高操作性能分析。

③脆弱检测与管理,可以用于自动的确认和管理系统安全。通过定期对执行一系列的自动检查,如通过流量分析、拓扑检测、日志分析实现,分析系统的脆弱,提高系统性能非常必要。如对未授权的管理服务访问行为、版本更新、网络钓鱼检测等。

④持续系统的补丁、升级和加强。这些可能需要 24X7 的检测。

⑤服务器的自我监控实现和主动报警。

⑥网络流量监控及其智能分析。

⑦故障转移(fail-over)。

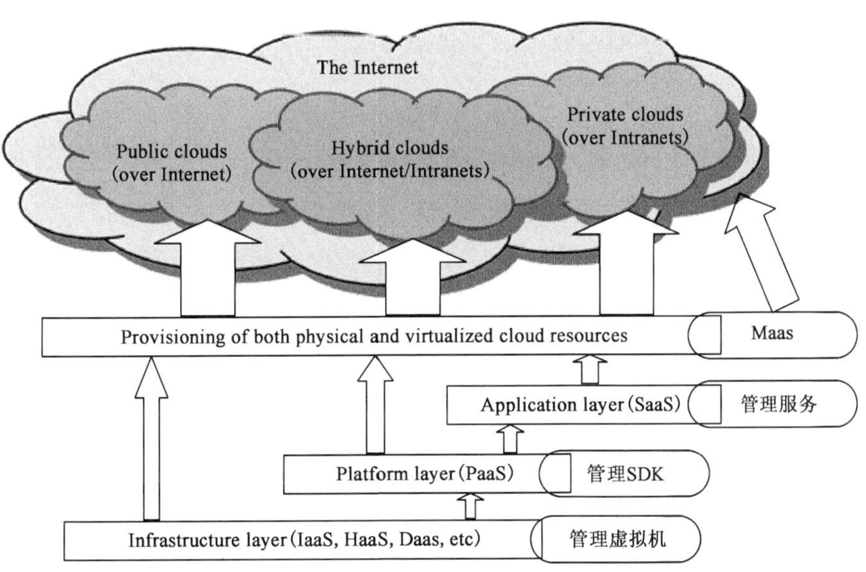

图 6-3　新增被管对象

2)MulCNeT网管功能"云分解"

这是MulCNeT云化网管的核心所在。新的被管对象、服务和应用的性能管理是网络管理新问题。网络诊断、网络流量分析、网络信息通报和网络服务共享在云架构MulCNeT下变得更容易实现。

(1)性能管理。

要求可以实现对具体网络指标的监控,监控内容可以自由设定,信息能够24h不间断的以实时图形方式显示。通过这些实时定期生成的报表,提供网络管理人员分析网络运行情况。并且网络监控系统能够自动的分析历史报表,分析网络运行情况,预测网络业务增长趋势,为网络管理人员升级网络系统提供参考。网络性能监控对交行网络运行状况进行监控,通过性能管理,可以判断网络的运行质量、运行效率、流量流向以及连通率水平等,使其更加高效、稳定的运行。网络性能监控制定性能测量的标准和手段,分析网络服务的趋势和行为,在发现性能下降时立即报告,使管理员及时采取措施进行处理。网络性能数据主要有两大类,一类为网络设备的性能信息,如CPU、内存;一类为网络线路性能信息,如流经某个端口流量、端口错包率、线路延迟等等。性能信息对于发现网络性能问题、进行网络分析和规划都相当重要。如某个用户反应访问慢时,可能为网络设备过忙,也可能为该网段内某种应用占用了大量带宽。通过性能监控,管理员就可以检查网络到底出现了什么问题。这种非实时应用完全可以采用云中管理。

(2)统计分析。

要求根据通过对网络设备在采样时间间隔进行采集和网络设备主动发送的信息,对网络性能管理和告警管理所获得的信息进行汇总过滤,以数据库的形式保存详细的历史纪录,可以根据过滤条件灵活提供报表,并具有多种展示方式。对于性能数据,可以根据统计结果为网络规划提供依据。对于告警信息,网络监控系统能够按照日、周、月、季度和年的时间关系生成"网络设备故障统计表"、"网络线路故障统计表"、"网络设备故障响应时间表"、"网络线路故障响应时间表"、"全行网络故障分级统计表"等表格,供网络管理人员和领导定期分析网络运行情况,掌握网络的薄弱环节,为网络升级改造提供科学依据。

(3)告警管理。

要求根据设定的监控门限针对监控的对象,在超过限制条件的时候产生告警,并能够通过多种途径如邮件、电话、短信、声音、颜色、图像通知网管及值班人员。告警信息中应当包含故障的地点和来源(设备名称、模块和接口信息)、故障种类和等级、故障的现象和可能的原因以及故障的责任人。便于网络管理人员及时进行故障分析,找出解决故障的措施。

(4)故障管理。

要求对网络运营中比较常见的故障信息进行监控,如网络设备或系统重启,局域网 STP 等各种协议开启状态、网络设备硬件运作错误信息、端口连接状态。可以通过 Nagios 等实现远程管理。由于路由器、交换机等设备的封闭性,部分功能只能本地管理。

(5)权限管理。

提供网络管理员的账号权限分配和口令的定期更改功能。不同级别的管理人员具有不同的管理界面,并且通过身份状态字进行控制。即根据用户不同的管理范围和管理职责,通过定义相关的过滤条件,为不同的用户定制相应的可管理界面和管理权限,并实现用户权限的统一集中认证。

(6)网络可达性监控。

网络设备的可达性是衡量网络性能的一项重要指标,它是业务得以正常运转的重要保证,因此对此项技术指标的监控和统计是实现网络服务管理的一项基础, 其中网络设备的联通性及网络响应时间是网络可用性的两个重要的组成部分。

(7)网络事件的管理。

事件采集只是网络管理工作第一步,是网络基础设施智能化管理非常重要的基础。随着网络规模的不断扩大,所采集信息和噪声数量的迅速增长,为达到在问题发生时,反映更迅速,更智能,对网络管理的需求已经远超出基本的信息采集和汇总,而是需要智能的网络管理系统。网络智能化管理系统所面临的挑战是:将大量信息分析,处理,转变为真正有意义的信息,即去除噪声,发现网络正在发生什么事情。先进的相关性分析将针对大量的汇聚事件,实现事件的浓缩,有时也许是 100:1 的浓缩比例,最终让采集的信息变成可管理和有意义的信息。提供简单但有效的方式,可以显著地压缩事件量,如:一个通用的规则就是同一事件的重复事件压缩。只保留一条带有事件发生次数和事件发生前后时间的事件信息, 以表达重复发生的事件的频率。另一个例子就是关联相关事件,如“link down”和“link up”事件,在发生统一端口的“link up”事件后自动找到其“link down”事件,并清除,以自动恢复故障信息。基于规则的事件相关性控制,在云上管理因其对实时性要求不高,较为合理。

但对于设备的相关的信息则分析起来就有一定的难度。体现在设备层次的异常现象。在这一级别的相关性需要从设备的“Mib”采集一系列数据,并根据规则分析这些数据并得出结论,并将真正的事件返回到操作员控制台。

MulCNeT 平台可以在以下方面获得优势空间:

①简单自动处理。包括“generic Clear”和“ping”以及其他的功能,可以在某种模式的事件发生时,自动调用。如将事件自动升级或者转发到相应有技术的操作员或技术人员(流程系统)。

②先进的自动处理。更复杂的自动处理是通过策略、过程和工具以及人员针对其环境和

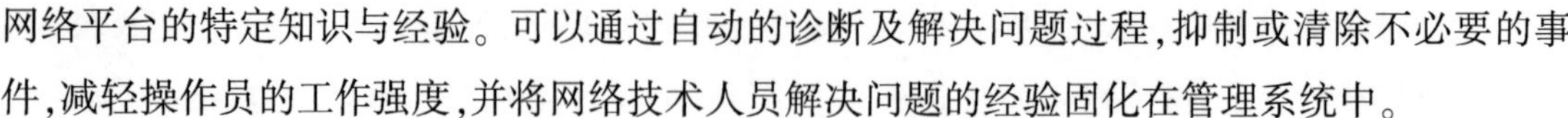

网络平台的特定知识与经验。可以通过自动的诊断及解决问题过程,抑制或清除不必要的事件,减轻操作员的工作强度,并将网络技术人员解决问题的经验固化在管理系统中。

③设备级诊断。设备级诊断是另一个重要的问题解决方面。相对于只是捕获或者转发基本的的"snmp traps"或者设备的私有告警,设备级诊断需要分析和计算来源于被管理设备的一组相关的组合值,分析问题的原因。

④根原因分析。通过拓扑结构分析,找到根原因节点,并通知操作员。

其他对非实时性要求不高的信息都可以通过云监控和展示,包括环境相关的电流、电压、温度和数据流量的分类统计、分析等。到底有哪些功能适宜云化实现,经过分析,网管功能云分解需遵守下列原则:

①网络信息或通信服务在云中实现是理想选择,包括电子邮件、Web 网站、各个数据库服务器。

②对实时性要求较高、使用频繁或存储容量较大应用不宜云中实现,如 FTP 服务器、拓扑发现。

③对网元高度依赖的操作不宜,如故障网元的恢复、链路中断、端口失效。

这些事件,本身可能是网络不可达的管理,而且这样的网络事件,实时性要求也很高。要求应该立即处理。通过对实验室网管产品 iNetBoss 分析,给出了具有部分功能的云分析结果,如表 6-2 所示。

④负载变化频繁、变化幅度大、峰值与正常值差异较大或峰值持续时间较长的服务适宜于云中管理,以利用云计算的弹性计算能力,减少设备和计算力的冗余和浪费。

具有部分功能的云分析结果 表 6-2

Module	Function Name	Demand for Resources	Magnitude of Load Change	Low-latency Requirements	Security Requirements	Availability Requirements	To the Cloud
User Management	Sector management	small	small	low	low	low	NO
	User Group Management	small	small	low	middle	middle	
	User Management	small	small	low	middle	middle	
	Personal information	small	small	low	Higher	middle	
	Switch user	small	small	low	middle	middle	
	User Login Information	small	middle	low	Higher	Higher	

续上表

Module	Function Name	Demand for Resources	Magnitude of Load Change	Low-latency Requirements	Security Requirements	Availability Requirements	To the Cloud
Asset Management	Asset Statistics	small	small	low	middle	low	NO
	Asset Query	small	small	low	middle	low	
	Asset Management Configuration	small	small	low	Higher	low	
Report Management	Report Configuration	small	small	low	middle	middle	NO
	Report Generation	small	small	low	middle	middle	
Ticket Management	Create Ticket	small	Middle	low	higher	higher	NO
	Ticket List	small	middle	low	higher	higher	
	Project Management	small	small	low	low	low	
	Priority Management	small	middle	low	middle	middle	
	Category Management	small	small	low	low	low	
NetFlow Monitor	NetFlow Collection	large	large	high	middle	high	Yes
	whole network topN	middle	middle	higher	low	middle	
	Traffic matrix	middle	middle	higher	low	middle	
	Traffic matrix (inter-domain)	middle	middle	higher	low	middle	
User traffic behavior analysis	User traffic TopN	middle	middle	higher	low	middle	Yes
	User Packet Length TopN	middle	middle	higher	low	middle	
	User port TopN	middle	middle	higher	low	middle	
	User Agreement TopN	middle	middle	higher	low	middle	
Automatic upgrades		middle	middle	middle	low	middle	Yes

6.5.3 MulCNeT 通信模型

网管的云化实现，通信模型建立两个层面上，其一是 MulCNeT 与数据中心物理服务器集群之间的通信机制；另外就是 MulCNeT 与各个被管网络区域节点之间的通信。由于事件管理的重要性，把事件管理也单列研究。

1）MulCNeT 与数据中心之间的通信机制

对 MulCNeT 而言，数据中心包括服务器资源、存储资源。服务器资源应该分为集中的服务器资源和地理上分布的服务器资源两类。数量众多、分散在不同地域的服务器与集中的服务器资源管理方法应该不同。对集中的物理服务器，通过虚拟化技术打破操作系统和硬件的互相依赖，通过在服务器上安装支持虚拟化技术的系统，使用虚拟化平台统一管理，进而将多个物理服务器集成为一台可以任意分割 CPU 主频、存储空间、网络控制的集成计算机，可以根据需要将这台集成计算机任意切割为与物理服务器数目没有直接关联的虚拟机。MulCNeT 通过虚拟化实现技术对应的 API 管理各个物理服务器资源。根据客户端提供的需求信息，如操作系统、主频、硬盘空间、内存和网卡等类型、容量大小等要求，MulCNeT 管理物理资源建立相应虚拟机满足要求。以此实现了管理主机和管理操作系统像管理文件一样方便和安全。使得用户从操作系统安装、维护，甚至是应用程序的安装维护也不再需要，而仅仅是提出使用需求即可。而且实现了主机硬件指标可以根据需要动态更改。反之，如果用户购买的是一台物理主机，则较大的更改硬件指标意味着重新购买一台主机。这非常像使用水、电一样，只要支付费用就可以获得相应的计算和通信能力，从而真正实现效用计算。通过动态迁移技术，可以在不中断主机或中断时间非常短的情况下实现整体的迁移。这种动态迁移涉及文件系统、内存的迁移和各种 I/O 接口的重定向。包括 VMware 等各种虚拟化实现技术都有相应的管理资源方法和系统。在单一的物理服务器上安装多台虚拟机、在多个的物理服务器上安装多台虚拟机、在 N 个物理机上实现 M 个虚拟机（NM），虚拟机是独立于硬件。客观上，虚拟机已成为了一种新的被管对象。通过在大量的虚拟机之间共享硬件资源而提高了硬件资源的利用率。这样就实现了跨资源池动态调整计算资源，基于预定义的管理规则智能分配资源。共享存储器是虚拟机管理的核心基础，常用的 SAN 网络存储是一种高速网络或子网络，SAN 存储系统提供在计算机与存储系统之间的数据传输。存储设备是指一张或多张用以存储计算机数据的磁盘设备。一个 SAN 网络由负责网络连接的通信结构、负责组织连接的管理层、存储部件以及计算机系统构成，从而使 SAN 技术保证数据传输的安全性和力度，确保备份和恢复、业务连续性和高可用性、服务器和存储设备的整合。如图 6-4 所示为一虚拟化通用体系结构。通过磁盘阵列和交换机等形成共享的存储，通过 ESX 形成计算资源池，通过对应的资源管理软件管理系统的虚拟机资源，进而通过网络提供裸的虚拟机、特定类型操作系统的虚拟机或 = 包含特定软件的虚拟套件等。

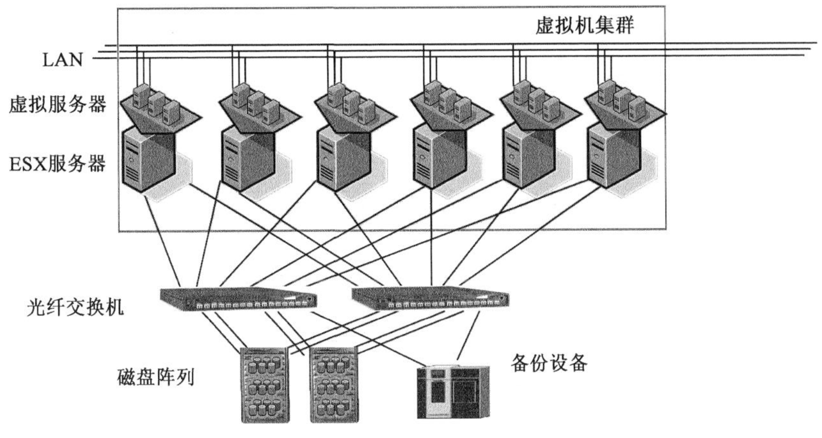

图 6-4 虚拟化资源池

各虚拟化技术供应商都提供了相应的管理软件和业务逻辑，但提供的一般为面向数据中心管理的数据中心云化管理。兼容不同的虚拟化技术、透明提供云服务就成为客观需求，如图 6-5 所示，这也是 MulCNeT 一个非常重要的数据中心管理任务。

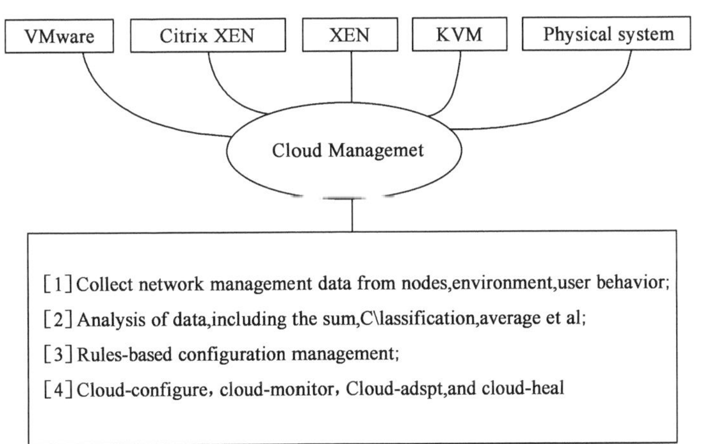

图 6-5 兼容虚拟化

2）MulCNeT 与各个被管节点之间的通信

MulCNeT 是把网络管理的部分功能云中实现，一个重要的挑战是网络管理通信信道的建立、自管理和细粒度规则管理。网络自管理、细粒度网管规则管理是 Onix、RCP、4D project、SANE、Ethane、NOX 和 MMX 等系列工作的努力目标。整体实现结构如图 6-6 所示，通过使用

Ethane 交换机就可以实现网络的规则控制。由于该项内容的重要性,在第 3 章加以详细阐述。

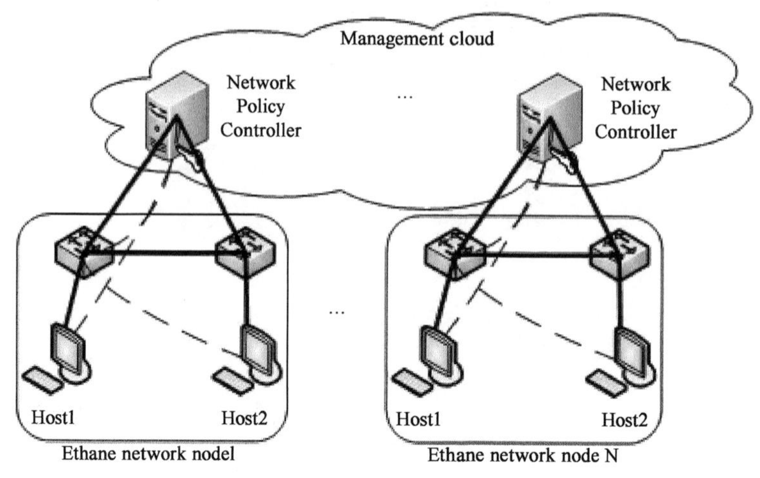

图 6-6　全局可配置节点

对计算资源使用有效监视工具的需求因为高可用性而变得比以往更加迫切。对于高性能计算(HPC),人们更多关注的是利用率和计算结点性能的指标。程序的运行状态和性能、网络设备和服务器的硬件运行状况和报警机制,网络服务的运行状态,主机和服务器的监视在数据中心管理中非常重要的。收集、度量、分析和图形显示数据并随时跟踪这些数据,进而采用一种报警机制,这是非常重要的工作。监控可分为两个程序。其一是设置所需的指标,接着收集来自主机的数据。最通用的指标是 CPU 使用率、内存利用率、网络带宽以及磁盘 I/O 统计数据。这些数据体现出系统各个方面的性能状况,同时也可以指出哪一部分存在潜在问题或者是系统性能提高的瓶颈所在。数据收集到之后,第二项工作是将这些数据进行整理并分析。服务器物理状态、事件报警等实现手段,可以采用在监控端安装相应的监控 agent,然后将相关信息传送到云中服务器软件即可。每台计算机都运行一个收集和发送度量数据(如处理器速度、内存使用量等)的守护进程。它从操作系统和指定主机中收集相关信息。接收所有度量数据的主机可以显示这些数据并且可以将这些数据的精简表单传递到层次结构中。监控系统性能的软件,如 CPU、内存、硬盘利用率、I/O 负载、网络流量情况等,通过曲线展示每个节点的工作状态,对合理调整、分配系统资源,提高系统整体性能起到重要作用。

3) MulCNeT 与各个被管节点之间的事件管理通信

事件处理是网络管理的核心功能,管理员的日常操作即是根据收到的事件报警进行相应的处理,而网络的故障、性能、流量、配置等管理操作,在发生问题时都是以事件的方式进行故障报告。因此网络事件处理核心的功能将很大程度上影响管理的效率。MulCNeT 在云中进行统一的网络事件管理,对事件进行压缩、相关性分析、自动化处理、报警升级等工作,这也是建立高效、易用、灵活的网络故障管理的基础。网络故障事件管理将分成两个：

(1)以多种方式进行事件的采集，获取网络故障、性能、配置等事件。

(2)统计、分类处理，快速发现和定位问题，恢复故障，并对事件进行自动化响应。

图6-7是主机、服务器系统事件性能监控的体系结构图，在第四章中已经将这个结构予以实现。在各个需要监控的节点服务器上配置相应的信息采集端子，并设定相应的规则和报警机制。根据规则和报警机制，系统将相应的事件发送给事件引擎处理，经过事件的分类、压缩、分析、存储，并根据规则给出报警展示和发出相应的配置命令或建议。通过分析，试图给出信息背后反映的规则，如通过分析系统的CPU、内存和硬盘存储空间等综合信息给出系统的性能状态。通过捕获的信息给出相应的增大主频、减小主频、增大内存、减小内容等相应的建议性配置请求。通过工具以图形的形式进行展示。

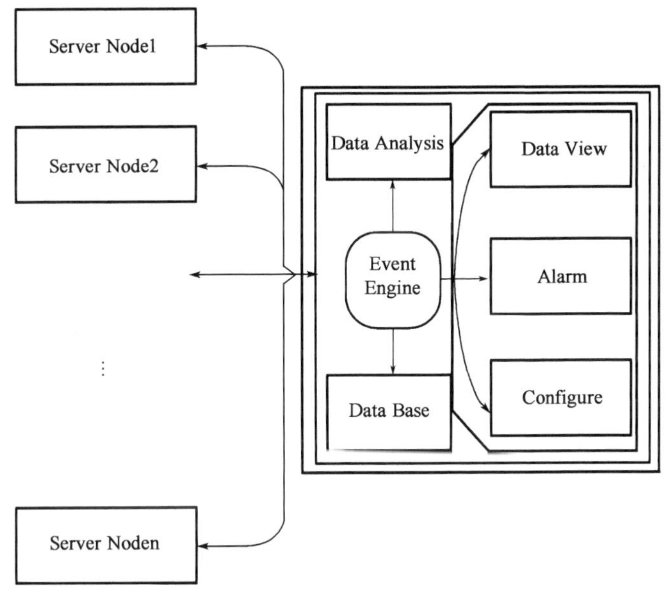

图6-7 事件管理结构

MulCNeT把网络管理中的事件管理在云中实现有其独特的优势，在进行纵向的被管网络的信息采集和展示外，可以从各个节点得到横向的比较数据进行分析，从而得出更一般的、也许是更为重要的管理规律或建议。这可以通过数据卷积的形式得出相应的运行管理规模，并以此给出管理规律应用建议。云中实现的网络事件管理一般可以包括：

(1)所有事件的实时存储、查看和管理。

(2)将运行维护数据与历史数据分开存储，以确保管理的效率；历史数据采用稳定的关系型数据库保证事件存储的可靠性和容量。

(3)进行统计分析、分类、存档和数学的卷积处理;

(4)对事件进行分离、分类,并根据规则实现一定程度的事件自动化处理机制。

网络事件中有很多重复事件,尤其在网络不稳定,如发生瞬断时等。过多的网络事件会使管理界面罗列大量事件条目,管理员无法需获取真正需要重点关注的重要事件,因此对重复事件进行合并,对减少管理噪声,帮助管理员快速找到需要处理的故障事件是非常重要的。通过将从下层数据源所报告的相似事件加以汇总,合并成一条事件,该事件的内容包含了该事件重复的次数以及发生的起止时间。标识符指代唯一类事件。事件的标识在事件采集器的规则文件中进行定义,对所有事件都有现成定义的标识符,用户可以根据实际的管理需要进行调整。如对于不希望进行压缩的特殊事件将标识符中增加时间字段,不同时间发生的事件具有不同的标识符。

对各类事件信息进行逻辑判断,并做出相应的动作,如及时删除不必要的信息、完成不同事件之间的关联、对严重事件采用明显的声音报警、自动升级警告级别(如果严重事件在一段时间内没有人响应)、发送邮件进行自动通知等。当符合一定条件时,触发预定义的管理动作。管理动作可以是针对特定事件分别处理,如升级故障级别、分配管理人员等,也可以是任何外部可执行程序,如发送邮件、声音报警、自动创建故障单等。对事件可以进行相关性分析,事件的相关性分析包含多个层面:

(1)同类告警关联:将故障和其恢复事件进行自动相关,并同步更新状态。

(2)故障根原因分析:找到发生的根本原因,从而采取有效的处理措施。

(3)故障根源故障点分析:找到故障发生的具体位置,并关联由此引发的其他相关事件。

(4)业务相关性分析:找到故障影响的业务、部门等信息,并根据影响的范围和程度采取不同的措施。

云中实现事件处理引擎非常有利于事件的处理和分析,而先进的事件相关性分析对于复杂的网络基础设施管理非常重要。支撑着至关重要业务的企业网络需要先进的诊断和问题解决技术。需要网络管理系统可以帮助网络管理者尽量少操作员参与。智能的网络管理系统应尽可能地提供问题诊断和解决技术,尤其是在事件的采集、汇聚,相关性分析已经很好地完成以后。这样非常有利于基于规则的精细网络管理。

6.5.4 MulCNeT 业务模型

MulCNeT 的业务模型如图 6-8、图 6-9 所示。终端用户通过 Web 界面、使用各种网络通信设备发出服务请求。根据用户提出的服务请求内容和网管云业务规则,给出价格和使用信息,并通过特定的界面提供相应的虚拟机性能提示。

作为网络管理,特别是中小型企事业单位的网络管理运行平台,网管云 MulCNeT 的业务模式不同于一般云计算业务模式的特征包括：

（1）网管云 MulCNeT 集中于网络管理、网络服务管理，是使用云计算相关技术实现网络及其服务的云管理。

（2）网管云 MulCNeT 面对的用户是企业而非一般个人用户，管理的是一个网络的连接设备、链路和网络服务，重点并不是主机、进程、计算分配和存储分配等。

（3）网管云 MulCNeT 强调的是管理、配置和监控，而云计算强调的是计算能力管理。网管云 MulCNeT 是一种网络管理基础设施，云计算是一种计算基础设施。

（4）网管云 MulCNeT 的服务包括基础设施管理服务、网元管理服务、网络信息服务和用户服务，重点是网络管理中的远程管理、自管理和资源调度。

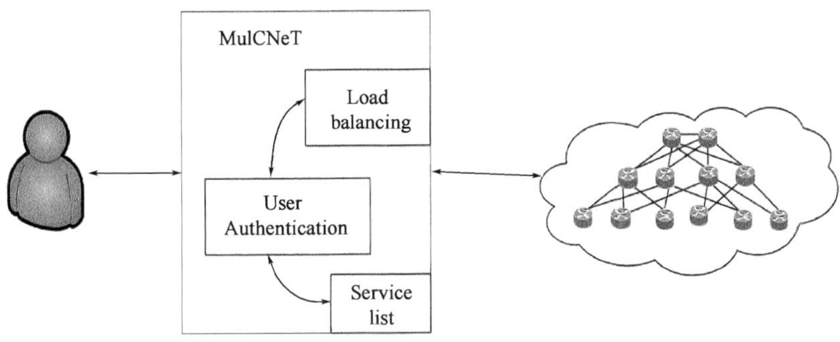

图 6-8　使用业务模式

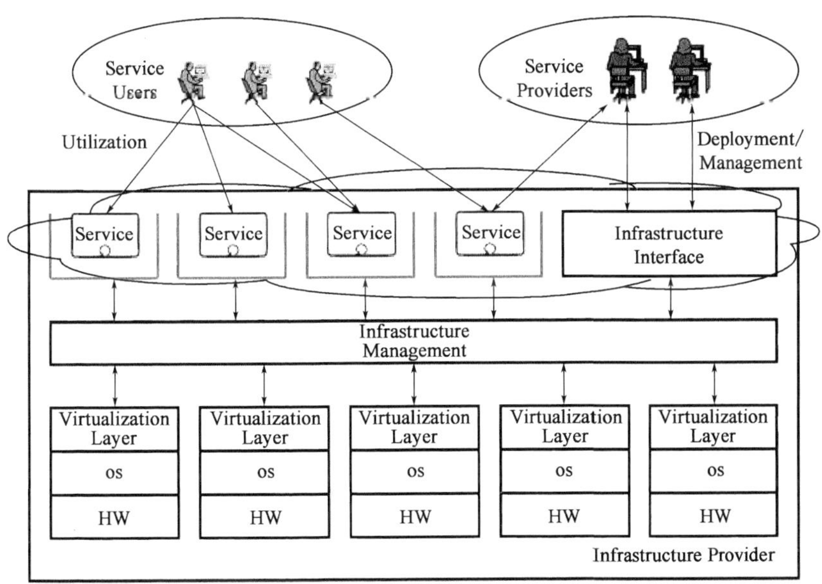

图 6-9　使用业务模式

从业务内容来看,MulCNeT 基本分为三个层次:

(1)分角色的网络管理人员通过终端访问管理云,根据角色通过 MulCNeT 服务列表,读取、设置、处理相关自己节点的网管业务,如图 6-8 所示。这里包含角色分类、负载均衡、认证和管理安全等。特别是安全部分,是被管网络高度关注的内容。如何从角色认证、传递信息加密和服务加密的角度保证被管网络的状态、配置和管理安全的处理是真正实施的关键。

(2)MulCNeT 管理节点根据是网络管理人员还是数据中心管理,及其对应的业务和计算请求,通过资源调度实现对服务器和虚拟机的相关资源的管理,如图 6-9 所示。网管人员得到的是虚拟机和管理能力,通过管理能力实施对自己网络的深度管理,通过各个节点的横向信息提示给出相应的管理策略。这样,各个节点共享数据中心的网络安全基础设施,同时共享网络运行和管理信息。从而可以大大提高网络管理的安全和效率。

网管云中的各个被管网络,可以可通过 P2P 的形式形成 Overlay 网络。位于传输层以上,应用层之下(包括部分应用层)。基于 P2P 技术实现分布化、自组织、高可靠和负载均衡等特征,提供多种网络共享或组共享服务,包括分布式自组织能力,如节点动态加入和退出、路由寻址、负荷分担和自愈恢复等能力。从而支持内容分发,有效提高系统整体吞吐量和扩展性,支持更多的通用网络能力,如图 6-10 所示。这种节点之间共享信息、建立服务 overlay 网络的重要意义和深层次的影响在于以下几个方面:

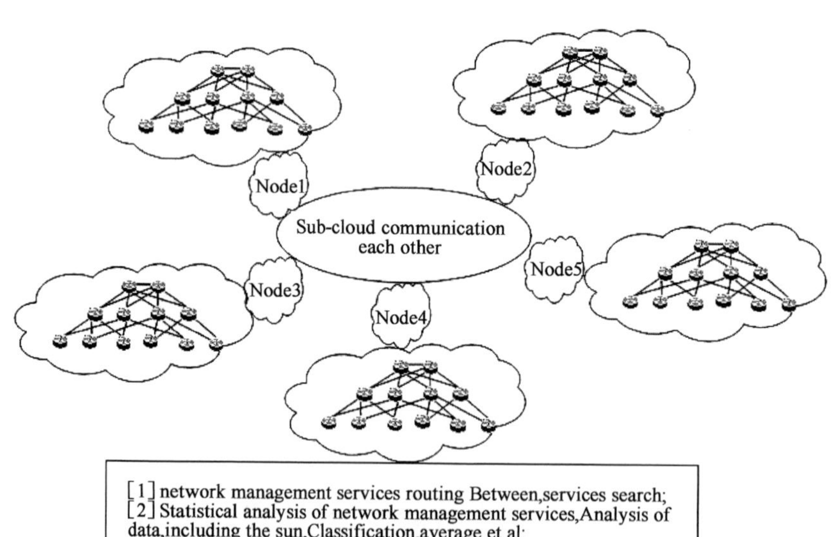

图 6-10 网管子云之间的信息统计和分析

(1)通过 overlay 的分组实现对被管网络的组级别管理,如对同一行业的被管理网络形成一个被管节点组,这样组内节点之间可以共享相应的数据中心或各个节点共享的公有服务。

(2)通过分组的形式得到被管节点组,然后通过组内共享服务的加密传输,可以大大提高被管网络的安全,而 MulCNeT 的安全是一个非常重要的内容。

(3)通过 overlay 网络的内容传递机制、认证机制,可以建立网络共享内容的商业实现。

6.6　网管云系统原型实现

6.6.1　实现体系结构

MulCNeT 的结构和通信模块已经在第 2 章阐述。本节根据以下原则进行了 MulCNeT 实现方案的设计和初步实现:

(1)能够满足 MulCNeT 的基本管理要求,实现对数据中心各项基础设施管理和对终端用户的业务逻辑支持。

(2)真正的开源实现,能够从资源调度和算法实现的角度对系统再优化。因为经过调研,很多所谓的开源只是部分开源,而真正开源、业务逻辑适合 MulCNeT 的云管理系统是采纳的前提。

(3)在开源的基础上,系统结构容易扩展。因为 MulCNeT 的目的不仅仅是管理数据中心,重点在于管理企业网络和网络服务,需要有很强的系统可扩展性。

随着数据中心的增长和管理人员的缩减,对计算资源使用有效监视工具的需求变得比以往更加迫切。使用云的架构对数据中心和分布式的服务器集群进行管理是非常有必要的。

分布式的服务器集群和数据中心中的网络相关部分的管理包括配置管理、可得到管理(Availability management)、事件(问题)管理(Problem management)、性能管理、变更管理、安全管理。网络管理领域的商业软件供应商是著名的 BIG4:IBM、HP、CA 和 BMC,但其价格昂贵。开源网络管理软件在特定情况下,得到高度关注。常用开源监视解决方案包括 Netdisco、Dude、Cacti、Zenoss、Zabbix、Performance Copilot(PCP)和 Clumon。这些工具中的许多工具在底层都使用了 RRD Tool 或 Tobi Oetiker 的 MRTG(Multi Router Traffic Grapher),以生成漂亮的图形和存储数据。表6-3比较了各种开源管理工具。

开源管理工具对比　　表6-3

开源管理工具	参 数 对 比				
Licence	GPL	GPL	GPL	GPL	GPL
First released	2000	1998	2006	2006	2001
Development languages	Java	C	Python / Zope	Java / C	C / PHP
External dependencies	RRDTool/JRobin	Net-SNMP/ RRDTool	RRDTool	SNMP4J	Net - SNMP
Extensible	√	√	√	√	√
User interface	Web	Web / WAP	Web	Web	Web
Reporting	√	√	√	√	√

通过比较可知,Nagios具有WAP支持,这是重点研究这个工具的原因之一,另外该工具的在2010年的开源占有率达到61.76%,说明了其强大的影响力。另外,Ganglia在系统性能监控、流量监控方面具有很强的优势。因此实现部分重点使用Nagios进行网络服务的监控,使用Ganglia进行性能和系统的监控服务。

在MulCNeT的参考实现考虑使用开源的网络管理软件,这里给出应用场景:

(1)被管企业网存在数据库物理服务器、Web物理服务器、FTP物理服务器、Mail服务器等,即在一个远程园区网中存在多个需要监控的物理服务器。

(2)由于某种原因,一个单位将在Internet中存在多台物理服务器,需要监控。

(3)监控的内容包括:系统信息,如CPU、内存、硬盘等;性能状态信息,如流量、利用率和应用程序状态;网络服务,包括服务器网络连通性、ftp、telnet、http等联通状态等。

(4)企业网络中的服务器室内温度等环境信息。

通过MulCNeT结构,在云中建立监控中心,在需要监控的服务器中部署agent,使用Nagios和Ganglia就可以实现服务器云中远程监控。一旦监控对象出现异常,就可以通过邮件,甚至短信发到监控者的手机中。对环境信息则需要在现场安装特定的传感器,然后将程序集成在Nagios结构中,目前,已经存在非常成熟的基于Nagios远程监控环境温度的软件模块和设备。

根据上述原则进行、常用开源网络管理软件应用分析对比。采用openQRM作为数据中心管理软件、采用Nagios部署于云上作为分布式主机集群的服务监控实现,Ganglia作为分布式主机集群的硬件性能和网络状态的监控实现。目前该系统的初步实现是在清华大学网络中心的两台服务器分别安装了ESX和KVM作为虚拟化实现,然后在其上安装了openRQM将两台服务器统一管理起来,分布式主机集群环境为部署于全国25个重点大学的服务器,把其性能监控作为监控对象,分别采用Nagios和Ganglia进行了服务监控和物理系统性能监控。

6.6.2　实现采用的技术

openQRM 是一个开源的(GPL)数据中心管理平台,用来管理企业数据中心业务和终端用户管理,同时包括虚拟环境管理、数据中心自动化。openQRM 提供完全的插件结构方式构建,可集成现有的数据中心应用程序;支持多种虚拟技术,包括 Vmware、Citrix XenServer、Xen、KVM、lxc、Virtualbox 等,见图 6-11。openQRM 的自动化数据中心操作提高了可用性(自动操作特色),降低了企业级数据中心的管理费用。openQRM 专注于自动化,快速和基于应用的部署。openQRM 是一个单一管理控制台,用于完成 IT 基础构架和提供良好定义 API 以集成第三方工具作为插件。openQRM 以一种大而全的构架来实现对虚拟化、集群、存储和系统监控的完全解决方案,所以对使用者屏蔽了很多细节。其结构如图 6-11 所示。

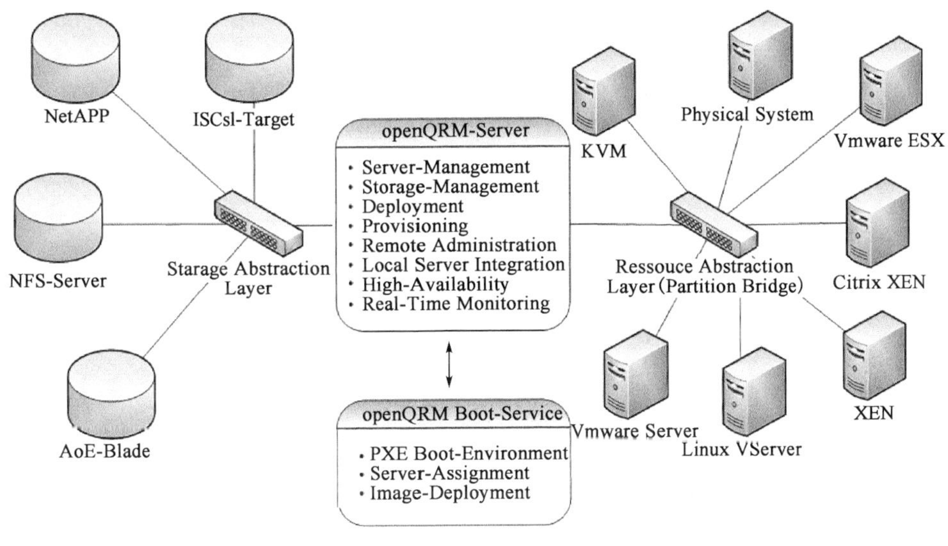

图 6-11　openQRM 体系结构

其主要特点包括:

(1)高可用:提供故障冗余和所有应用程序 failover,将多个服务器迁移到一个单一物理服务器,在虚拟主机范围内提高性能和故障隔离。

(2)服务器虚拟化:转换物理服务器成为虚拟服务器,从软 件(server-images)完全隔离了硬件(物理服务器和虚拟主机)。

(3)存储虚拟化:转换标准服务器成为存储服务器。

(4)网络监控:实时监控整个网络的主机、设备、服务器和应用程序。

(5)硬件无关:允许历史遗留应用程序和操作系统运行在新型硬件设备上。

(6)供应商无关:不需要特殊的硬件和供应商。

(7)多操作系统配置:同时运行多个操作系统,可用于开发或测试环境。

(8)支持物理到虚拟(P2V,physical to virtual),虚拟物理(V2P,virtual to physical)和虚拟到虚拟(V2V,virtual to virtual)迁移,方便地在物理和虚拟,以及虚拟之间毫无困难地转换。

(9)完全自动化的 Nagios 配置监控所有系统和服务。

表 6-4 给出了授权管理方面的对比。

授权协议、许可证管理对比　　表 6-4

名　称	授 权 协 议	许可证管理	
Eucalyptus	社区版 GPLv3 授权协议,企业版使用自定义的商业授权协议	社区版不需要安装许可证,企业版需要在云控制器(CLC)节点上安装许可证	社区版免费使用,企业版按处理器核心总数收费
OpenNebula	Apache 2.0 授权协议	不需要许可证	社区版免费,企业版将社区版重新打包
OpenQRM	社区版 GPLv2 授权协议,企业版使用自定义的商业授权协议	不需要许可证	社区版免费,企业版将社区版重新打包
XenServer	Citrix XenServer 系列产品均使用自定义的商业授权协议,基于 XenServer 的 Xen Cloud Platform 使用 GPLv2 授权协议	XenServer \ Xen Cloud Platform 都需要在每台服务器安装许可证,许可证每年	XenServer 免费版本和开源版本的 Xen Cloud Platform 可以免费使用,XenServer 高级版、企业版和白金版按物理服务器数量收费
Oracle VM	Server 是基于 Xen 开发的,使用 GPLv2 协议发布,Manager 使用自定义的商业授权协议。VirtualBox 的二进制版本使用自定义的商业授权协议,源代码使用 GPLv2 授权协议	不需要安装许可证	免费使用,可以购买技术支持
CloudStack	社区版 GPLv3 授权协议,企业版使用自定义的商业授权协议	社区版不需要安装许可证,企业版需要安装许可证	社区版免费,企业版收费
ConVirt	社区版 GPLv2 授权协议,企业版使用自定义的商业授权协议	社区版不需许可证,企业版需在管理服务器上安装许可证	社区版免费,企业版按服务器数量收费

openQRM 整体的结构如图 6-12 所示,通过虚拟化技术建立计算资源池,通过镜像模板实现各种关于操作系统级的管理工作,包括 failover node 等高可靠性操作的实现。可以通过 openQRM,根据价格模型和业务规则,终端用户通过网络获得对虚拟机的使用和管理。如

图 6-13所示，各个用户通过网络使用 Web 服务器，服务器以虚拟机的形式存在。当业务流量增大，通过负载均衡，可以从硬件计算资源中自动生成对应的虚拟机支持业务的弹性增长，如图 6-14 所示。

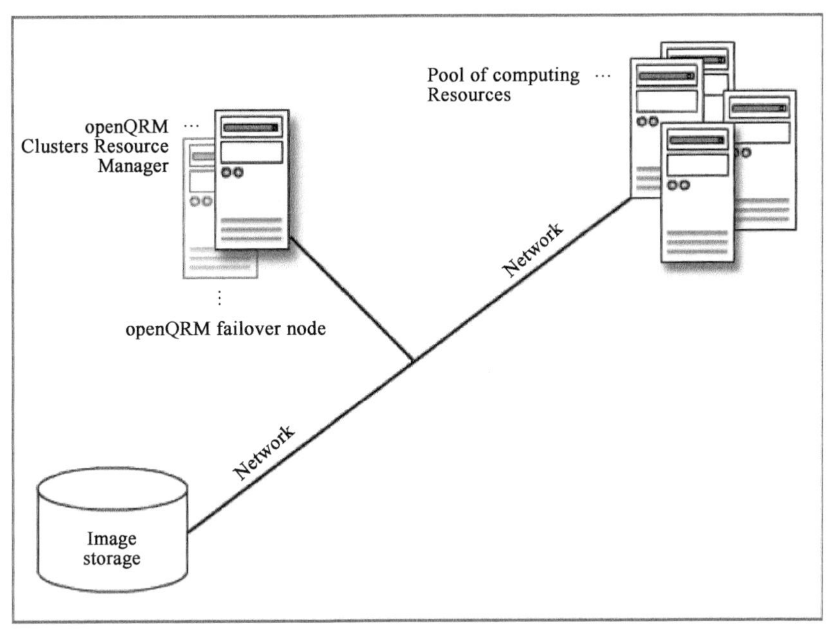

图 6-12　openQRM 的 failover 管理

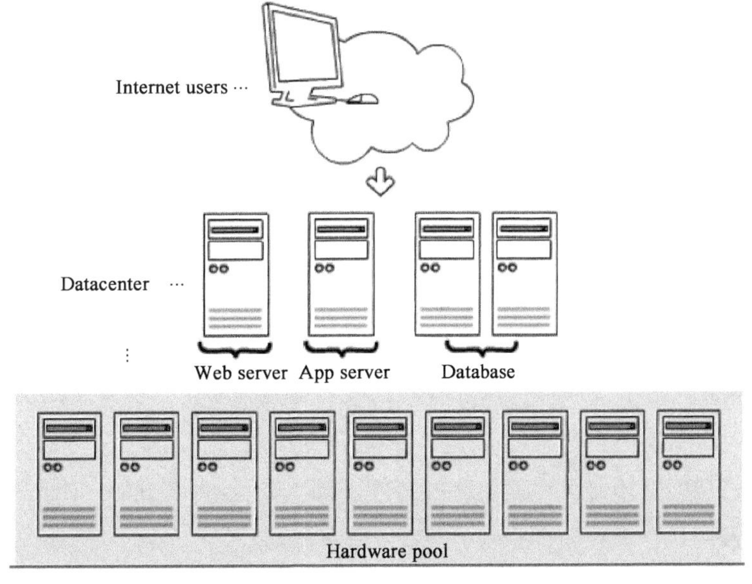

图 6-13　网络用户对 Web 服务器的使用

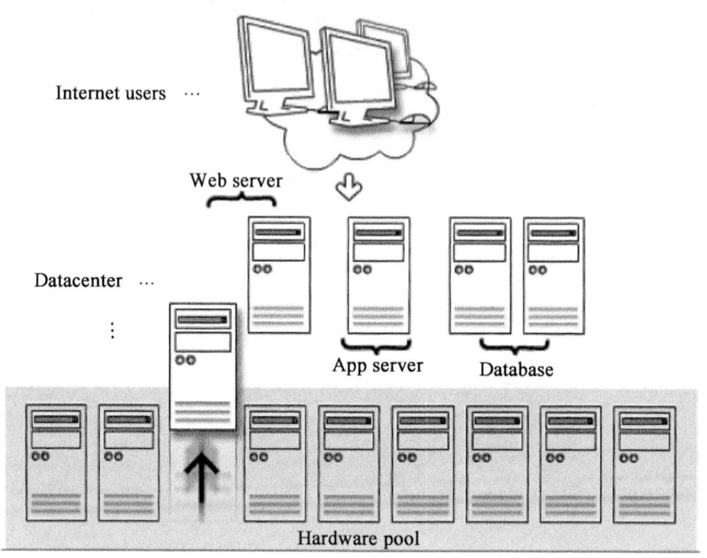

图6-14 根据业务规则自动增加应用服务器

openQRM是为了管理混合虚拟化环境而开发的一个虚拟化管理框架,包括基础层(框架层)和插件。基础层(框架)的作用是管理不同的插件,而对虚拟资源的管理(计算资源,存储资源,映像资源)都是通过插件来实现的。openQRM的框架类似于Java语言中的Interface,定义了一系列虚拟机资源生命周期管理的方法,例如创建、启动、关闭虚拟机等等。在个框架的基础上,openQRM针对不同的虚拟化平台(Xen、KVM)实现了不同的插件,用来管理不同的物理和虚拟资源。当出现新的资源需要支持的时候,只需要为openQRM编写新的插件,就可以无缝地整合到原来的环境中去。

对各种开源云管理工具,经过综合比较和分析,认为openQRM是目前比较合适的开源工具。因此,重点研究了该工具,并进行了初步实现。

图6-15是管理员主界面。图6-16为数据中心管理界面,包括数据中心管理、组件管理、资源管理、事件管理、Web Service管理和装配管理。图6-17为应用套件管理、高可得到性管理、功能类似Windows下的远程桌面功能的用于远程访问的工具NOVNC、监控管理和用来收集系统性能和提供各种存储方式来存储不同值的Collectd,兼容以前的Nagios应用程序及扩展功能的ICINGA、云的用户管理、组管理和邮件设置、配置管理、网络管理和存储管理等,如图6-17所示。

图6-18是将功能整体分为存储、套件、事件、资源和云五大部分的鸟瞰图。

图6-19是云用户管理界面,图6-20是系统登录界面。

图6-21是云用户发出云计算请求的需求,右侧是根据业务规则计算云用户提出的资源的总体价格。图6-22是给出的请求总结。

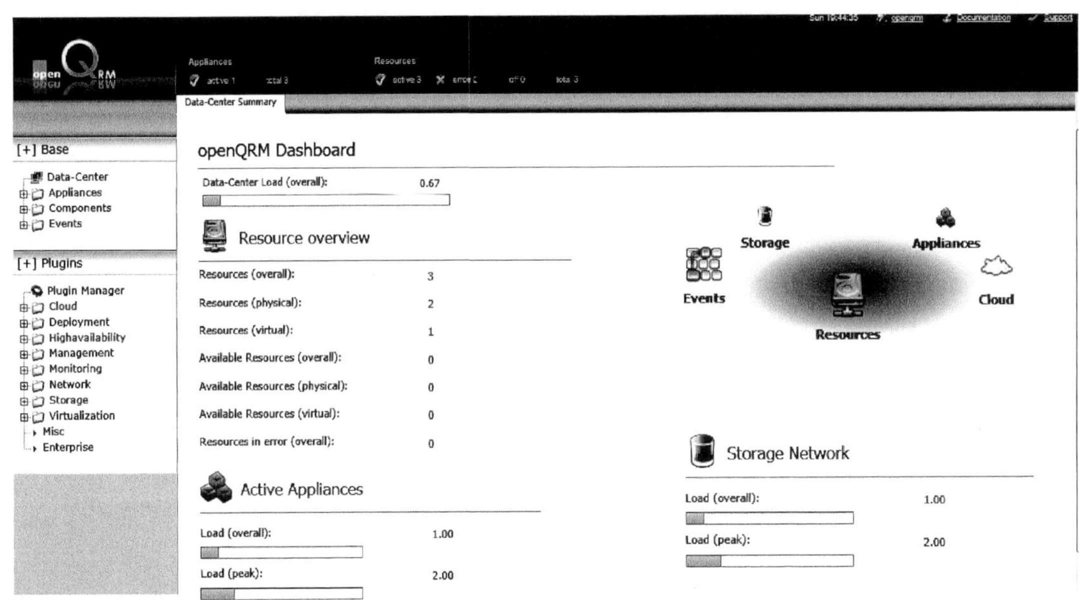

图 6-15　管理员主界面

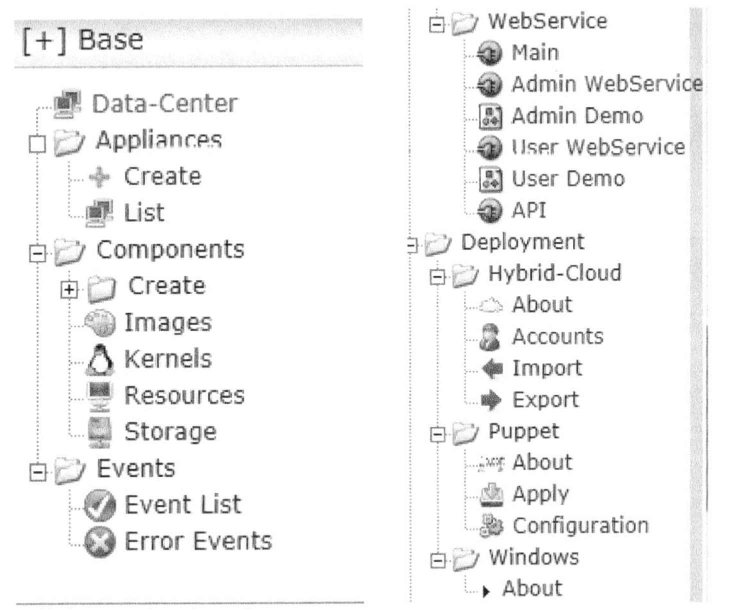

图 6-16　数据中心管理界面

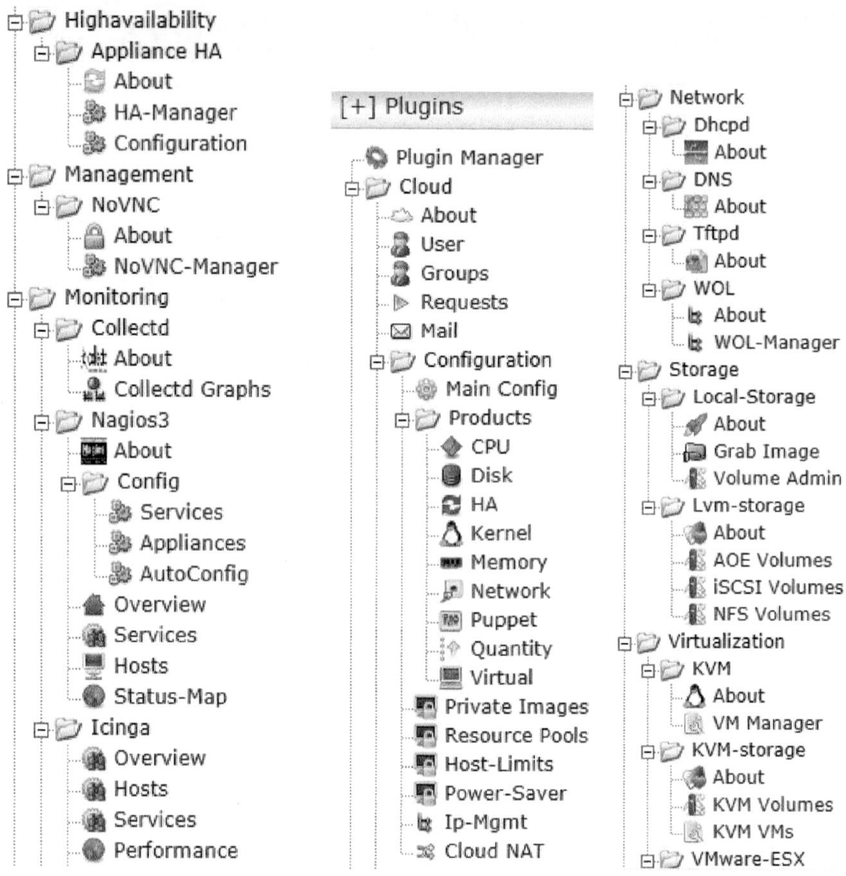

图 6-17　兼容组件管理

图 6-18　openQRM 鸟瞰图

图 6-19　云用户管理界面

图 6-20　用户登录界面

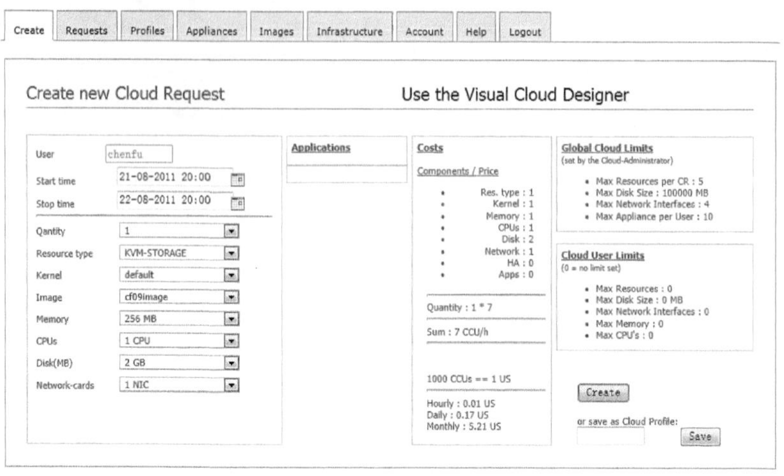

图 6-21　云用户发出云计算请求

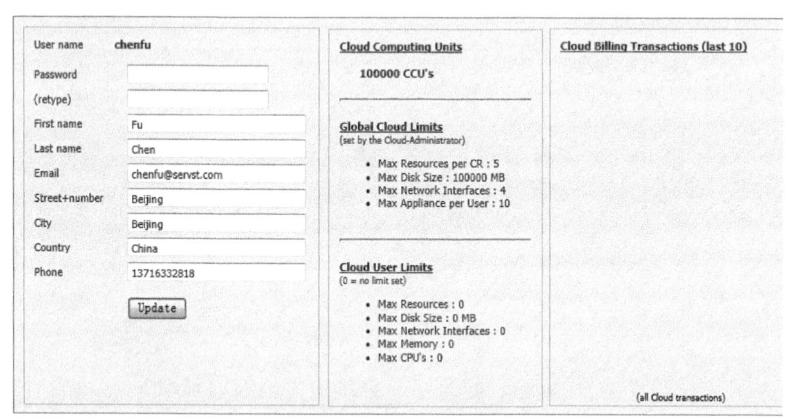

图 6-22　云用户发出云计算请求总结

6.6.3　网管云中的服务器集群管理

1）网络服务管理 Nagios 的实现原理

处于网络中的各种服务器需要管理和维护，管理员不可能及时对每一台的状态都进行监控，这时就需要借助软件辅助实现。Nagios 是一种广泛使用的主机和服务监测工具。Nagios 所有的监控、检测功能通过各种插件来完成。启动 Nagios 后，会周期性的自动调用插件去检测服务器状态，同时 Nagios 维持一个队列，所有插件返回来的状态信息都进入队列，Nagios 每次都从队首开始读取信息，并进行处理后，把状态结果通过 Web 显示出来。Nagios 提供了许多插件，利用这些插件可以方便地监控很多服务状态。安装完成后，在 Nagios 主目录下的/libexec 里放有 Nagios 自带的可以使用的所有插件，如 check_disk 是检查磁盘空间的插件、

check_load 检查 CPU 负载等。每一个插件可以通过运行./check_xxx – h 来查看其使用方法和功能。Nagios 可以识别 4 种状态返回信息：

①0(OK)表示状态正常；

②1(WARNING)表示出现一定的异常；

③2(CRITICAL)表示出现非常眼中的错误；

④3(UNKNOWN)表示被监控的对象已经停止。

Nagios 根据插件返回来的值，来判断监控对象的状态，并通过 Web 显示出来，以供管理员及时发现故障，图 6-23 为 Nagios 的结构图。

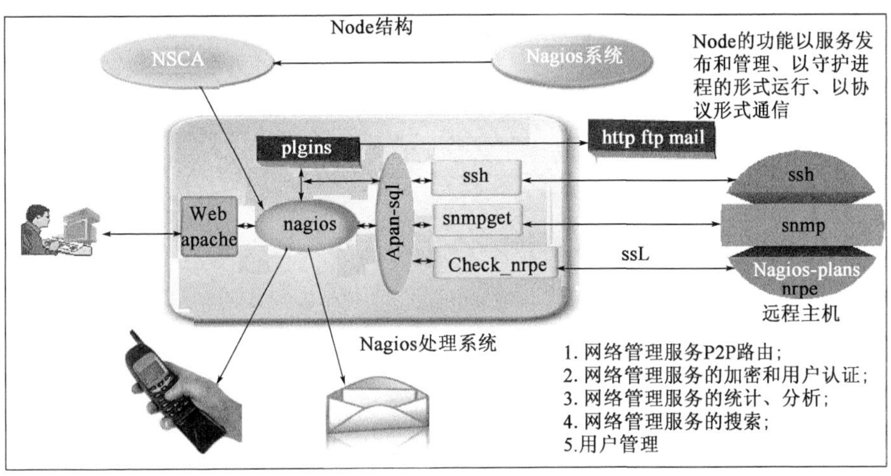

图 6-23　Nagios 监控结构图

2)利用 Nagios 的 NRPE 插件实现网络上服务器的监控

Nagios 通过组件管理远端服务器对象。Nagios 系统提供了一个插件 NRPE。Nagios 通过周期性的运行它来获得远端服务器的各种状态信息。它们之间的关系如图 6-24 所示。

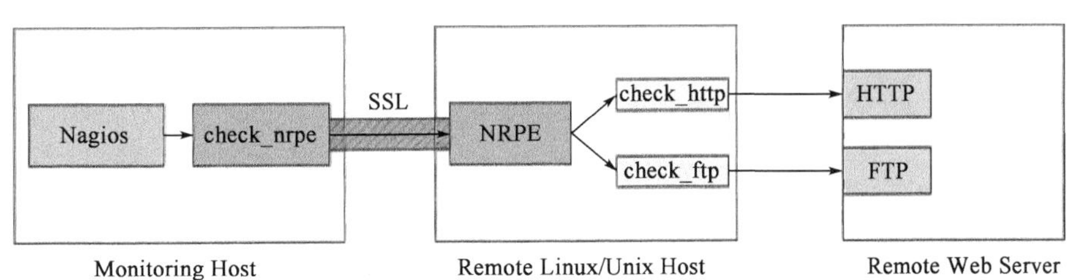

图 6-24　Nagios 管理远端服务器

Nagios 可以对服务器进行全面的监控，包括服务(Apache、MysSQL、ftp、DNS、disk、Mail 和 ssh 等)的状态、服务器的状态 up、down 等。它是一个完全 GPL 协议的开源软件包，包含有 Nagios 主程序和它的各个插件,配置非常灵活,可以监视的项目很多,可以自定义 shell 脚本进行监控服务,非常适合大型网络。Nagios 的包含主动监控和被动监控。主动检查是通过监控中心的主机发出请求,让运行在远程主机上的 NRPE 守护进程收集信息,然后报告它,它通过 web 接口把数据显示在页面上。被动监控是当远程被监控主机处于防火墙之内的时候,只有远程主机可以访问到监控中心,防火墙之内可以设置另外一个监控中心,远程监控中心的 Nagios 收集服务器信息以后,和 nsca 报告,由 naca 客户端报告 naca 的服务器端,然后报告监控中心的 Nagios,通过 web 接口显示监控结果。Nagios 通过 NRPE 来远端管理服务。

①Nagios 执行安装在它里面的 check_nrpe 插件,并告诉 check_nrpe 去检测哪些服务;

②通过 SSL、check_nrpe 连接远端机子上的 NRPE daemon;

③NRPE 运行本地的各种插件去检测本地的服务和状态;

④最后,NRPE 把检测的结果传给主机端的 check_nrpe,check_nrpe 再把结果送到 Nagios 状态队列中;

⑤Nagios 依次读取队列中的信息,再把结果显示出来。

Nagios 的特性包括:

①监视网络服务(SMTP, POP3, HTTP, NNTP, PING 等);

②监视主机资源(处理器负载、磁盘空间等);

③容许用户开发自己的插件去检查自定义的项目;

④通过使用“父主机”,定义网络主机的分层,容许探测主机不可到达;

⑤可以定义在主机或服务运行期间,事件发生以后如何处理和解决方式;

⑥自动记录错误日志;

⑦支持冗余监视;

⑧可选 web 接口,通过 web 页面查看当前网络状态,提示和报告故障历史,日志文件等。

Nagios 功能界面截图如图 6-25 所示。

图 6-26 是监控主界面,包括了主机、服务、性能等。

图 6-27 是对各个服务器监控的信息显示。

图 6-28 是程序进程监控服务及其对应状态。图 6-29 是程序性能监控,图 6-30 是主机状态监控。

图 6-31 是对各监控端的整体显示,通过单击可以查看详细信息。图 6-32 是单击某个主机之后显示的服务器详细信息。

3)服务器性能监控 Ganglia

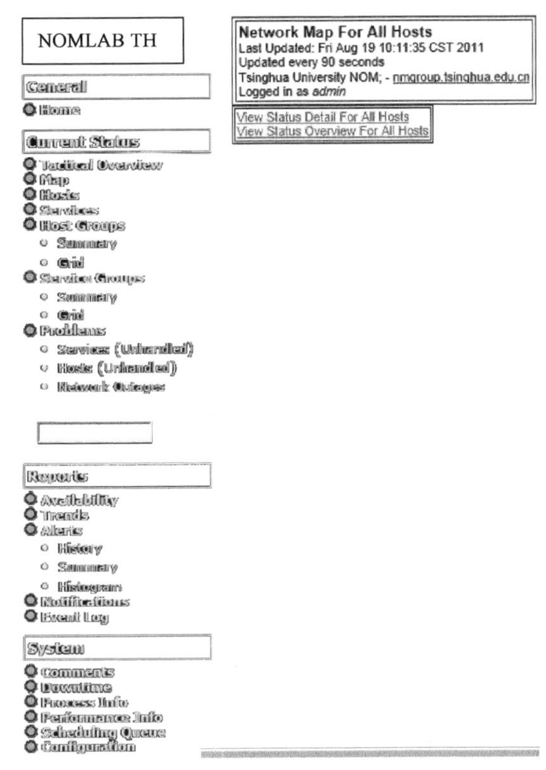

图 6-25　Nagios 功能界面图

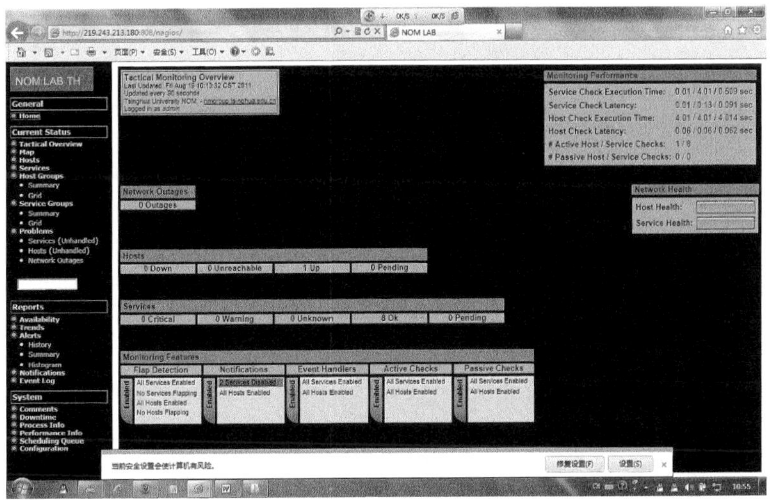

图 6-26　主机和服务监控

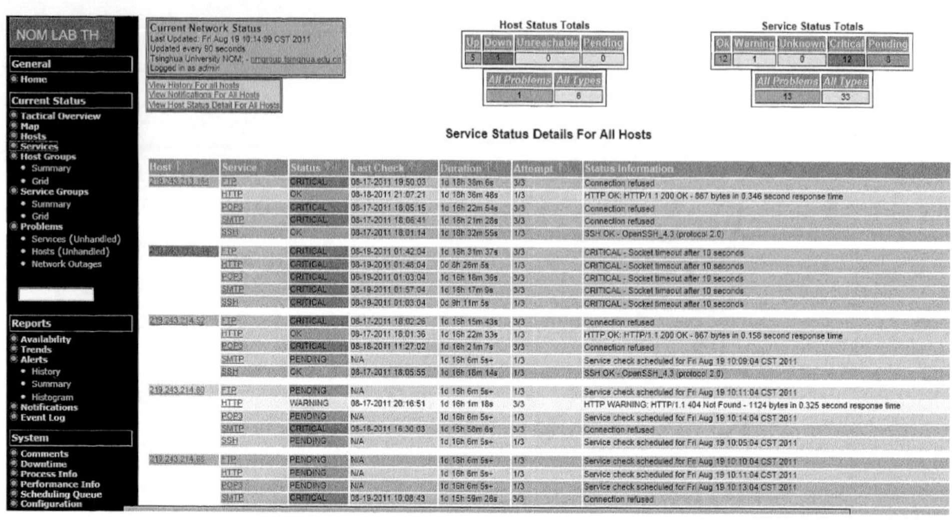

图 6-27　各个服务器的网络服务监控

Process Information

Program Version:	3.2.3
Program Start Time:	08-16-2011 12:09:10
Total Running Time:	2d 22h 7m 0s
Last External Command Check:	08-19-2011 10:16:10
Last Log File Rotation:	08-19-2011 00:00:00
Nagios PID	8212
Notifications Enabled?	YES
Service Checks Being Executed?	YES
Passive Service Checks Being Accepted?	YES
Host Checks Being Executed?	YES
Passive Host Checks Being Accepted?	YES
Event Handlers Enabled?	Yes
Obsessing Over Services?	No
Obsessing Over Hosts?	No
Flap Detection Enabled?	Yes
Performance Data Being Processed?	No

图 6-28　程序进程监控

Ganglia 是 UC Berkeley 发起的一个开源监视项目，设计用于测量数以千计的节点。Ganglia 的中文意思是神经中枢，相对其网络的大范围监控名副其实。Ganglia 现在支持包括 linux、unix、windows 等大部分操作系统，曾经部署于 2000 个节点的网络。每台计算机都运行一个收集和发送度量数据(如处理器速度、内存使用量等)的名为 gmond 的守护进程。它将从操作系统和指定主机中收集。接收所有度量数据的主机可以显示这些数据并且可以将这些数据的精简表单传递到层次结构中。正因为有这种层次结构模式，才使 Ganglia 可以实现良好的扩展。gmond 带来的系统负载非常少，这使得它成为在集群中各台计算机上运行的一段代码，而不会影响用户性能。所有这些数据收集会多次影响节点性能。网络中的“抖动”发生在大量小消息同时出现时。研究发现通过将节点时钟保持一致，就可以避免这个问题。Ganglia 更多地与收集度量数据并随时跟踪这些数据。表 6-5 给出了一个基本的总结。

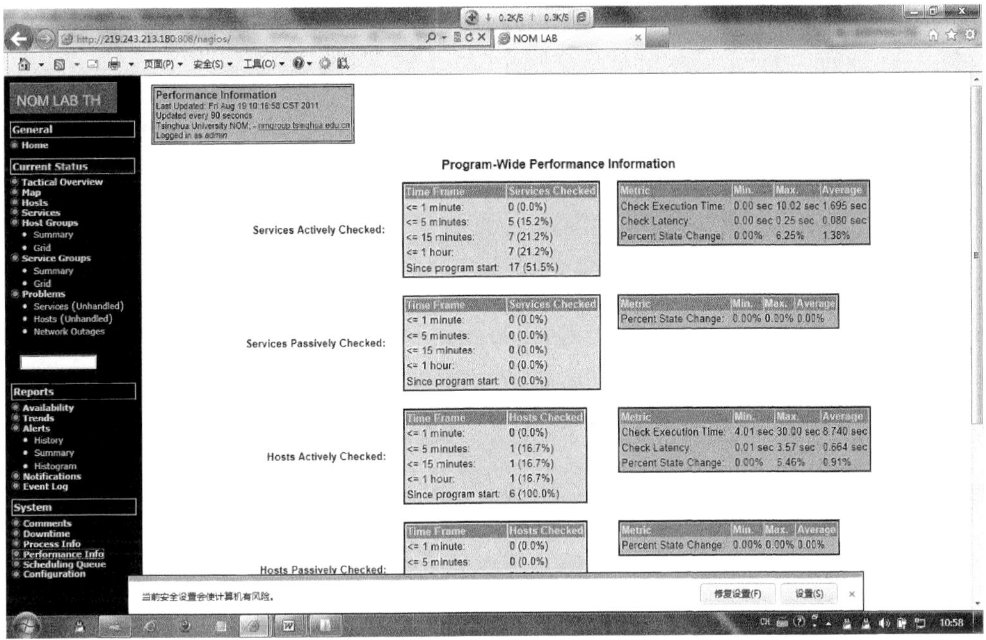

图 6-29　程序性能监控

Hosts

Host Name	Alias/Description	Address	Parent Hosts	Max. Check Attempts	Check Interval	Retry Interval	Host Check Command	Check Period	Obsess Over	Enable Active Checks	Enable Passive Checks	Check Freshness	Freshness Threshold	Default Contacts/Groups	Notification Interval	First Notification Delay	Notification Options
219.243.213.164	linux-server	219.243.213.164		10	0h 5m 0s	0h 1m 0s	check-host-alive	24x7	Yes	Yes	Yes	No	Auto-determined value	admins	2h 0m 0s	0h 0m 0s	Down, Unreachable Recovery
219.243.213.204	linux-server	219.243.213.204		10	0h 5m 0s	0h 1m 0s	check-host-alive	24x7	Yes	Yes	Yes	No	Auto-determined value	admins	2h 0m 0s	0h 0m 0s	Down, Unreachable Recovery
219.243.214.52	linux-server	219.243.214.52		10	0h 5m 0s	0h 1m 0s	check-host-alive	24x7	Yes	Yes	Yes	No	Auto-determined value	admins	2h 0m 0s	0h 0m 0s	Down, Unreachable Recovery
219.243.214.60	linux-server	219.243.214.60		10	0h 5m 0s	0h 1m 0s	check-host-alive	24x7	Yes	Yes	Yes	No	Auto-determined value	admins	2h 0m 0s	0h 0m 0s	Down, Unreachable Recovery
219.243.214.68	linux-server	219.243.214.68		10	0h 5m 0s	0h 1m 0s	check-host-alive	24x7	Yes	Yes	Yes	No	Auto-determined value	admins	2h 0m 0s	0h 0m 0s	Down, Unreachable Recovery
localhost	localhost	127.0.0.1		10	0h 5m 0s	0h 1m 0s	check-host-alive	24x7	Yes	Yes	Yes	No	Auto-determined value	admins	2h 0m 0s	0h 0m 0s	Down, Unreachable Recovery

图 6-30　主机状态监控

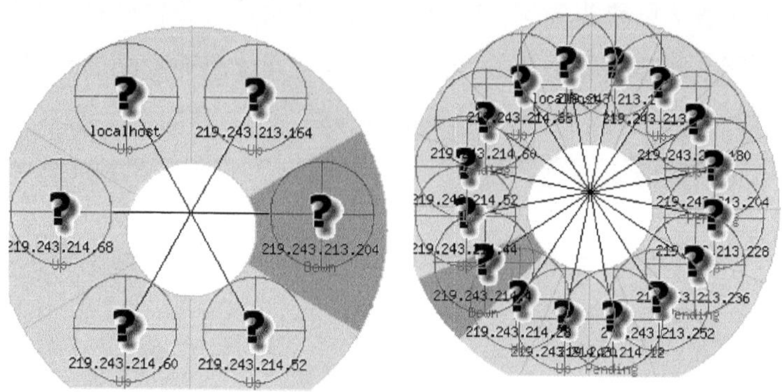

图 6-31　监控端状态鹰眼

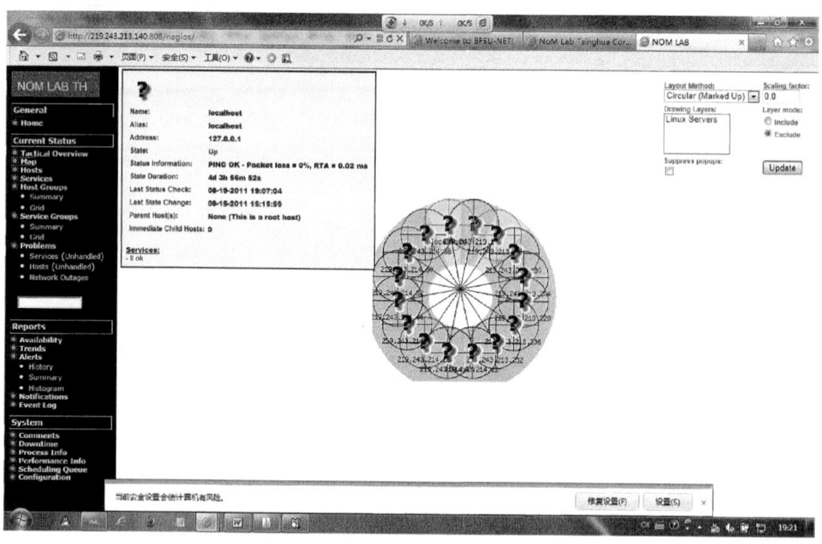

图 6-32　服务器详细信息

Ganglia 的组成　　表 6-5

名　称	含　义	备　注
数据采集器	名叫 gmond（Ganglia MONitor Daemon）的服务程序，配置文件是/etc/gmond. conf	位于每个 Node 上
数据混合收集器	gmetad（Ganglia METAdata Daemon）的服务程序，配置文件是/etc/gmetad. conf。它通过轮询收集 gmond 的数据，并聚合簇的各类信息，然后保存在本地 rrdtool 的数据库中	最好每个 cluster 有一个 gmetad，以便能构建多级网络
Web 可视化工具	这是用 PHP 脚本实现的将数据可视化，并画出表格。可以是任何支持 PHP、SSL 和 XML 的 Web 服务器。一般都用 Apache2	Web 服务器
额外的高级工具	gmetric 可以用来添加你需要监控的 Node 额外状态；gstat 可以直接获得 Ganglia 的数据	

从图6-33可以看到，簇内通过UDP协议组播压缩的XML(XDR)数据，每个节点共享簇内所有节点的信息，当gmetad轮询簇内某个节点不成功时，也可以轮询其他节点。gmetad通过TCP协议发送簇内数据给上层gmetad节点。gmond程序由多个线程组成：collect and publish thread线程用于采集节点的metrics并组播出去；listening thread线程用于监听组播端口，并把这些metrics保存于内存中的一个多级hash表；一组XML export threads线程组用于相应TCP请求，把簇内的metrics发送出去。gmond不会保存数据，仅仅是监听保存并相应发送数据。节点间通过heartbeat信号检测对方节点存活与否，如果一段时间内该节点没有广播metrics，视其宕机，而且每次启动时，会广播一个gmond启动时间，这时邻居节点收到以后就视其机器重启，会删除该节点已存的所有metrics。gmetad周期性的想data source发送轮询包，并为每个源分配一个线程。采集的metrics，经由SAX XML进行解析，内置一个gperf的hash表，便于数据的处理，最后将处理好的数据存于RRDTools中。

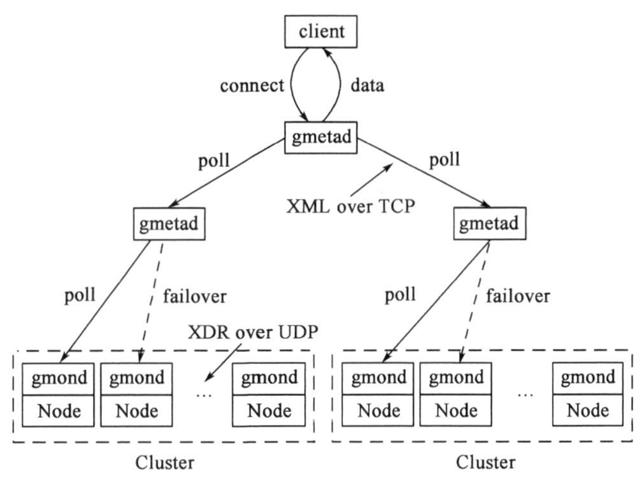

图6-33　Ganglia结构

Metrics数据由gmond内置的程序或gmetric程序获得，一般以XDR形式压缩保存，保存格式为：(key，value)，key为4字节，value为4～8字节。metrics的采集次数、频率和发送时间间隔均在Gmond.conf中定义，gmond维持一个采集表，每个metric都有其属性。

(1)Gmond负责收集本地机核心指标，CPU使用情况、基础网络和内存数据的基本设置。gmond daemons通过多播或单播模式给同一群组的其他gmond daemons发送数据。这样，每个daemon都可在任何时间追踪到全球的计算群组，且每一台均可给gmetad提供完整的数据报告。

(2)gmetad daemon是系统的核心。它从一个或多个gmetad daemon中收集指标，将其存储在RRD文件中留待以后系统恢复之用。gmetad daemon也可以选择其他gmetad来收集其他集成系统的信息。这一过程被称作“联合”,对于分散但有关联的群组,这是了解总体运行状态的有效方式。

(3)网络前端构建在 PHP 上,实际是用来显示数据的。当每一页都已下载完毕,PHP 程式需要来自 gmetad 的相关数据,以便生成需求页。有很多事先做好的报告,这些报告已提供群组整体运行状态的信息,因此,现在仅将用户报告完成即可。网络前端不像 gmetad 那样必须在同一台计算机上运行。

(4)对于不直接支持 gmetad 的指标,Ganglia 和命令行程序 gmetric 共同追踪附加的指标。这些信息都报告给 gmond,gmond 可将这些信息和已建立起的统计数据一起传递给 gmetad。

Ganglia 基本通信结构如图 6-34 所示。

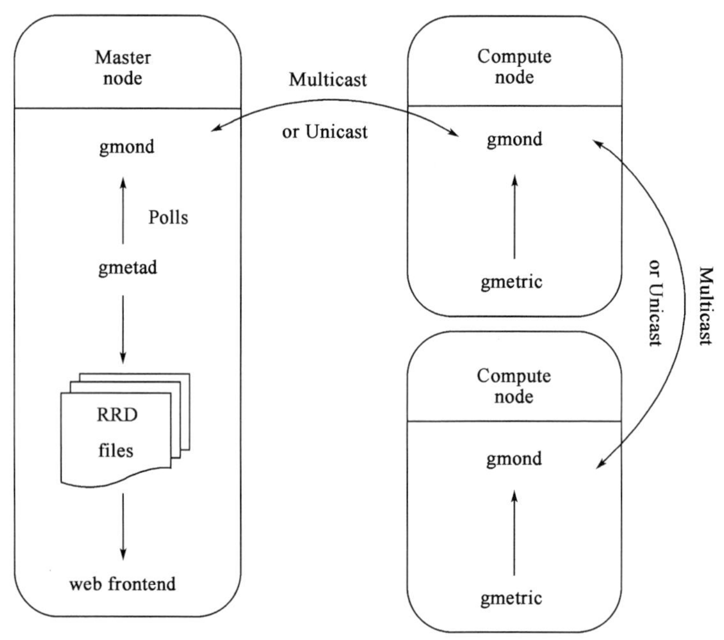

图 6-34 Ganglia 通信结构

图 6-35 为 Tianjin University 的 GRID 的综合性能监控信息,在 GRID 又分为四个组,如图 6-36 所示,每个组包含多个节点,每个节点还可以包含多个主机,这是一树形结构的组织结构图。图 6-37 为某个节点 noded 的监控信息,图 6-38 为某一个主机服务器系统信息监控。

图 6-39、图 6-40 是系统信息的详细显示。

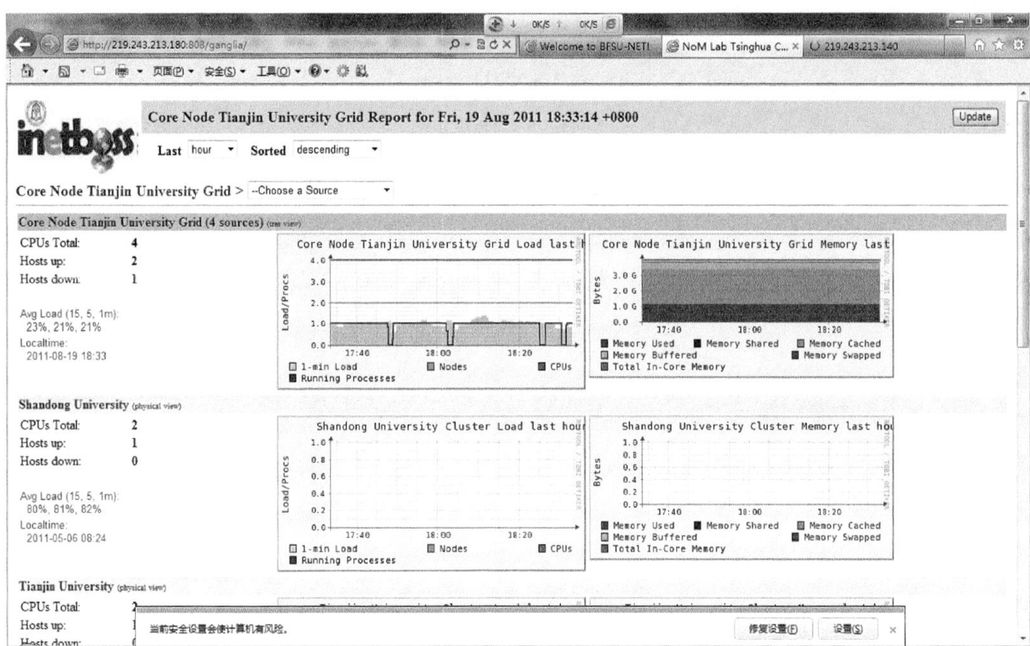

图 6-35　GRID 监控

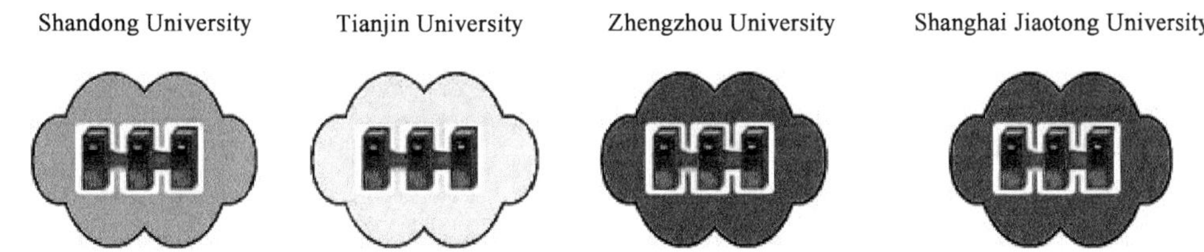

图 6 36　组显示

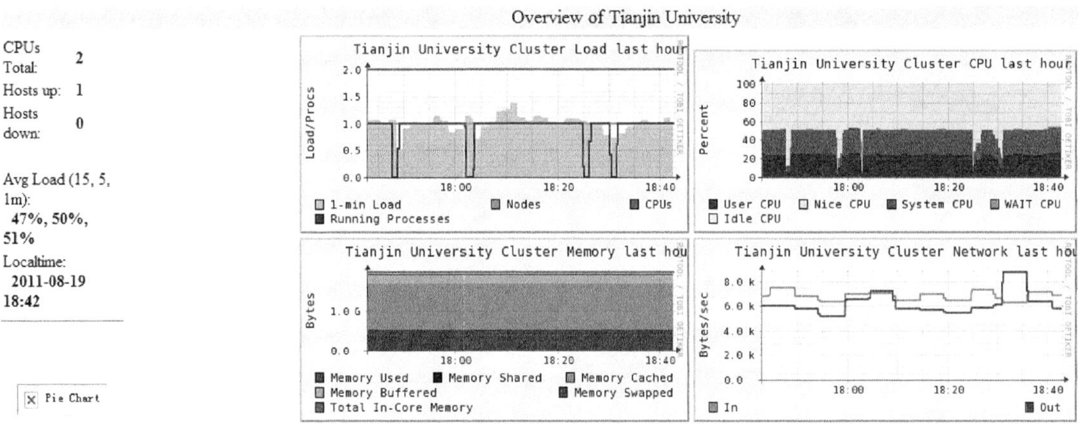

图 6-37　节点显示

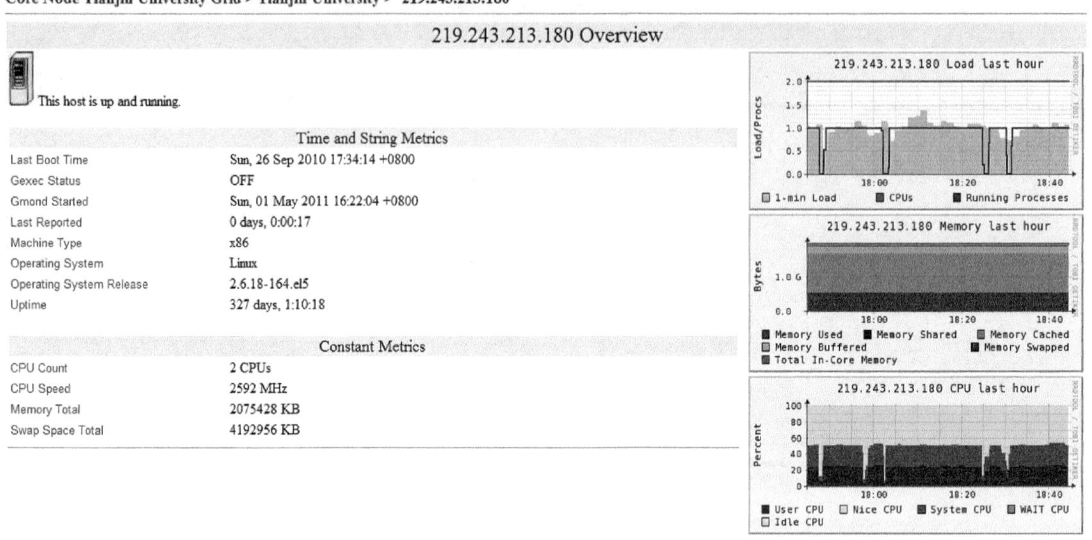

图 6-38　单体服务器显示

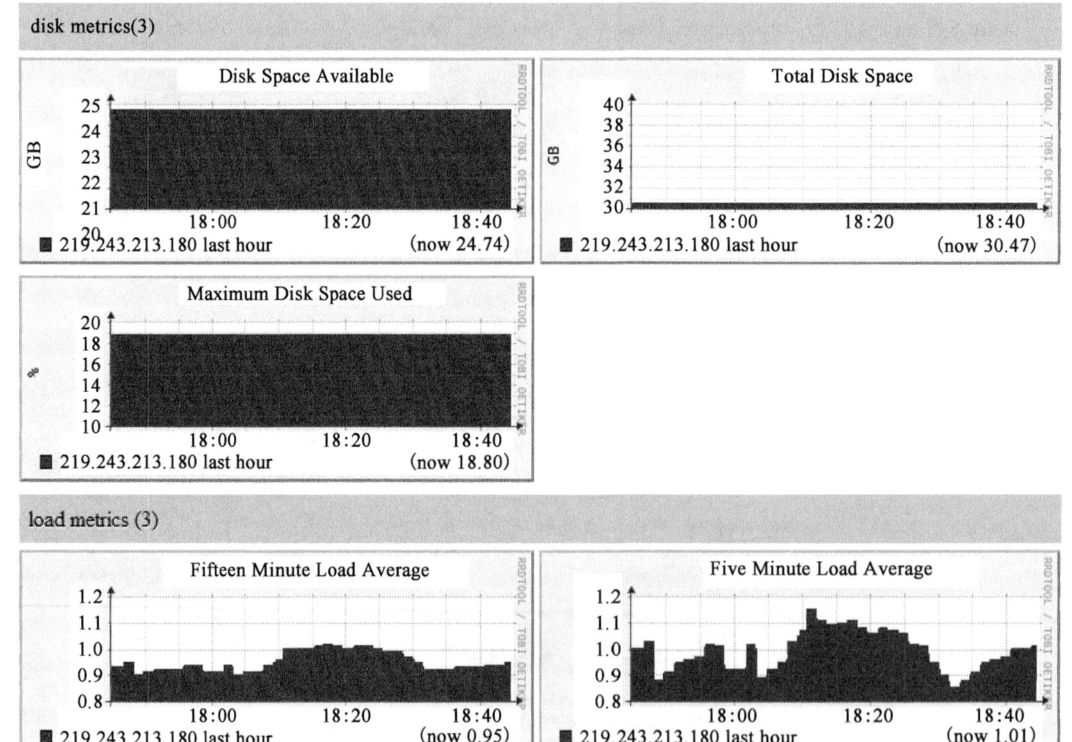

图 6-39　磁盘容量相关系统信息显示

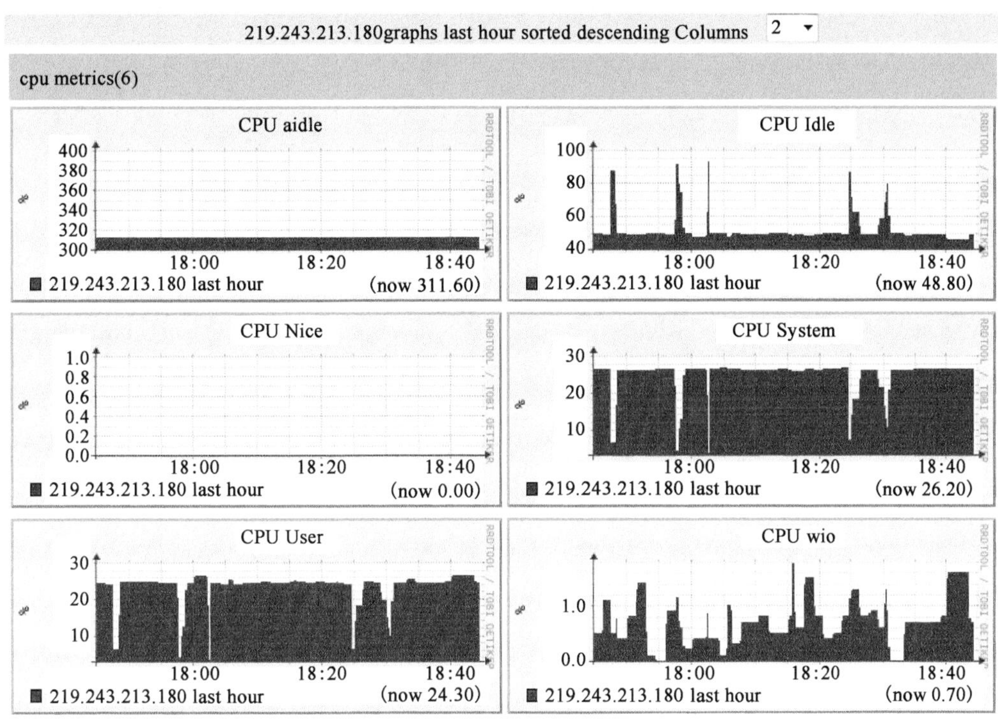

图 6-40 CPU 相关信息显示

6.7 本章小结

本章重点介绍了网管云、主机和服务器的监控实现手段、方法,指出 Ganglia 更多地收集度量数据并随时跟踪这些数据,而 Nagios 则关注于网络服务监控。云上监控服务器集群系统性能状态和网络服务行为和状态是本章的重点内容。

参 考 文 献

[1] CoxM D J, Davison R G. Concepts, activities and issues of policy 2th communications management [J]. BT Technology Journal, 1999, 17 (3).

[2] Lutfiyya Hanan L , Bauer Michael A , Stokes David K. Fault management in distributed systems: a policy-driven approach [J]. Journal of Network and System Management,2000,8(4).

[3] Lupu E C, Sloman M. Conflicts in policy 2based dist ributed systems management [J]. IEEE Transactions on Software Engineering, 1999, 25 (6).

[4] Special issue on policy based management of network s and services[J]. Journal of Network and System Management. 2003, 11 (4).

[5] Raz Danny, Shavitt Yuval. Active networks for efficient distributed network management [J]. IEEE Communications Magazine, 2000, 38 (3).

[6] Thomas M Chen, Stephen S Liu. A model and evaluation of distributed network management approaches[J]. IEEE Journal on Selected Areas in Communications, 2002, 20 (4).

[7] Kato Nei, Ohta Kohei, Nemoto Yoshiaki. A proposal of event correlation for distributed network fault management and its evaluation[J]. IEICE Transactions on Communications, 1999.

[8] Specialissue on distributed management [J]. Journal of Network and System Management, 2003, 11.

[9] Paolo Bellavista, Antonio Corradi, Cesare Stefanelli. An open secure mobile agent framework for systems management [J]. Journal of Network and Systems Management, 1999, 7 (3).

[10] Damianos Gavalas, Dominic Greenwood, Mohammed Ghanbari, et al. Implementing a highly scalable and adaptive agent 2based management framework [C]. Global Telecommunications Conference, 2000.

[11] Hajji Hassan, Far Behrouz Honayoun. Distributed software agents for network fault management [J]. IEICE Transactions on Information and Systems, 2000, 20 (4).

[12] Bohoris C, Pavlou G, Cruick shank H. Using mobile agents for network performance management [J]. Network Operations and Management Symposium, 2000.

[13] Symeon Papavassiliou, Antonio Puliafito , Orazio Tomarchio, et al. Mobile agent 2based approach for efficient network management and resource allocation: framework and application [J]. IEEE Journal on Selected Areas in Communications, 2002, 20 (4).

[14] http://www. nets-find. net

[15] Huang D, Cao Q, Amit Smar, et al. New architecture for Intra-Domain network[J]. Communications of the ACM. 2006, 49(11): 64-72.

[16] Clark D, Blumenthal, Marjorie S. The end-to-end argument and application design: the role of trust[J]. TPRC, 2007.

[17] http://cleanslate. stanford. edu

[18] http://www.nets-find.net/index.php

[19] http://www.geni.net

[20] Chen Y, David B, Randy H. Algebra-based scalable overlay network monitoring: algorithms, evaluation, and applications[J]. IEEE/ ACM Transaction on Networking. 2007, 15(5): 1084-1097.

[21] Rubio-Loyola J, Astorga A, Serrat J, et al. Platforms and software systems for an autonomic internet[C]. IEEE Globecom 2010.

[22] Tselentis G, Galis A, Gavras A, et al. Towards the future internet-emerging trends from european research[M]. IOS,2010.

[23] Rubio Loyola J, Astorga A, Serrat J, et al. Manageability of future internet virtual networks from a practical viewpoint [C]. Towards the Future Internet-Emerging Trends from European Research, 2010.

[24] Jennings B, Brennan R, Donnelly W, et al. Challenges for federated, autonomic network management in the future internet[J]. Integrated Network Management-Workshops, 2009: 87-92.

[25] Ballani H, Francis P. A step towards network manageability[C]. ACM SIGCOMM , 2007.

[26] Zafar M, Baker N, Moltchanov B, et al. Context management architecture for future internet services[C]. ICT Mobile, 2009.

[27] Prieto A G, Dudkowski D, Meirosu C, et al. Decentralized in-network management for the future internet[J]. Communications Workshops, ICC Workshops, 2009:1-5.

[28] Nate Foster,Rob Harrison,Michael J. Frenetic: a high-level language for OpenFlow networks [C]. Proceedings of the Workshop on Programmable Routers for Extensible Services of Tomorrow 2010, New York.

[29] Min Zhu, Rajiv Ramanathan, Yuichiro Iwata, et al. Onix: a Distributed Control Platform for large-scale production networks[C]. Proceedings of the 9th USENIX Conference on Operating Systems design and Implementation.

[30] Paul Subharthi, Pan Jianli, Jain Raj. Architectures for the future networks and the next generation Internet: Asurvey[J]. Computer Communications, 2011 ,34(1):2-42.

[31] Martín Casado , Michael J Freedman , Justin Pettit , et al. Rethinking enterprise network control[J]. IEEE/ACM Transactions on Networking (TON), 2009.

[32] Nick McKeown, Tom Anderson, Hari Balakrishnan, et al. OpenFlow: enabling innovation in campus networks[J]. ACM SIGCOMM Computer Communication Review.

[33] Richard Wang, Dana Butnariu, Jennifer Rexford. OpenFlow-based server load balancing gone wild[C]. Proceedings of the 11th USENIX Conference on Hot Topics in Management of Internet, Cloud and Enterprise Networks and Services, 2011.

[34] Ankur Kumar Nayak, Alex Reimers, Nick Feamster, et al. Resonance: dynamic access control for enterprise networks[C]. Proceedings of the 1st ACM Workshop on Research on Enterprise Networking, 2009.

[35] Albert Greenberg, James R Hamilton, Navendu Jain, et al. VL2: a scalable and flexible data center network[C]. Proceedings of the ACM SIGCOMM 2009 Conference on Data Communication, 2009.

[36] Ali Mashtizadeh, Emré Celebi, Tal Garfinkel, et al. The design and evolution of live storage migration in VMware ESX[C]. Proceedings of the 2011 USENIX Conference on USENIX Annual Technical Conference, 2011.

[37] Jeffrey C Mogul, Jean Tourrilhes, Praveen Yalagandula, et al. DevoFlow: cost-effective flow management for high performance enterprise networks[C]. Proceedings of the Ninth ACM SIGCOMM Workshop on Hot Topics in Networks, 2010.

[38] Changhoon Kim, Matthew Caesar, Jennifer Rexford. Floodless in seattle: a calable ethernet architecture for large enterprises[C]. Proceedings of the ACM SIGCOMM 2008 Conference on Data Communication, 2008.

[39] Hemant Gogineni, Albert Greenberg, David A Maltz, et al. MMS: an autonomic networklayer foundation for network management. IEEE Journal on Selected Areas in Communications, 2010,28(1).

[40] Bob Lantz, Brandon Heller, Nick McKeown. A network in a laptop: rapid prototyping for software-defined networks[C]. Proceedings of the Ninth ACM SIGCOMM Workshop on Hot Topics in Networks, 2010.

[41] Matthew Caesar, Donald Caldwell, Nick Feamster, et al. Design and implementation of a routing control platform[C]. Proceedings of the 2nd Conference on Symposium on Networked Systems Design & Implementation, 2005.

[42] http://www.ontologyportal.org

[43] http://nmgroup.tsinghua.edu.cn

[44] Greenberg A, Hjalmtysson G, Maltz DA, et al. A clean slate 4D approach to network control

and management[C]. SIGCOMM CCR 35, 2005.

[45] Matthew Caesar, Donald Caldwell, Nick Feamster, et al. Design and implementation of a routing control platform[C]. Proceedings of the 2nd Conference on Symposium on Networked Systems Design & Implementation, 2005.

[46] Martin Casado, Tal Garfinkel, Aditya Akella, SANE: a protection architecture for enterprise networks[C]. Proceedings of the 15th Conference on USENIX Security Symposium, 2006.

[47] Martin Casado, Michael J, Justin Pettit, et al. Ethane: taking control of the enterprise[C]. Proceedings of the 2007 Conference on Applications, Technologies, Architectures, and Protocols for Computer Communications, 2007.

[48] Natasha Gude, Teemu Koponen, Justin Pettit, et al. NOX: towards an operating system for networks[J]. ACM SIGCOMM Computer Communication Review, 2008.

[49] Xu Chen, Z Morley Mao. Pacman: a platform for automated and controlled network operations and configuration management[C]. CoNEXT '09 Proceedings of the 5th International Conference on Emerging Networking Experiments and Technologies, 2009.

[50] R Jain. Internet 3.0: ten problems with current internet architecture and solutions for the next Generation[C]. Proceedings of Military Communications Conference (MILCOM 2006), 2006.

[51] Min Zhu, Rajiv Ramanathan, Yuichiro Iwata, et al. Onix: a distributed control platform for large-scale production networks[C]. Proceedings of the 9th USENIX Conference on Operating Systems Design and Implementation, 2010.

[52] Greenberg A, Hjalmtysson G, Maltz DA, et al. A clean Slate 4D approach to network control and management[C]. SIGCOMM CCR, 2005.

[53] Matthew Caesar, Donald Caldwell, Nick Feamster, et al. Design and implementation of a routing control platform[C]. Proceedings of the 2nd Conference on Symposium on Networked Systems Design & Implementation, 2005.

[54] Martin Casado , Tal Garfinkel , Aditya Akella , et al. A protection architecture for enterprise networks[C]. Proceedings of the 15th Conference on USENIX Security Symposium, 2006.

[55] Martin Casado, Michael J Freedman, Justin Pettit, et al. Ethane: taking control of the enterprise[C]. Proceedings of the 2007 Conference on Applications, Technologies, Architectures and Protocols for Computer communications, 2007.

[56] Natasha Gude, Teemu Koponen, Justin Pettit. NOX: towards an operating system for net-

works[J]. ACM SIGCOMM Computer Communication Review, 2008.

[57] Hemant Gogineni, Albert Greenberg, David A Maltz, et al. MMS: an autonomic networklayer foundation for network management[J]. IEEE Journal on Selected Areas in Communications, 2010,28(1).

第7章 SDN与数据中心网络

7.1 数据中心网络与 SDN

云计算、大数据等网络业务是最近几年来最受关注也是发展最快的网络应用之一,数据中心网络(Data Center Network,DCN)也随之变成数据存储、大规模计算和信息交流的关键所在,所以提高数据中心网络的性能成为当前互联网发展的迫切需求。数据中心网络的发展需求促进了 SDN 的发展,而 SDN 为数据中心网络的管理提供了更优的网络体系架构。

数据中心网络是数据中心的核心,网络中的服务器通过高速链路和交换机相互连接。连接而成的数据中心网络可以对外提供计算、存储等具有高带宽、高可用性、高可靠性的网络服务。随着各种新型网络业务如云计算、虚拟化的急速膨胀,数据中心为了适应更高的性能要求和更多的应用模式,渐渐发展成具有大规模、低成本、高带宽、高利用率、高可靠性等新特征的新型数据中心网络。SDN 作为一种新型的网络架构,其主要特点——数据控制分离和网络可编程性极大地简化了网络的复杂度,使网络管理和开发具有了更大灵活性,可以有效地解决当前网络体系架构所带来的问题。OpenFlow 是当前流行的 SDN 南向接口协议,定义了控制器与转发设备之间的主流通信接口, 包含了 OpenFlow 控制器和 OpenFlow 交换机两个网络元素。在 OpenFlow 交换机中,包含一至多张流表,即转发表,流表中的每一个流表项决定了在网络中传输的一个数据流该如何进行转发或处理。在交换机中,数据流的分组根据流表转发,流表是 OpenFlow 的控制器在接收到数据平面上传的数据分组信息后根据某种路由算法和策略决定对该数据分组的处理之后下发到交换机中的,通过这种形式,数据分组在 SDN 网络中进行转发、丢弃或其他处理。

采用 SDN 的数据中心网络由一个或多个控制器和网络设备(交换机、主机)组成,网络设备由控制器管理,可以采用任意拓扑结构,这里讨论经典结构中较流行的胖树(Fat Tree)拓扑。基于 SDN 的数据中心网络的优势在于:第一,SDN 为网络提供了良好的可管控性,网络管理者可以及时获取整个网络的状态信息,如网络拓扑、链路状态、拥塞状态等,同时也更加利于进行新应用的施行、设备检测和配置等数据中心网络管理。第二,SDN 有利于提高网络资源利用率, SDN 控制平面对网络的数据传输和处理进行集中控制,得到网络拓扑、链路等最新状态,由此可以实时采用最高效的路由策略,来提高数据中心网络的吞吐量及带宽利用率,在数据中心快速大规模的业务要求下,SDN 显然具有巨大的优势。第三,SDN

可以有效实现虚拟机管理自动化,对数据中心中大量的虚拟机的部署和迁移提供了合适的实现方式。第四,由于 SDN 的网络可编程性,使整个数据中心的软件应用更新和升级更加具有可操作性和灵活性,也大大降低了网络更新的成本。

7.2 数据中心网络拓扑分析

数据中心网络的拓扑结构是指在数据中心中的所有交换机、服务器的连接关系,它对数据中心硬件设备的配置、互联方式、建设成本、运行效率的产生重要的影响。数据中心网络的拓扑结构之间决定服务器之间怎样连接,对服务器之间进行通信所采用的路由方式、拥塞策略和通信容错能力有直接的影响,从而决定网络中上层应用的服务质量。每种网络拓扑结构可以容纳的服务器数量是有差异的;容纳相同数量的服务器所需的交换机数量也是不同的。当数据中心规模达到几万台(或以上)服务器时,不同的网络拓扑结构将会为数据中心的建设成本和运行能耗带来巨大的差异。

数据中心规模急速膨胀,客户对服务的数量、质量要求越来越高,也就对数据中心网络的拓扑结构提出了新的要求:数据中心网络应该有较强的可拓展性,可以容纳数量巨大且持续增长的服务器;网络需具备较强可靠性,对服务器或链路故障具有容错性;数据中心应该能提供良好且稳定的网络性能以支持各种服务应用。

7.2.1 树形结构

目前,数据中心网络一般采用两层或三层的路由器和交换机组成的树形结构,如图 7-1 所示。三层树形结构通常分为三层:边缘层、集合层和核心层。边缘层为服务器,与集合层上的交换机相连;集合层的每台交换机上通常连接几十到上百台服务器,并连接到核心交换机上。当服务器数量较多时,集合层可再分多层。树形结构的拓扑网络建造简单,但不能满足数据中心网络的发展需求,因为在这种结构中服务器都位于叶子结点,多台服务器连接到一个服务器上,核心交换机和集合交换机就成限制网络带宽的瓶颈,而当某个交换机出现故障时将会导致大量的服务器难以工作。

7.2.2 胖树(Fat-tree)结构

传统二叉树的另一个问题是根部容易成为通信瓶颈。这是因为,子结点之间若要通信,都必须通过父结点。这样,越靠近根部的链路和结点通信量就越大。1985 年 MIT 的 Charles E. Leiserson 提出将计算机科学中所用的一般树结构修改为胖树形。二叉胖树结构如图 7-2 所示。

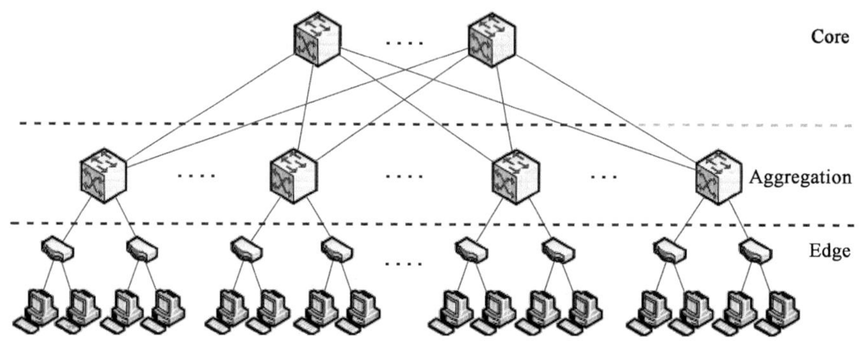

图 7-1 树形结构拓扑

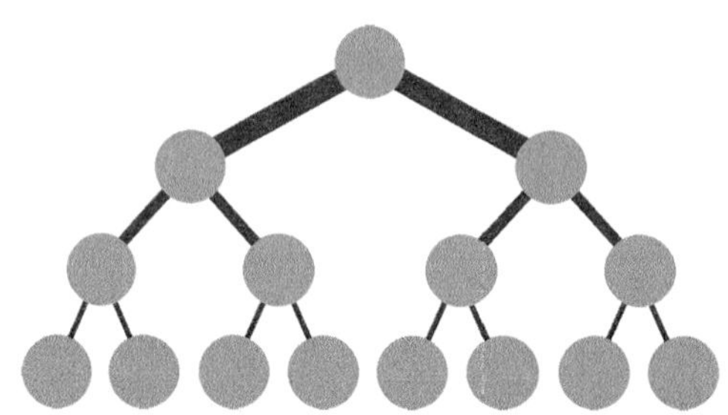

图 7-2 二叉胖树结构

Fat-tree 是对传统树形结构改进后的一种拓扑结构(图 7-3)。

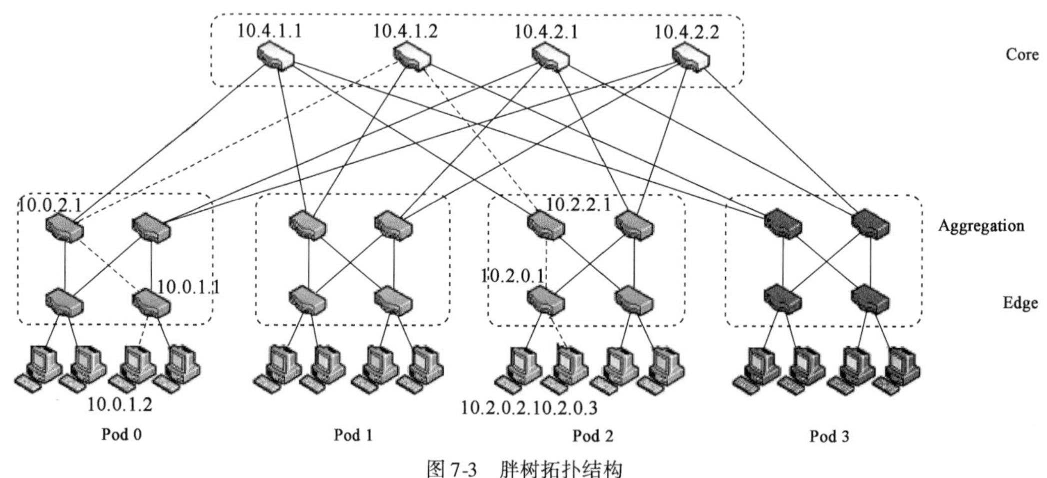

图 7-3 胖树拓扑结构

胖树拓扑结构同样采用三层结构,胖树结构的集合层和边缘层被分为 K 个域,每个域中都有一个包含集合层和边缘层的两层交换机结构组成。每层有 $K/2$ 个交换机,每个交换机有 K 个端口,每个边缘层的交换机连接 $K/2$ 个服务器,其剩余 $K/2$ 个端口连接集合层的 $K/2$ 个交换机,此时边缘层与集合层的交换机完全连接。核心层有($K/2$)2 个交换机,每个有 K 个端口分别连接不同域中的集合层交换机。一般情况下有 K 个域的胖树可以包含 $K(3/4)$ 的结点。在具有相同数量交换机的条件下,胖树结构能够使用更少的层数连接更多的服务器,可以减少数据传输所经过的交换机节点数,提高数据中心网络的传输速度。传统树形结构中集合交换机会成为系统瓶颈,Fat-tree 树形结构中集合层的每个结点可以有多个父结点,这样集合层中上层和下层的交换机之间就可以有多条链路,集合层与核心层之间也可以存在多条链路。这种结构使得网络的连通性变得更强,整个网络也就从而更加可靠,当某一链路或交换机出现故障时,就不会使整个系统不可用。

胖树拓扑解决了树形结构集合层带宽瓶颈问题,并在一定程度上提供了网络的可靠性,但它仍具有树形结构的一些缺陷,特别是当服务器数量大幅增长时,整个结构难以根据需求进行扩展。

7.2.3 层次结构

为了使数据中心网络具有更好的扩展性,研究人员提出了递归层次结构。递归层次结构的关键是最小递归单元和递归规律,在递归层次结构中,每个高层拓扑的递归单元都由多个底层递归单元按递归规律连接而成。所以当服务器数量增加时,只要增加递归层次,整个数据中心网络的规模就会成倍增长。在这种结构中,服务器都处于并列位置,所以,在大量添加服务器时可以不改变已有拓扑结构。采用递归层次结构的数据中心网络对交换机没有高性能要求,只要标准统一的普通交换机即可,可以大大减少网络的建设成本。

DCell、FiConn、BCube 是几种典型递归层次结构,它们的最小递归单元都是相同的,即一台交换机连接数台服务器,不同之处在于使用的递归规律不同。DCell 是递归定义的,高层网络的递归单元由多个低层网络构成,每个低层网络可以看作是高层网络的一个结点。若将第 i 层的 DCell 网络看作一个虚拟结点,则同一层的所有结点实现全连接。DCell 最底层 DCelli[0]由 n 个服务器和交换机组成,DCell[1]网络由 $n+1$ 个 DCell[0]构成。$n=4$ 的 DCell[1]网络如图 7-4 所示。每一个 DCell[i]网络都要和同一层次的所有结点相连,网络中编号为 j 的服务器与第 i 层编号为 j 的 DCell 网络连接。建立 DCell 网络是自上而下的,先确定网络层次,然后从高层结点到底层结点依次添加服务器。结点规模相同情况下,DCell 网络中所需的交换机数远远少于胖树结构,并且在一对多或多对多网络通信方面,DCell 网络能更好地数据密集型应用,达到更高的聚合带宽。DCell 网络不同层次承载的网络流量不同,在 DCell[3]网络中,最底层的通信量最多为最高层的 8 倍;在带宽相同的情况下,网络的最大聚合带宽受到这种流量不均衡的限制。

FiConn 与 DCell 结构的思想基本一致。DCell 递归规律是完全图的结点连接,在同一层次上的两个递归单元中都会有一对服务器相互连接,网络的连通性强,可靠性也大大提高。FiConn 的每个递归单元只用一半的服务器相互连接,连通性不如 DCell 强,但使数据中心网络的构建更简单一些,建设成本也低一些(图 7-5)。

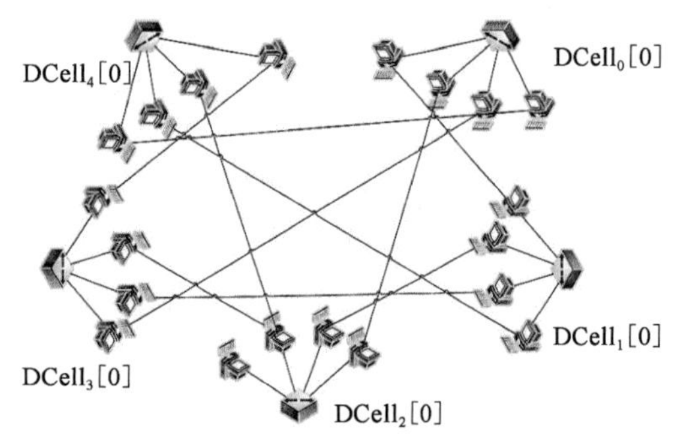

图 7-4 DCell 单层网络拓扑结构

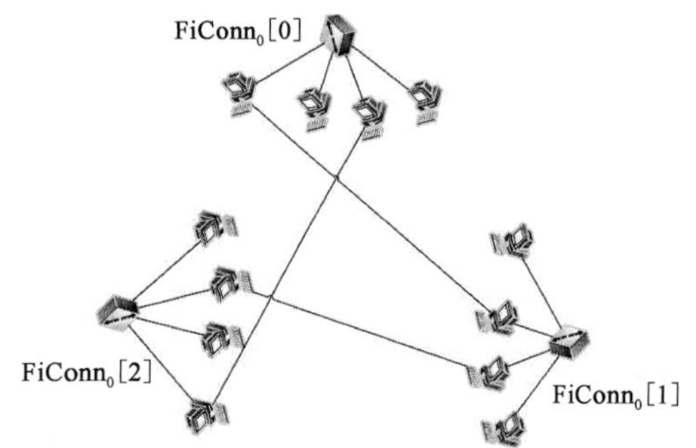

图 7-5 FiConn 单层网络拓扑结构

BCube 以超立方体结点连接方式为递归规律,同一层次不同递归单元中相同位置的服务器都连接到一个交换机上。不同于面向大规模数据中心网络的树形、胖树、和 DCell 结构,BCube 是面向模块化的网络拓扑结构,其特征是服务器、网络设备和各种设施集中构建在一个封闭环境中,要使环境的空间利用率高,拓扑结构必须具有很好的物理互联特性。模块化的数据中心网络启用后,对服务器和网络设备进行维护和维修就是一件很困难的任务。因此,这种网络对容错性要求很高,并且在服务器或交换机故障的情况下要尽量保证网络带宽和网络性能的稳定。BCube 拓扑逻辑结构如图 7-6 所示,也是以服务器为中心的互联结构。

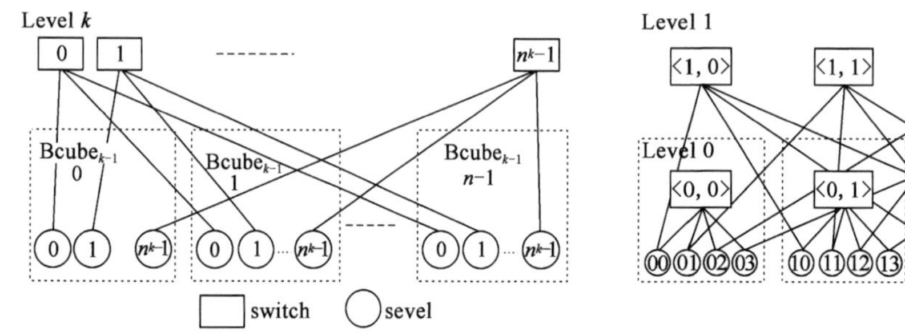

图 7-6 BCube 拓扑逻辑结构

7.3 树形拓扑与胖树拓扑实验数据分析

在 Mininet 上通过自定义拓扑可以创建一个简单具有两个域的胖树拓扑网络(图 7-7)。图 7-7 中 C1 和 C2 是核心交换机,a1、a2、a3、a4 是集合层的集合交换机,e1、e2、e3、e4 是边缘交换机,

h1 ~ h8 是主机(服务器)。通过实验可以验证在胖树拓扑结构下的主机之间的连通性和数据分组收发速度。实验结果如图 7-7 所示。图 7-8 是网络模拟的数据中心网络实现截图。

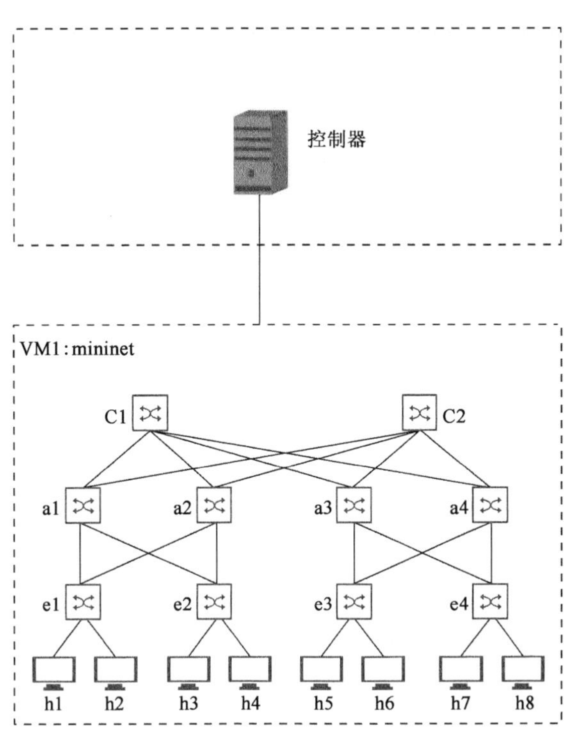

图 7-7　实验胖树拓扑

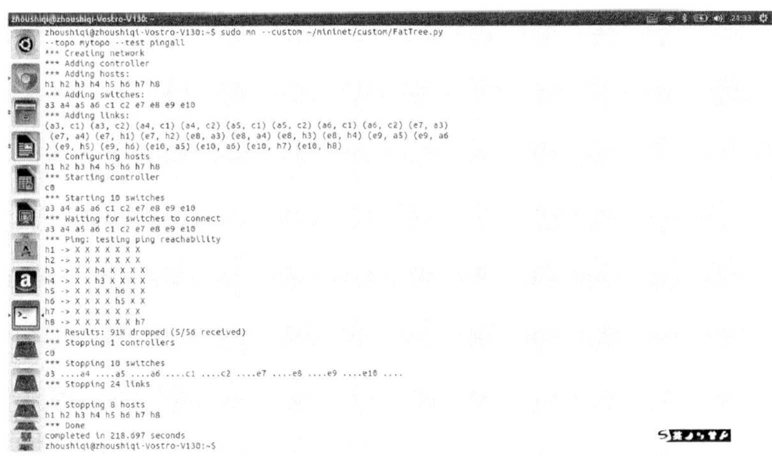

图 7-8　网络模拟的数据中心网络实现截图

7.4 本章小结

本章主要讲述了数据中心网络的发展与需求，数据中心网络的拓扑结构是决定数据中心网络性能关键因素。树形结构拓扑在现有数据中心网络中被广泛使用，但它稳定性弱、扩展性差、容错性差并限制了网络服务的带宽，因此难以满足大规模数据中心网络的需求。胖树拓扑、层次递归拓扑是新型数据中心网络拓扑，稳定性和容错性较之树形拓扑有明显改进，层次递归拓扑比胖树拓扑的扩展性更好。在实验平台上模拟树形拓扑和胖树拓扑，通过实验数据的比较可以看出，胖树拓扑作为新兴数据中心网络的拓扑结构更具有优势。

参 考 文 献

[1] Bruce, Davie, Principal, Engineer. Network Visualization: Delivering on the Promises of SDN [C]. 2013.

[2] FEAMSTER N, REXFORD J, ZEGURA E. The road to SDN: an intellectual history of programmable networks[J]. ACM SIGCOMM Computer Communication Review, 2014, 44(2): 89-98.

[3] NADEAU T D, GRAY K. SDN: Software Defined Networks [M]. O'Reilly Media, Inc, 2013.

[4] 黄韬，刘江，魏亮，等，刘韵洁. 软件定义网络核心原理与应用实践[M]. 北京：人民邮电出版社，2014.

[5] 汪国安，程万理，侯秀红. 主动网络体系结构及应用研究[J]. 河南大学学报(自然科学版), 2004,34(2): 83-86.

[6] Lantz B, Brandon H, Mckeown N. A network in a laptop: rapid prototyping for software-defined networks[A]. Proceedings of the 9th ACM SIGCOMM Workshop in Hot Topics in Networks, 2010.

[7] Nexus_1000V[EB/OL]. http://www.cisco.com/web/CN/products netso/switches/product cn1000v/cisco_nexus_1000v_products_1.html, 2014.

[8] Monaco M, Michel O, Keller E. Applying operating system principles to SDN controller design [A]. Proceedings of the Twelfth ACM Workshop on Hot Topics in Networks, 2013.

[9] Floodlight[EB/OL]. http://www.projectFloodlight.org

[10] KC Wang. Floodlight the Controller [EB/OL]. http://www.openflowhub.org/display/floodlightcontroller/The + Controller

[11] 魏祥麟，陈鸣，范建华，等. 数据中心网络的体系结构[J]. 软件学报，2013，24(2):295-316.

[12] Guo C X, Wu H T, Tan K, et al. Dcell: a scalable and fault-tolerant network structure for data centers[J]. ACM SIGCOMM Computer Communication Review, 2008, 38(4): 75-86.

[13] McKeown N, Anderson T, Balakrishnan H, et al. OpenFlow: enabling innovation in campus networks[J]. ACM SIGCOMM Computer Communication Review, 2008,38(2): 69-74.

[14] Huang L, Jia Q, Wang X, et al. PCube: improving power efficiency in data center networks [C]//Proceedings of the IEEE 4th International Conference on Cloud Computing(Cloud' 11), IEEE Computer Society, 2011:65-72.

[15] Dean J, Ghemawat S. MapReduce: simplified data processing on large clusters[C]//Proceedings of the 6th USENIX Symposium on Operating System Design and Implementation (OSDI'04), USENIX Association, 2004.

[16] Al-Fares M, Loukissas A, Vahdat A. A scalable, commodity data center network architecture [C]//Proceedings of the Conference on Applications, Technologies, Architectures, and Protocols for Computer Communications (SIGCOMM'08), ACM, 2008: 63-74.

[17] Al-Fares M, Loukissas A, Vahdat A. A scalable, commodity data center network architecture [C] //Proceedings of the ACM SIGCOMM 2008 Conference on Data Communication, ACM, 2008: 63-74.

[18] Guo Deke, et al. BCN: expansible network structures for data centers using hierarchical compound graphs[C]// 2011 Proceedings IEEE,INFOCOM,2011.

[19] Guo C,Wu H,Tan K, et al. Dcell: a scalable and fault-tolerant network structure for data centers[J]. ACM SIGCOMM Computer Communication Review, 2008,38(4) : 75-86.

[20] Li D,Guo C,Wu H, et al. FiConn: using backup port for server interconnection in data centers[C].INFOCOM, 2009.

[21] Guo Chuanxiong, et al. BCube: a high performance, server-centric network architecture for modular data centers[J]. ACM SIGCOMM Computer Communication Review,2009,39(4) : 63-74.

[22] Guo C, Wu H, Tan K,et al. DCell: A scalable and fault-tolerant network structure for data centers[J]. ACM SIGCOMM Computer Communication Review, ACM, 2008, 38: 75-86.

[23] Hsu L, Lin C. Graph theory and interconnection networks [M]. New York: CRC Press of Taylor and Francis Group, 2009.

[24] Guo C, Lu G, Li D, et al. BCube: a high performance, server-centric network architecture for modular data centers[J]. ACM SIGCOMM Computer Communication Review. ACM,2009, 39: 63-74.

[25] Bondy J A, Murtyus R. Graph theory with applications [M]. Beijing: Science Press, 1984.

[26] 严蔚敏,吴伟明. 数据结构[M]. 北京: 清华大学出版社, 1992.

[27] 王杰臣,毛海城,杨得志. 图的节点——弧段联合结构表示法及其在 GIS 最优路径选取中的应用[J]. 测绘学报, 2000, 29(1): 47-51.

[28] Yen J Y. Finding the K shortest loopless paths in a network[J]. Management Science,1971, 17(11): 712-716.

[29] Charles E. Leiserson Fat-trees: universal networks for hardware-efficient supercomputing, IEEE Transactions on Computers, 1985,34(10).

第8章 SDN前沿问题

8.1 SDN 流调度问题

通过细粒度的数据包处理规则，软件定义网络的应用领域已经涉及防火墙、负载平衡、路由器、流量监控和其他常见功能。OpenFlow 交换机为了支持快速查找、多域通配符匹配，常使用三态内容寻址存储器(TCAM)。TCAM 表内所有条目都可以并行访问，但由于 TCAM 的价格和能耗而使得当前主流商用交换机仅仅能够支持 2000 到 20000 条的流表项。有证据表明 TCAM 的价格为随机存储器的 400 倍以上，能耗是随机存储器的 100 倍以上。为了充分发挥 SDN 网络的潜力，需要有效的方法支持容量更大的流规则交换空间。用服务器建立软件交换机是一个有吸引力的替代方案。而软件交换机具有相对有限的端口密度，以及软件处理多维通配符规则较为困难。基于此，普林斯顿的 Naga Katta 等人提出了 CacheFlow 这样一种软件定义体系结构。Naga Katta 等认为，容量无限大的交换机体系结构需要满足四个核心准则：①弹性；②透明性；③细粒度流规则缓存。(尽管存在常用规则对于不常用规则的依赖，把常用规则置于 TCAM 中)；④适应性(流规则与流量同步增长)。CacheFlow 使用一系列新的算法对重要交换机规则进行重写、重新排序、缓存支持大容量流规则的 OpenFlow 交换机。

(1)弹性：大容量交换机体系结构必须高效使用所有可用资源。CacheFlow 结合了硬件交换机的快速处理能力和软件交换机规则表空间大的特点。逻辑上 CacheFlow 位于控制器和硬件交换机之间，该系统既可以在控制器上运行，也可以在硬件交换机的本地代理上运行，或者在邻近的软件交换机上运行。此外，流空间可分割，从而对单一硬件交换机，可用多个软件交换机处理缓存失效。SDN 中直接控制网络交换机，所以在 SDN 中，硬件交换机操纵规则缓存以及把缓存失效转发至合适的备份交换机都尤其容易。

(2)透明性：SDN 应用可以添加、删除规则、查询每个规则相关的流量计数器、超时自动删除等规则。缓存抽象的流规则操作对于应用透明。由于需要统计流量计数器，CacheFlow 不能合并具有相关规则的流规则。另外，对于当前不在缓存中的规则，CacheFlow 也需要做流规则的流量统计数据，以便对查询给出正确响应。CacheFlow 还需要估计硬件和软件超时。

(3)细粒度：SDN 应用可能生成一些多个维度上模式重叠的规则。例如，一个匹配源端口 80 的规则与另一个匹配目的 IP 前缀的规则存在重叠。重叠的规则形成了依赖链，使选择规则的过程复杂化。由于不能打破依赖链，过去的缓存系统只能以组为单位安装规则，即使许多规则只处理很少的流量。Naga Katta 等通过分割依赖链得到缓存更小的规则组。利用了 SDN 流表中的规则优先级结构——以合适的优先级安装额外的规则，尽可能分割依赖链，把小流量导向备份的软件交换机。

(4)适应性:SDN 的优点之一就是对网络变化的快速反应能力。缓存系统同样也必须是动态的。当应用对转发规则做出增量改变或应用的负载发生明显变化时,在尽量减少网络扰动的前提下 SDN 缓存机制必须能快速反应。这种“pay-as-you-do”算法要求对缓存规则缓存做出增量调整,而不必大规模调整规则。Naga Katta 等提出的算法借助其缓存结构的合成特性,在向缓存添加或从缓存删除规则并尽量减少对其他缓存的影响。

大多数 IP 路由缓存对流量不做分类处理。CacheFlows 是一种关于 SDN 网络缓存抽象的新的体系结构和算法。逻辑上位于 SDN 控制器和一系列 OpenFlow 交换机之间。CacheFlow 可以部署在控制器上运行,也可以在硬件交换机的 CPU 上运行,或者在硬件交换机附近的服务器上运行。

流缓存控制如图 8-1 所示。

CacheFlow 用多个硬件交换机、软件交换机组成一台具有无限流规则容量的单一交换机。CacheFlow 由 CacheMaster 模块组成,从控制器接收 OpenFlow 命令,并使用 OpenFlow 协议给下层的交换机分配规则。这些交换机形成了层次化缓存结构,如果在一层失配则由数据平面转发到另一层处理。即 CacheMaster 是控制平面元素(图中用虚线显示控制平面),OpenFlow 交换机在数据平面转发数据包(实线显示),一个硬件交换机直连到多个软交换机组成的分块缓存上。硬件交换机提供高端口密度、高通量及一定数量的 TCAM,软件交换机提供具有一定通量、流规则内存空间充足的环境来处理硬件交换机中的“缓存失配”。通过增加每层交换机数目扩大 CacheFlow 缓存容量,交换机越多容量越大,容量较大可以存储流规则的数目自然也越多。CacheMaster 层次增多可以减少端口占用数目,有可以为长尾流规则提供容量可以扩充的空间。CacheMaster 可动态决定每层有多少交换机(混合软件交换机和硬件交换机),并分割规则。

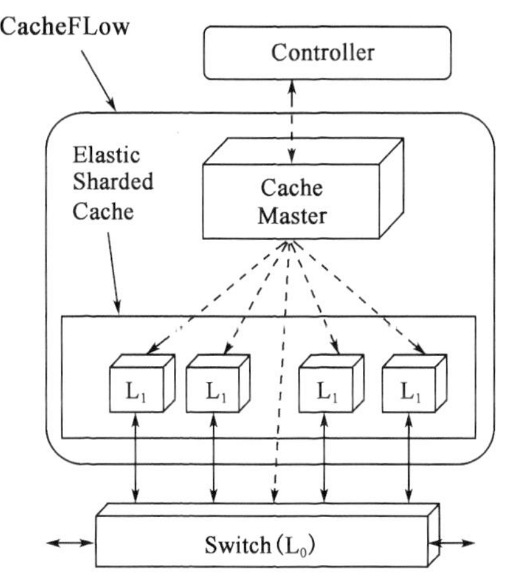

图 8-1　流缓存控制

很多位置都可运行 CacheFlow,需权衡性能和可扩展性。CacheFlow 在硬件交换机的 CPU 上:此时 CacheFlow 由 CacheMaster 和单个软件交换机组成。处理规则失效时延低,不需要额外硬件。但规则失效通量受 I/O 和处理容量限制。CacheFlow 在硬件交换机附近的一系列服务器和交换机上运行,需要额外部件。资源多,可动态扩展和收缩。减少了处理规则失效的带宽开销和时延。CacheFlow 在 SDN 控制器上,不用额外硬件,全网优化;但是时延和开销大。通常还可以混合使用三种,综合各自优势。

8.2 流规则替换问题

在有限空间的 TCAM 中放置大量的流规则,这是一个巨大的矛盾。如何通过扩展存储空间增加流规则的存储和处理能力是一个重要问题。

问题输入:存在优先级的 n 条流规则:$R1$, $R2$,…,Rn,对于 $i<j$,Ri 优先级高于 Rj。每条规则有一个匹配(match)域、一个动作(action)域、一个权重 w_i,权重 w_i 反映匹配该规则的流量大小。

问题目标:缓存更新算法的目标是,在 n 条流规则中找出 k 条规则存储在 TCAM 中。目标是使在 TCAM 中"命中"的流量权重之和最大,根据流规则相应的语义来处理"命中"的数据包。

为了解决上述问题,需要考虑流规则之间的依赖关系。因此规则依赖处理就成为一个值得高度关注的问题。每隔一定时间,更新算法要根据权重决定把哪些规则存入 TCAM。如果规则的 match 不交,每条规则之间是独立的,使用贪心算法选出权重最高的 k 条规则存入 TCAM 即可。那么该问题就非常容易解决。但当规则之间存在依赖,使用贪心算法不能得到正确结果。图 8-2 给出了有 6 条规则使用三态存储结构匹配的例子。如果 TCAM 可存储 4 条规则,即 $k=4$。不能简单地选择权重最高的 $R3$、$R4$、$R5$、$R6$ 四条规则存储在 TCAM 上。这是因为,原本应当匹配"0000"的规则 $R1$ 的数据包,因为只存储 $R3$、$R4$、$R5$、$R6$ 四条规则会匹配为"000 *"的流规则 $R3$;同理,一些形式为"11 * *"、本应匹配规则 $R2$ 的数据包,由于 TCAM 存储 $R3$、$R4$、$R5$、$R6$ 四条规则,就只能匹配 $R4$(形式 1 * 1 *)。即 $R3$ 和 $R4$ 这两条规则分别依赖于 $R1$ 和 $R2$ 这两条规则。简单的选取权重较大者会出现错误匹配。

Rule	Match	Action	Weight
*R*1	0000	Fwd 1	5
*R*2	11**	Fwd 2	5
*R*3	000**	Fwd 3	20
*R*4	1*1*	Fwd 4	20
*R*5	0**0	Fwd 5	90
*R*6	10*1	Fwd 6	120

图 8-2 示例规则表

为解决类似上面的规则之间存在交叉造成的问题,可以给出流规则关系依赖定义:如果两条规则的匹配有交集(如数据包字段 1111,既匹配 $R2$,又匹配 $R4$,说明 $R2$ 和 $R4$ 存在交集,可以理解为匹配两个规则的数据包有交集),则这两条规则之间存在依赖关系。这种情况下,对于给定的规则 R,其依赖集由与 R 的交集非空的所有规则构成。当规则 R 缓存至 TCAM 时,对应的依赖集随之存到 TCAM 中。但对 TCAM 存储而言,该定义没有包括所有规则依赖。根据上面对依赖关系的定义,规则 $R6$ 只与规则 $R4$ 的匹配重叠,所以 $R6$ 只依赖于 $R6$。但是,因为"11 * *"与 $R4$ 的 match"1 * 1 *"重叠,所以 R6 也依赖于 $R2$(尽管 $R2$ 与 $R6$ 的 match 并没有交集)。如果 TCAM 只存储 *R*4 和 *R*6,那么应当匹配 *R*2 的数据包会错误地匹配 *R*4。所以需要重新定义规则之间存在的依赖关系正确处理类似于上文出现的情况。

图 8-3 的算法可以包括所有依赖情况。如图 8-4a)所示,该算法不是孤立的考虑每条规则的依赖集,而是构造了一个依赖关系图。为找到流规则 *R* 的依赖规则,算法以优先级递减的顺序扫描优先级低于 *R* 的规则 *Ri*。算法建立了与数据包关联的所有匹配规则形成的集合。对于每条新规则,判断该规则匹配的数据包与集合中的规则相关联的数据包是否有交集。如果有则该规则与集合中的规则存在依赖关系。此外,规则 *Ri* 盖住了与之相比优先级较低的规则,从可达集中删除 *Ri* 的低优先级规则。

```
// Add dependency edges
procedure add_dependency (P:Policy) {
    deps=∅;
    // p.o:priority order
    for each R in P in descending p.o//优先级由高到低进行
        reaches=R.match;      //追踪匹配R的数据包
        for each Ri in P with Ri.p.o<R.p.o
            in descending p.o://优先级递减的顺序扫描优先级低于R的规则Ri
                if(reches ∩ Ri.match)!=∅ then          //如果不为空
                deps=deps ∪ {(R, Ri)};                 //则存在依赖
                    reaches=reaches-Ri.match;          //把交集的部分减掉，因为与Ri有依
                赖关系的则不在R这里再算一次，如图8-4a)只有(R2, R2)、(R4, R6)两条线，
                (R2, R6)不言而喻，约定不画出
    return deps;
```

图 8-3　增加依赖边

算法应避免缓存低权重规则,从而提高流量处理时候的命中率。给每个规则设置一个“cost”值,表示安装该规则需要同时安装其他规则的数目。“权重(weight)”表示命中该规则的数据包数量期望值。如图 8-2 所示,*R*5 依赖于 *R*1 和 *R*3,安装规则 *R*5 就需要同时安装规则 *R*1 和 *R*3,因此 *R*5 的 cost 为 3。*R*1 优先级高,所以装 *R*1 不需要 *R*3、*R*5,从而 *R*1 的 cost 为 1。可以看到 *R*5 和 *R*6 的 cost 值均为 3,且 *R*5 和 *R*6 权重值占了绝大部分流量,但又因为如果同步安装 *R*5 和 *R*6 就需要安装 6 个规则,这与 $k=4$ 冲突,因此 *R*5 和 *R*6 不能同时安装在交换机上。根据流量最大化,*R*6 的流量是 120,而 *R*5 的流量是 90,则理想的情况是安装 *R*1、*R*2、*R*4、*R*6,使总的权重最大,同时满足依赖关系。为了更好地解决这个问题,需要重新构造。

这种最大化权重问题可以看作整数线性规划。每个规则对应一个变量描述该规则是否装入交换机。目标函数:在最多只能安装 k 条规则的条件下,求使权重之和最大的规则集;依赖条件:如果 *Rj* 依赖于 *Ri*,则如果不安装 *Ri*,就不能安装 *Rj*。可以用复杂度为 $O(n^k)$ 的蛮力算法解决整数规划问题,但是当 k 很大时,计算耗费很大。当前问题可以化简为预算最大化覆盖问

题(Budgeted Maximum Coverage),该问题有高效的贪心近似算法。每阶段贪心算法都选择一系列规则,使这些规则的权重和成本(cost)之比最大,直到总成本达到 k。该算法达到近似比 1-1/e。如果对上述例子表使用该贪心算法,当先选择 $R6$(以及其依赖集{$R2$,$R4$})时,然后选择 $R1$,总成本 4。那么 TCAM 中的规则是 $R1$、$R2$、$R4$、$R6$。该算法称为 dependent-set 算法。

避免缓存低权重规则。过于强调规则依赖关系可能导致高成本。特别是高权重规则依赖于大量的低权重规则时更为明显。如防火墙中一个低优先级“accept”规则依赖于许多高优先级但匹配流量相对较少的“deny”规则。缓存一个“accept”规则会导致缓存许多“deny”规则。可以通过修改规则集的方法优化算法,而不是简单把依赖规则集打包放进可使用的缓存空间。即通过创建一些数量较少的新规则,覆盖低权重规则,并将数据包发送给 CacheFlow。

例如,图 8-4a)表示了创建新的规则修正没有装入 $R2$、$R4$ 而错误命中 R6 的数据包。从而不必为了安装 $R6$,而装入 $R6$ 的全部依赖规则。这些新规则把数据包转向 CacheFlow,从而截断依赖链。例如,可以安装一个高优先级规则 $R4*$,其 match 是 1 * 1 *、动作为“forward_to_L1_cache”,再装入低优先级的 $R6$。同理,对于 $R5$ 可安装 $R3*$。如图 8-4b)所示,加入新规则后可以同时缓存 $R5$ 和 $R6$ 这两个原本无法同时缓存的高流量规则。通过截断依赖链可以避免存入 $R2$ 这样高优先级、低权重的规则,优化了缓存决策。

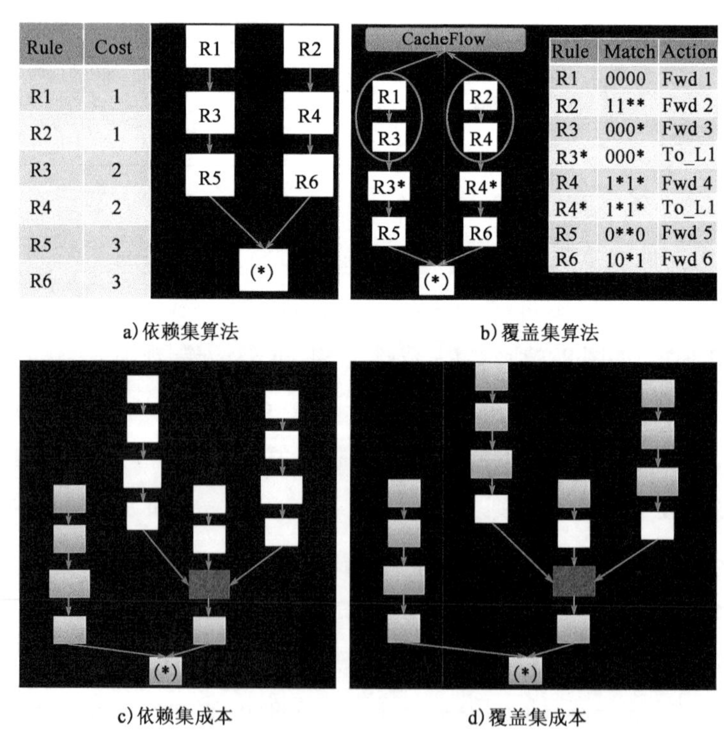

a)依赖集算法　　b)覆盖集算法

c)依赖集成本　　d)覆盖集成本

图 8-4　依赖集和覆盖集算法对比

要执行该算法仍然需要计算每个规则 R 的覆盖集(cover set)。找到 R 在依赖图中的直接前驱,把这些规则的动作改成 forward_to_L1_cache。如图 8-4b)中 R4 * 是 R6 的覆盖集;类似地 R3 * 是 R5 的覆盖集。也可以将 forward_to_L1_cache 动作规则合并。cost 值也将更新。新的 cost 值小于或等于依赖集算法中的成本值。对依赖链很长的规则,cost 小了很多。例如,图 8-4a)中 R6 的成本是 3,图 8-4b)中是 2。更一般的例子如图 8-4c)所示,红色规则(图中深颜色框表示)的旧成本值是整个前驱集合(白框表示),但是新成本值[图 8-4d)]只由直接前驱决定(白框表示)。设置好覆盖集后,根据新的成本值,用相同的贪心算法计算,在缓存中达到了更高的命中率。该算法称为覆盖集算法(cover-set 算法)。

为与依赖集算法比较,用一个带有 100K 规则的综合防火墙策略评价两种算法。实验中的流量容量服从 zipf 分布。例如,"命中"TCAM(L0)缓存的流量,缓存大小从全部防火墙规则的 1% 增加至 8% 时,覆盖集在数据平面命中的流量约高于依赖集算法 18%,覆盖集算法性能始终在依赖集算法之上。使用覆盖集算法, 8000 条规则容量 TCAM 达到 80% 的缓存命中率(命中率高于依赖集算法)。

可扩展的缓存容量。上述优化的寻找最佳规则放置与 TCAM 的算法,对每个选中的规则及其覆盖集的增删独立于其他规则。这种独立性使得对规则缓存管理具有很大弹性,在增加或删除流规则时不会影响其他流规则。两个不同流规则的集合合成与解耦非常容易。这使得 cover - set 算法比 dependent - set 更容易扩容。CacheFlow 是支持具有无限容量的 SDN 交换机的算法和软件实现体现结构。在软件定义网络中 CacheFlow 对大量流规则的弹性、透明、细粒度和可扩展的形式进行管理。当流量发生变化时,可以通过修改流表获得较大的流量处理能力对应的 TCAM 存储能力。但对 dependent - set 算法,从 TACM 中增删规则 R 需要慎重的考虑不能破坏与其他规则的依赖关系。即使你能够进行 TCAM 规则表的确切的改变,依赖集算法需要删除或添加整个依赖链。而覆盖集算法则仅修改或删除少量的 OpenFlow 规则。这可以避免在 cache - misses 发生的瞬间流规则增加。这种算法也降低了控制平面带宽需求,减少了更新所需时间。

上面的算法强调了对高权重的流规则放置于缓存中提供命中率和处理速度。对低权重流规则而言,这些存储于软交换机中的流量也需要转发处理。对这种在硬件交换机缓存没有命中的后处理阶段,扫描最后的规则缓存,用动作"Fwd to L1i"取代每个"Fwd to L1"动作。这里""Fwd to L1i"表示第 i 个软件交换机。转发到这些没有缓存的流量的累加值可以均衡的在软件交换机中进行平衡。对没有缓存的流,使其命中形式为 Rj * 的规则集。从而规则 Rj * 的权重等于命中该规则的没有在缓存中处理的流。将流规则 Rj * 在软件交换机中进行均衡分配。

透明处理 OpenFlow 消息的方法总结如下:

CacheMaster 自 Controller 收到 FlowMod 全部消息,然后进行本地存储、运行缓存更新算法、向层次化的底层交换经分发流规则。CacheMaster 在各个交换机增加缺省的规则处理缓存失配。CacheMaster 在硬件交换机中安装三种规则:

(1)细粒度规则;处理命中的流。

(2)对没有命中流,将数据包转发到一个软件交换机中处理,即粗粒度规则。

(3)处理来自软交换机返回流量,也是一种粗粒度规则。

硬件交换机给没有匹配命中的流标签,软件交换机根据相应信息处理。软件交换机中的流规则采用"drop"或"modify",在硬件交换机中进行相应的转发。在接收到返回分组后硬件交换机匹配标签、弹出标签并转发到选择输出端口。

流规则的 timeout 消息在 cacheFow 中以模拟形式存在。对用于控制器保证消息的依赖关系或者接收 notification 的 Barrier 消息,一般 Openflow 交换机需要将之前收到所有命令执行后才开始执行 Barrier 之后的消息。对 Cacheflow 而言也是如此,CacheMast 接收到 Barrier 消息后确保相应规则已经拷贝到硬件缓存然后才开始处理其他流规则。对其他在控制器与交换机之间的消息,CacheFlow 仅仅做转发。对 Packet - in 消息的处理,需要绑定相应的端口信息。如果 Packet - in 消息来自 L0 交换机,那么 CacheFlow 将其直接转发至控制器。对 PacketOut 消息则直接转发至 L0 交换机。

Enhanced Evaluation of the Interdomain Routing System for Balanced Routing Scalability and New Internet Architecture Deployments.

http://book.51cto.com/art/201406/443819.htm

http://blog.csdn.net/neterpaole/article/details/8512153

http://blog.sina.com.cn/s/blog_5391a09b0100m0o2.html

http://blog.sina.com.cn/s/blog_5391a09b0100m0o2.html

http://dblp.uni-trier.de/db/conf/sigcomm/sigcomm2015.html#VissicchioTVR15

8.3 交换机规则管理

流规则基础上的交换机使得企业网络控制变得更加灵活。交换机规则的管理成为非常基础而重要的工作。由于规则的时变特征、主机的移动性及价格昂贵的高速交换内存使得在交换机中提前安装大量流规则不切实际。通过控制器判断流的第一个数据包的"microFlow"判断下发交换规则的形式容易形成性能瓶颈,Minlan Yu 等人提出的 DIFANE 试图解决这个问题。DIFANG 结构中,控制器向多个核心交换机分配规则,控制器通过分区算法将流规则均衡的分配,尽量减少切分时产生的碎片。交换机在 data plane 中处理所有数据包,必要时访问核心交换机的流规则。DIFANE 只需要对控制平面软件中的 authority switches 进行修改。DIFANE 通过将主动安装和被动安装这两种流表安装的方式相结合,将流量尽可能地保持在数据平面,一定程度上减小了控制平面的负载。论文《Scalable Flow-Based Networking with DIFANE》给出的实验结果表明,DIFANE 结构在延迟,吞吐率和扩展性能等方面具有较好性能表现。而有关文献提出有选择地将流量分配到指定多个节点,来减少路由表大小,提高扩展性或通过 IP 前缀引导流量经过中间节点的方式来解决瓶颈问题。上述方法对按需缓存和规则重叠没有过多涉及,因而具有一定局限性。被动的在交换机缓存中安装流量,当 cache miss 时会造成包延迟、缓冲区需求增大及复杂度增加等特点。更严重的是,恶意结点很容易通过扫描广域 IP 地址或者端口范围触发大量的 cache miss,将会给 TCAM 带来过重的负载需求、增大处理开销。

DIFANE 体系结构(图 8-5)包括一个生存规则、分发规则给核心交换机的控制器。核心交换机可以是具有 ingress/egress switch 的普通交换机或是处理能力更强、内存空间更大的专用交换机。进入流量如果没有匹配到 cache 中的流规则,ingress switch 根据流规则的划分算法将包发送到相应的核心交换机(authority switch)。核心交换机在数据平面处理数据包,并发送反馈 cache 信息给 ingress switch 更新本地 cache。后续进入流量就可以匹配转发处理。

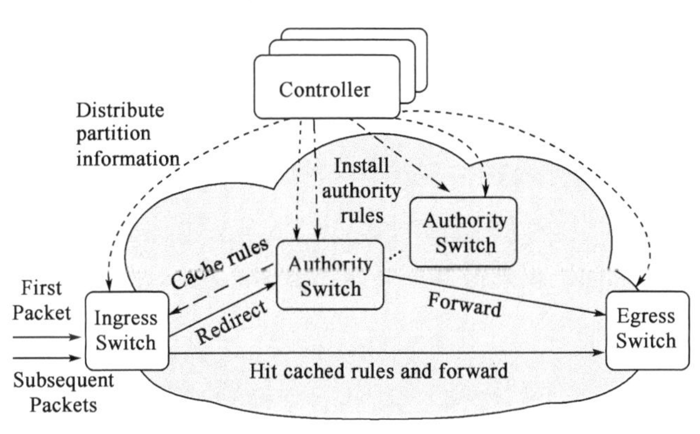

图 8-5　DIFANE 体系结构

8.4　可靠性

SDN 控制器需要高度的智能配置、确认和验证网络拓扑结构以防止人为错误从而提高网络的可用性。在传统网络中当网络设备发生故障网络流量通过替代或邻近节点路由或设备维护网络数据流的连续性。因为SDN的中央集中控制体系结构,SDN不可避免地具有单点失效的问题。简单地增加备用控制器来提供稳定性又具有控制器内存一致性问题。

当网络中的交换机及终端的规模增加时控制器将会成为一个关键瓶颈,使得SDN的可扩展性也存在一定问题。随着带宽、交换机和终端的增多,流数目剧增成为必然,控制器对流的响应能力必然成为瓶颈。根据文献《Applying NOX to the Data Center》对控制器NOX的实验测试,一个由 2×10^6 个虚拟机构成的大的数据中心每秒将产生 2×10^7 个数据流,目前理想状态下控制器可以处理的流为 10^5/s。同时大量流在交换机中的安装过程也将会SDN网络形成瓶颈。流安装由以下四步组成:

(1)流到达交换机后没有在各个流表中发现匹配项。

(2)交换机通过向控制器发送请求得到转发数据的策略。

(3)控制器向交换机发送具有流规则的流表项。

(4)交换机更新流表空间。

流表安装过程的效率与交换机和控制器的资源密切相关。网络广播开销、流表条目增加、Flow-setup延迟对网络可扩展性带来挑战。SDN体系结构的网络故障排除难度增大。分布式流表管理体系结构是提高SDN可扩展性的重要手段。对可扩展性的另一个可行解决方案是Coronet体系结构。Coronet通过VLAN简化包转发、减少流数目。Coronet由拓扑结构发现模块、路径规划、流量分配和最短路径计算等构成。"DevoFlow"体系结构中,micro-flows在数据平面管理,大流在控制器中管理从而提高系统的可扩展性。"McNettle"通过共享内存、多核等增强处理能力提高可扩展性。实验表明,具有46个核的控制器平台可以 1.4×10^7/s 的速率处理5000台交换机。SDN是流基础的技术,常常根据两个指标测量其性能:流安装时间和每秒处理的流数目。

随着SDN在实际大型网络拓扑以及广域网中部署的增加,单控制器的部署方案难以满足实际部署的需求,分布式的多控制器部署是解决控制平面可扩展性的有效途径。在分布式多控制器部署场景中,控制器的放置策略将是一个重要问题,而在考虑控制器的放置决策时,控制器与交换机之间通信的可靠性是一个重要性能参数。控制器放置的位置对SDN整体性能具有重要影响。控制器放置问题涉及对给定的网络拓扑,控制器如何放置、每个控制器管理交换机的个数和范围等问题。根据吞吐量、时延或可靠性等不同的性能指标,控制器放置的位置、数目也会相应变化。

为了确定控制器的最优化部署方案,构建软件定义网络中逻辑上集中、物理上分布的控制平面,控制器部署策略非常重要。对控制器部署问题建模,以交换机到控制器的平均时延最短以及在网络中部署的控制器数量较少为多优化目标,《软件定义网络中应用二值粒子群优化的控制器部署策略》提出粒子重构机制,实现粒子群优化算法的二值化,用以表示控制器在网络中部署的位置。基于二值粒子群优化算法设计多优化目标的控制器部署策略,仿真得到控制器部署问题的非劣最优解集合，对应给定的控制器数量，得到平均时延最小的控制器部署方案。实验结果表明，应用二值粒子群优化的控制器部署策略联合考虑了控制器数量和交换机到控制器的平均时延，为实现控制器最优化部署提供了依据。

常见的部署 SDN 控制器方法包括集中部署于一台计算机上或分布式地部署于服务器集群上两类方法。集中式部署容易引起单点失效，进而导致交换机与控制器通信中断，从而对网络的可靠性造成重大影响。分布式控制器部署，当一个控制器失效或某条交换机到控制器之间的路径失效时，交换机可迅速切换到其他控制器，因而可大大提高网络可靠性。另外分布式控制器部署方式可提高网络可扩展性，通过动态的往控制域中添加或移除服务器和交换机灵活处理网络中负载的增加或减少，保证网络利用率的高有效性。

8.5　SDN 下的流量工程

通过逻辑上的中央控制器，以流为单位的流量工程目标管理更为方便。分段路由（Segment Routing，SR）是一种新的流量工程实现方法。SR 是通过源利用 MPLS 或扩展的 ISIS/OSPF 指定路由的流转发结构。SR 中每一个节点具有一个 SID。在 SR 中，核心的概念是 Segments，有 Nodal Segments、Adjacency Segments 两类 Segments，具体如下：

（1）Nodal（Node ）Segment：用于标识节点及域内唯一；

（2）Adjacency（Adjaceny）Segments：是本地 segment。

SR 允许任何节点为每个流量类型选择任何显式路径。这个显式路径不依赖于逐跳的信令协议（LDP 或 RSVP），仅仅依赖于一系列通过链路状态协议（ISIS 或 OSPF）通告的“段（Segment）”信息，所需的显式路径是由这些表征拓扑子路径的“段”组合而成。SR 有两种段类型：节点段和邻居段。节点段用于描述到达节点的路径，邻居段用于描述到达节点的特定邻居。节点段通常是多跳路径，邻居段是单跳路径。使用 SR 的最大优势在于通过减少路由协议数量来降低服务供应商（Service Provider，SP）的网络复杂度。在应用中可以简单实现网络与应用整合，并能基于网络状态动态地做出调整。IETF 将 Segment Routing 描述为 Source Packet Routing In NetworkinG （SPRING）。SPRING 的流量模式对网络运营商和网络工程师具有重要意义。SR 具有以下特征：

（1）包转发路径由源包指定。

（2）SR 引入了全局标签。

如图 8-6 所示为 SR 的一个网络结构举例。

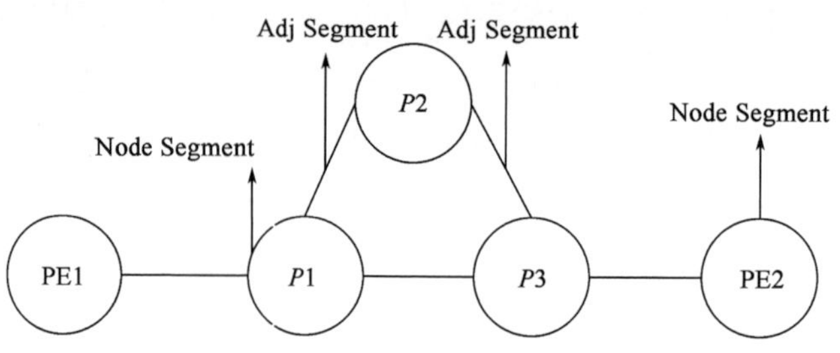

图 8-6　SR 路由节点

（3）无须 LDP and RSVP 这样协议，使用 IGP 分发标签，从而使结构更加简单。通过 SR 路由，可以使得 SDN 中的控制器使用现有的 MPLS 数据平面（即标签），或者 IPv6 的数据平面（头扩展）指定路由方式。如图 8-7 所示为使用邻居段从源来指定路由节点的过程表示。源路源端通过邻居标签栈，可确定任意一条邻居段路径，服务供应商通过分段路由提供全路径控制。

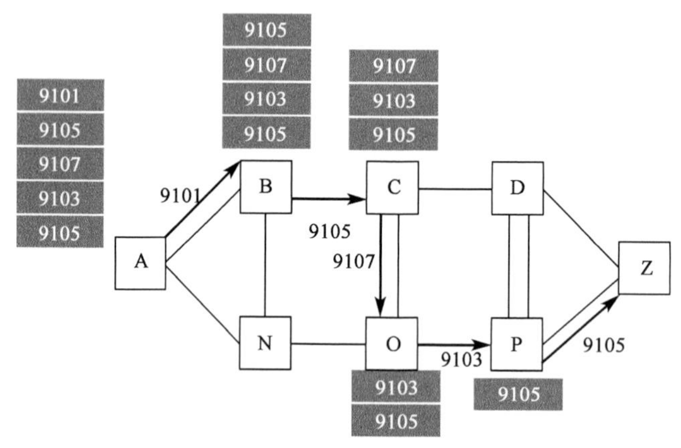

图 8-7　邻居段路径

一个支持分段路由的源端路由器，将分布式的带有约束条件的最短路径（Constrained Shortest Path First，CSPF）计算结果，映射到分段路由段列表中。

管理员在配置从 A 到 Z 的流规则时需避开共享风险链路组 1（SRLG1）。SRLG1 就是链路 BC。

在链路状态内部网关协议（IGP）中大量流量涌入 SRLG，节点 A 可能会以如下方式实施上述规则：

（1）删除被 SRLG1 影响的链路，在剩余拓扑结构中按最短路径优先（SPF）规则计算路径，并选取这样一条路径，如 *ABDCZ*。

（2）将该路径翻译成一个段列表，这样 *ABDCZ* 可以被视为两个节点段{104，109}。

(3)它监控链路状态数据库(LSDB)的状态,并在有任何变化影响规则时,重新计算一条符合规则的路径或者将其翻译更新为一个段列表。

上述过程具体如图8-8所示。

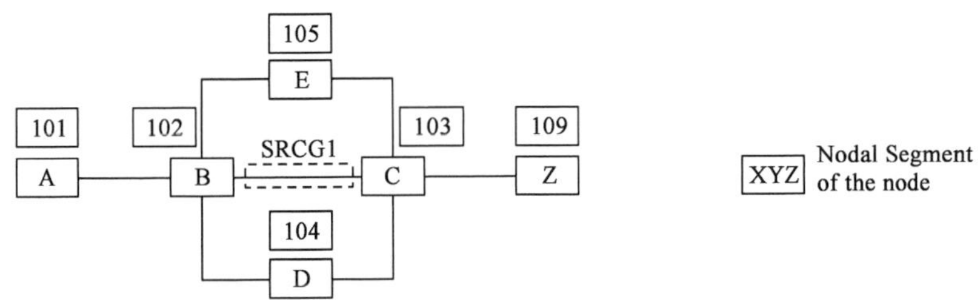

图8-8 没有带宽接入控制的分布式受限最短路径流量工程

分段路由可将确定性非等价路由表示成一个邻居段列表。例如,一条特定非等价路由路径,如*ABCDEFGHZ*,可以用一个标签栈{9001, 9002, 9003, 9004, 9001, 9002, 9003, 9004}来表示。该标签栈可被以如下方式压缩:使用节点段,将节点*E*表示成101,将节点*Z*表示成109,这样同一条路径可被表示为{101, 109}。如图8-9所示。

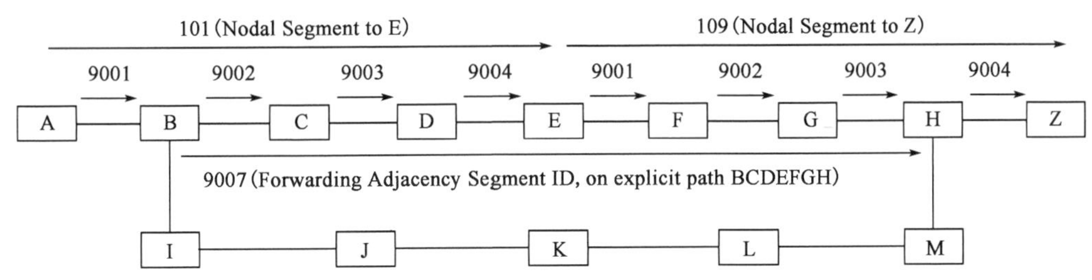

图8-9 没有带宽接入控制的确定性非等价多路径路由

可以构建一条组合了节点和邻居段的路径,源路由以及确定路径、节点栈和邻居段。任何一条确定路径可被如此表示:例如,图8-10表示了路径*ABCOPZ*。

网络结构很简单,可以响应迅速,并且具有可编程性。如果需要可以理想地支持中心化优化效率,如图8-11a)所示;表示当链路CD拥塞时,动态调整为图8-11b)所示。网络结构很简单,可以迅速地响应变化,并具有可编程性。中心路径计算及优化系统(PCE)可能会有北行应用程序接口,通过这个接口应用程序可以提出诸如2G带宽从*A*到*Z*,最大延迟时间请求。网络中的路由节点需要有编程式接口,比如路经计算单元通信协议(PCEP)或者接口到路由系统协议(I2RS),通过PCE系统来促进网络的南行编程,从而反映变化。

如果想实现图8-12中的从PE1到PE2的流传输。可以通过RSVP协议,建立两条不同的路径,如图8-13所示。

在上述通信过程完全可以实现。但存在的问题是,每个中间路由器需要保存通过该路由器的每条隧道传输的标签映射信息。通过资源预留协议 SR 协议实现。如果使用分段路由实现，如图 8-14 所示。

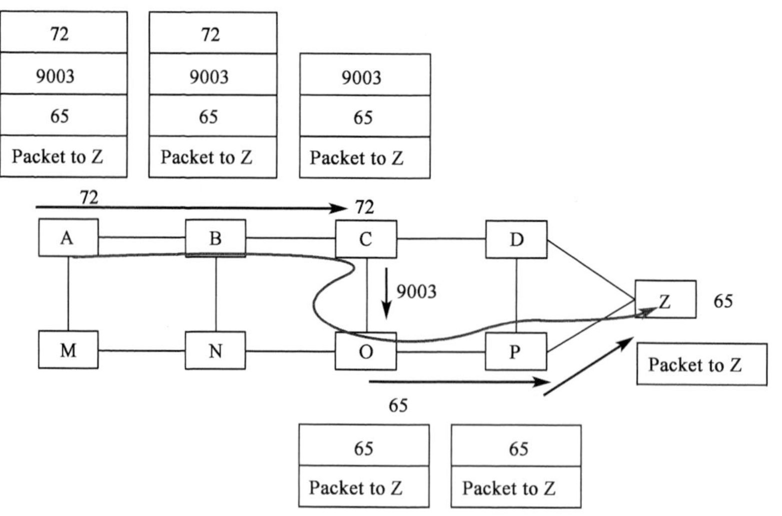

图 8-10　联合节点和链路的路径表示

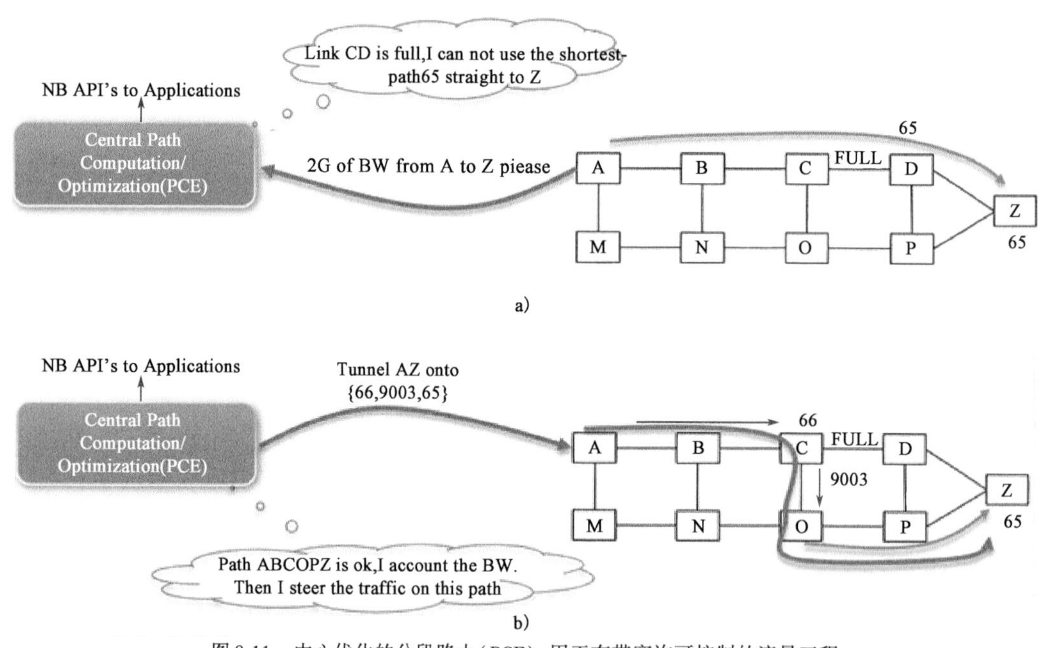

图 8-11　中心优化的分段路由（PCE），用于有带宽许可控制的流量工程

如果实现 SR 路由，PE1 通过最短路径进行传输（图 8-15），则可以直接入 PE2 的 Segment 信息加入到包中即可。通过中间阶段的每一个路由器均知道 PE2 的 Segment，因此仅仅需要一个标签而已。

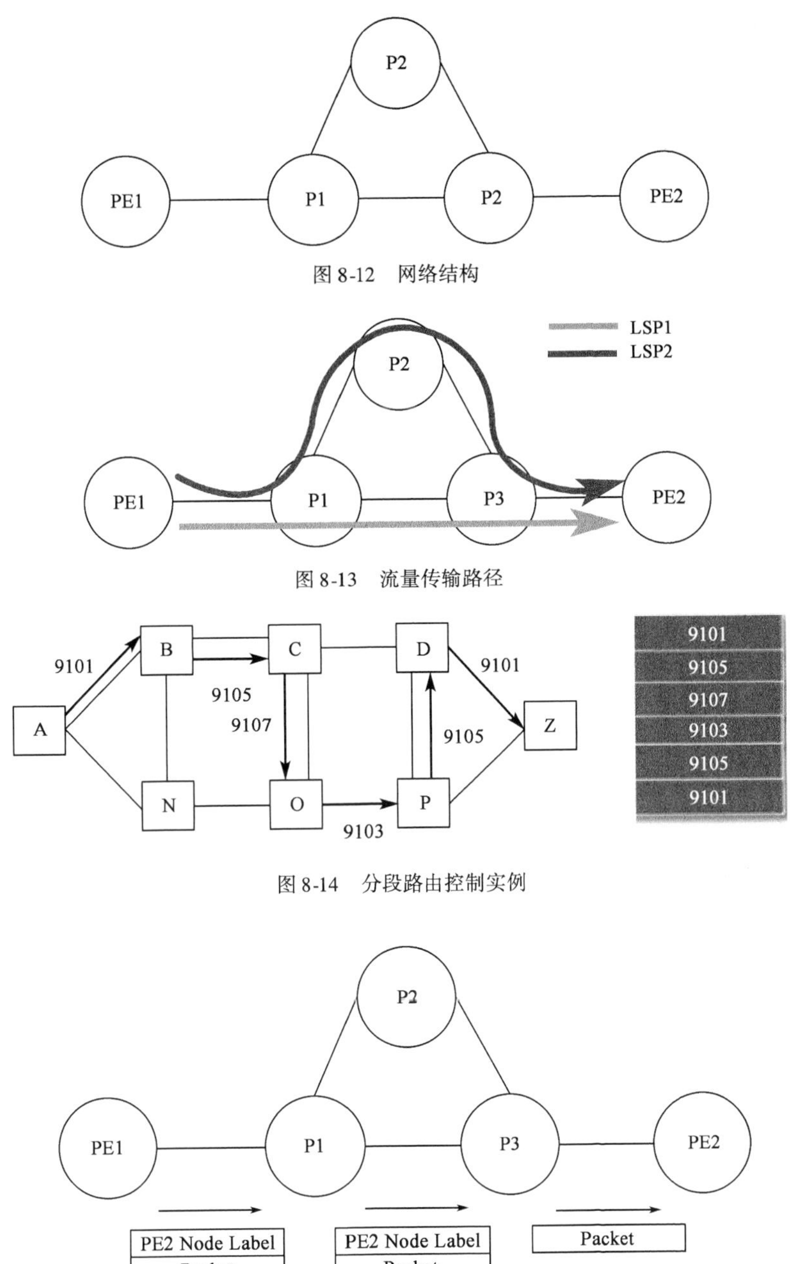

图 8-12　网络结构

图 8-13　流量传输路径

图 8-14　分段路由控制实例

图 8-15　使用 SR 路由的最短路径传输

如果希望流量从 *P*1 – *P*2 到 *P*2 – *P*3 进行传输到达 PE2。则边缘交换机将相应标签加入，如图 8-16 所示。

核心交换机无须记忆任何 LSP 信息。仅仅根据信息转发即可。SDN 控制器通过在边缘交换机 PE 中设置包(segment label)，实现 SR。这是 Source Packet Routing In NetworkinG (SPRING) 与 SDN 的结合。例如，当一个核心节点 C 有 40 个流量工程流隧道通道，连接 40 个远程核心路由器和260个邻接聚合路由,标签分发协议(LDP)的标签交换路径(LSP)需要信号编码为5000个前向纠错编码,C节点将维护(260+40)×5000=1500000个标签束的LDP标签数据库。在相同条件下,分段路由控制面板只维护5000个节点段,这样其可扩展性是之前的300倍。

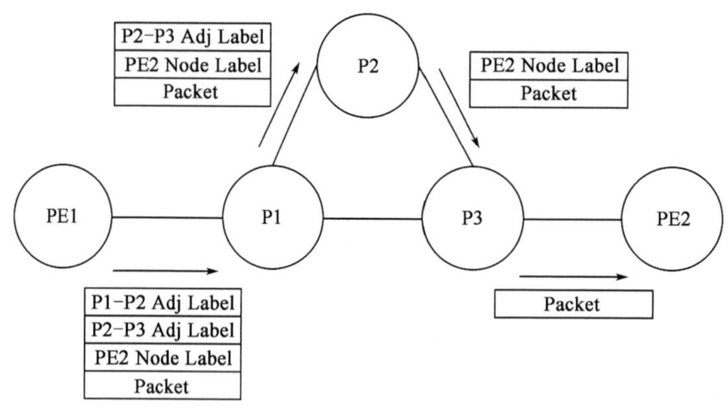

图8-16 使用SR的定制路由

SR路由特点:

(1)可扩展性与虚拟化方面,每一个应用程序流均可通过一条路径上标记出来,数以百万计的路径。

(2)一条路径被表示为一个段的有序列表。

(3)网络路由器仅仅维护数以千计的段,完全独立于具体的应用程序的规模、频率。

因此,SR路由具有极强的扩展性与虚拟化能力,路由器应用不再存储程序状态,而存储于包中,如图8-17所示。

如图8-18所示,使用多重等价路由(Equal-Cost MultiPath,ECMP)将分段路由的包跨越网络传送。这是最简单的一个,每个内部网关协议(IGP)度量工作一次。唯一的区别是分段路由不需要任何标签分发协议(LDP)来构建其控制面板。在多协议标签交换(MPLS)中标签为每个IGP前缀或只为环回地址产生;在分段路由中,每个提供者端(PE)有一个单独的标签,被称作节点段。

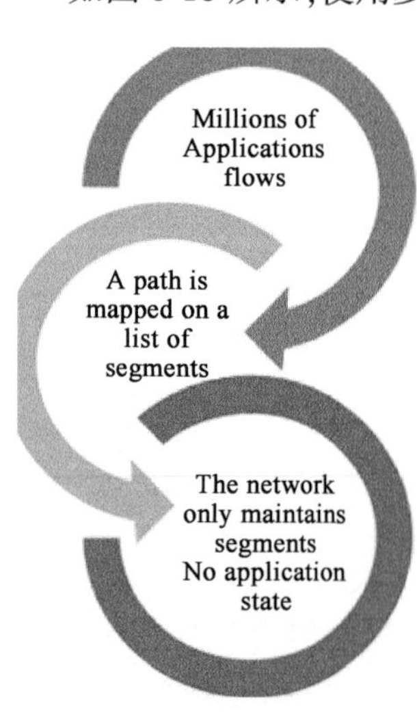

图8-17 应用与路由分离

如图8-19所示,使用单独的IGP路径将分段路由包跨网络传输。如果目的地有两条等价路由(ECMP)路径,包总是同时从两条路径传送。但可以通过调整IGP的度量来改变它,从而强行使用单独的路径,而不是两条都用。通过使用分段路由,强行使用不同段节点的两个标签,查找工作也相应完成。如果要在多协议标签交换(MPLS)中采用相同方式,需要启用基于流量工程扩展的资源预留协议(RSVP-TE)来实现。带有LDP的RSVP-TE在带宽预留方面需要很多规划,在操作方面需要增加很多复杂度。但在分段路由中,不需要上述任何措施来完成这一任务。

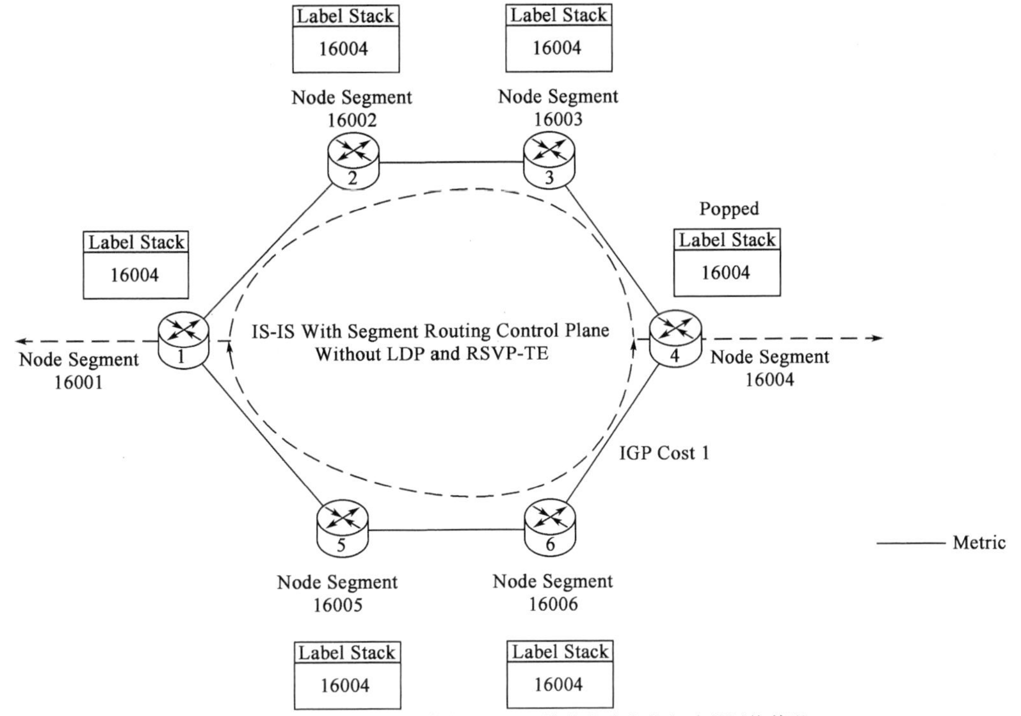

图8-18 使用多重等价路由(ECMP)将分段路由的包跨越网络传送

如图8-20所示,不使用IGP路径将分段路由包跨网络传输。标签已经根据转发包需要的路径强加。为了将其实现,需要LDP和RSVP-TE。我们需要搭建流量工程(TE)通道,明确定义通道路径,这样做只会给操作团队增加复杂程度。在分段路由中,增加的只是标签栈中节点段的编号。

一个典型的业务承载网络包括CE、PE、P以及RR路由器,通常采用OSPF/ISIS作为IGP协议,MP-BGP传递VPN信息,LDP分发标签以及采用RSVP-TE特定应用或目的地的流量工程和带宽预留。现网存在的问题:

(1)基于目的地址的转发机制,而不能基于每个源端的需求。

(2)源在满足特定应用的带宽和延时需求时,不能动态实现(通过RSVP-TE可以实现,但是通常是静态的,而非动态的)。

(3)所有的信令是逐跳产生和传递的。

(4)在任一链路拥塞时,不能自动地调控流量路径。

(5)为了提供保证性的带宽,全连接的RSVP-TE需要部署,不管是网络的核心层还是接入层还是整个SP网络,资源非常浪费。

(6)当关注某个应用时,不能了解该应用与网络之间的链路情况。

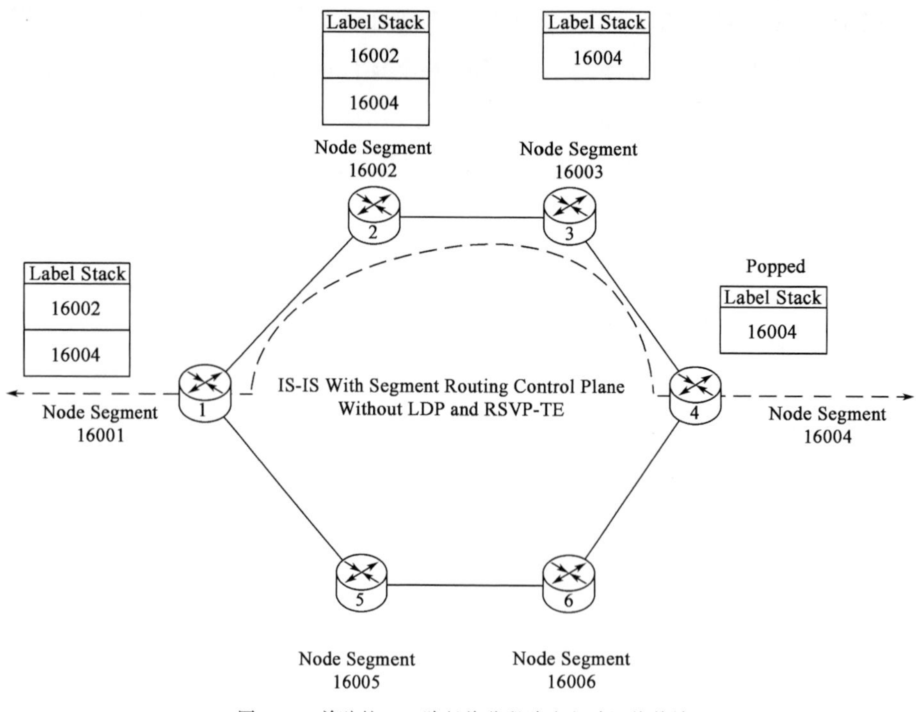

图 8-19 单独的 IGP 路径将分段路由包跨网络传输

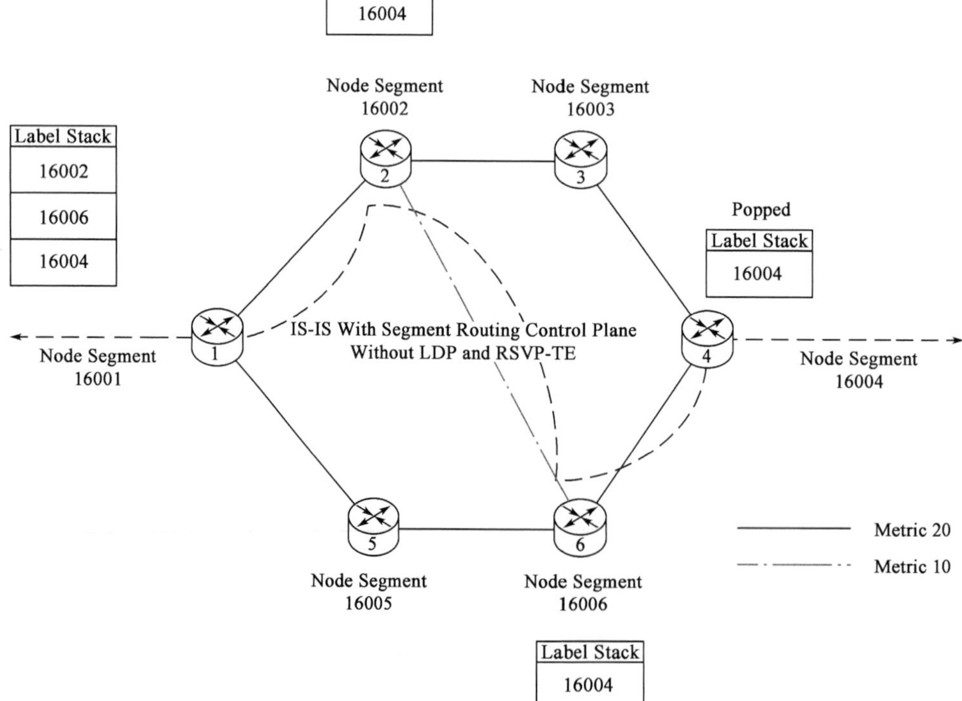

图 8-20 不使用 IGP 路径，将分段路由包跨网络传输

(7)在线或者主动的网络容量规划(需求)。

(8)利用现有技术,SP 不能驾驭双平面网络(的流量优化)。

段路由是否能够解决存在的问题?段路由(SR)允许任何节点为每个流量类型选择任何显式路径。这个显式路径不依赖于逐跳的信令协议(LDP 或 RSVP),仅仅依赖于一系列通过链路状态协议(ISIS 或 OSPF)通告的“段(Segment)”信息,所需的显式路径就是由这些表征拓扑子路径的“段”组合而成。SR 有两种段类型:节点段和邻居段。节点段用于描述到达节点的路径,邻居段用于描述到达节点的特定邻居。节点段通常是多跳路径,邻居段是单跳路径。

使用短路有最大的优势在于通过减少路由协议数量来降低 SP 的网络复杂度。当我们将目光移到应用层时,能够非常简单实现网络与应用层实现整合,并能基于网络状态动态地做出决断,节点之所以能够动态做出决策是依靠后台的分析能力。与此同时,段路由能够在不部署 FRR 的前提下实现流量的动态保护。

一些 SDN 需求如下:

(1)严格的服务等级协议(SLA)保证,其中快速重路由(FRR)和带宽许可控制。

(2)网络资源的高效利用。

(3)很高程度的缩放以支持基于应用程序的事务。

分段路由是支持 SDN 的强有力的结构,理由如下:

(1)分段路由支持简单却有效的基于中心优化的容量规划进程。

(2)分段路由通过给基于等价路由的最短路径流提供非常简单的支持来优化网络资源。

(3)分段路由提供的缩放比任何其他备选方案都好。

(4)分段路由为任何拓扑结构提供保证的快速重路由(FRR)。分段路由提供最大的虚拟化,因为网络不包含任何应用程序状态,状态存储于包中,被编码为一个段列表。

(5)分段路由提供非常频繁的基于事务的应用程序,因为网络不为以分段路由编码的流保留任何状态。

(6)Segment Routing 的源点具有为每一类流量选择路由的能力。Segment Routing 不是通过逐跳的形式,而是通过 IS-IS 发布的 Segment。

SR 路由与软件定义网络之间的关系:

(1)通过 SR 路由,使得核心中间节点对某流的控制的同时又不需要中间节点的路由器保持状态。

(2)将 IP 地址映射为简单的具有固定长度的标签,用于不同的包转发和包交换技术。固定长度标签被插入每一个包或信元的开始处,并且可被硬件用来在两个链接间快速交换包,所以使数据的快速交换成为可能。把选路和转发分开,生成一个标记交换面,由标记来规定一个分组通过网络的路径。分组在转发至后面多跳之前被贴上标记,所有转发都按标记进行。

(3)为增强稳定性和扩展性,大的网络均尽可能运行较少的网络协议,实现网络通信,核心路由设备不保存状态。

8.6 本章小结

本章讨论了软件定义网络流调度问题。等价多路径路由问题并未提及,但这一内容具有重要意义。

给定一组节点间流集合、期望流量速度和当前的链路利用率,所有的流寻找最优路径问题。每对定点之间存在多个流。每个流的路径可以不同,但单个流沿着相同路径。链路上的总的流量不能超过容量限制。流的分组长度负指数分布、到达服从泊松分布,流的到达和离开相互独立。这样,每一个链路可以使用 M/M/1 队列建模。链路负载已知的前提下,队列建模容易得多。

目前,人类生活与交互式网络内容的依赖关联日趋紧密,这对数据中心网络提出了更高要求。网络搜索,社交网络,推荐系统,数据库存储等运行于网络之上的应用程序对网络的操作非常频繁。例如,用户对搜索引擎的查询,为了结果的准确和高效,数据中心网络会将查询过程分为各个子查询,然后通过聚集对这些子查询的响应得到最终结果。据文献《Fast Lane: Making Short Flows Shorter with Agile Drop Notification》,80%的网络流是不足 10KB 的短的、时延敏感的流。另外一个明显的特征是,应用程序需要整合所有相关短流才能得到正确输出,即从时间上这些相关流的最后一条流结束时间是该程序完成任务时间。减少流完成时间成为提高效率的重要手段。

等价多路径路由(ECMP)是一路由策略。下一跳的包通过多条路径转发到目的地,即在多路由中选择前 n 条路由同步转发的路由策略。多路径可以与大多数路由协议一起使用,可通过多条路径负载均衡流量大幅增加带宽。RFC2991 论述一般多路径路由。具体研究内容包括:胖树拓扑下的流检测、大象流检测、大象流路径放置、大象流规则安装等。

参考文献

[1] http://www.sdnlab.com/8366.html

[2] Enhanced Evaluation of the Interdomain Routing System for Balanced Routing Scalability and New Internet Architecture Deployments.

[3] http://book.51cto.com/art/201406/443819.htm

[4] http://blog.csdn.net/neterpaole/article/details/8512153

[5] http://blog.sina.com.cn/s/blog_5391a09b0100m0o2.html

[6] http://blog.sina.com.cn/s/blog_5391a09b0100m0o2.html

[7] http://dblp.uni-trier.de/db/conf/sigcomm/sigcomm2015.html#VissicchioTVR15

[8] https://www.ietf.org/proceedings/88/slides/slides-88-spring-13.pdf

[9] http://tools.ietf.org/html/draft-previdi-filsfils-isis-segment-routing-02#page-4

[10] C Kim, M Caesar, J Rexford. Floodless in SEATTLE: a scalable ethernet architecture for large enterprises[M]. ACM SIGCOMM, 2008.

[11] S Ray, R Guerin, R Sofia. A distributed hash table based address resolution scheme for large-scale Ethernet networks[C]. International Conference on Communications, 2007.

[12] H Ballani, P Francis, T Cao, et al. Making routers last longer with ViAggre[C]. NSDI, 2009.

[13] https://conference.apnic.net/data/36/apnic36-segment-routing-santanu_v2s_1377667562.pdf

[14] https://mellowd.co.uk/ccie/?p=5437

[15] http://packetpushers.net/introduction-to-segment-routing/

[16] http://orhanergun.net/2015/02/segment-routing/

[17] https://www.opennetworking.org/?p=1707&option=com_wordpress&Itemid=316

[18] Nunes B A A, Mendonca M, Xuan-Nam Nguyen, et al. A survey of software-defined networking: past, present, and future of programmable networks[J]. Communications Surveys & Tutorials, IEEE, 2014, 16(3).

[19] https://www.sdxcentral.com/resources/sdn-nfv-pdf-library/sdn-document-library/

[20] http://www.networkworld.com/article/2981667/cisco-subnet/software-defined-networking-trend-or-technology-movement.html

[21] http://www.zhihu.com/question/21834316/answer/25944024

[22] http://www.networkcomputing.com/networking/7-essentials-of-software-defined-networking/d/d-id/898899

[23] http://blogs.gartner.com/andrew-lerner/2015/07/28/believesomeofthehype

[24] Cox M D J, Davison R G. Concepts, activities and issues of policy 2th communications management [J]. BT Technology Journal, 1999, 17 (3).

[25] Lutfiyya Hanan L, Bauer M ichael A, Stokes David K. Fault management in distributed systems: a policy-driven approach [J]. Journal of Network and System Management, 2000, 8 (4).

[26] Lupu E C, Sloman M. Conflicts in policy 2based distributed systems management [J]. IEEE Transactions on Softw are Engineering, 1999, 25 (6).

[27] Special issue on policy based management of network s and services[J]. Journal of Network

and System Management. 2003, 11 (4).

[28] Raz Danny, Shavitt Yuval. Active networks for efficient distributed network management [J]. IEEE Communications Magazine, 2000, 38 (3).

[29] Thomas M Chen, Stephen S Liu. A model and evaluation of distributed network management approaches[J]. IEEE Journal on Selected Areas in Communications, 2002, 20 (4).

[30] Kato Nei, Ohta Kohei, Nemoto Yoshiaki. A proposal of event correlation for distributed network fault management and its evaluation[J]. IEICE Transactions on Communications, 1999.

[31] Specialissue on distributed management[J]. Journal of Network and System Management, 2003.

[32] Paolo Bellavista, Antonio Corradi, Cesare Stefanelli. An open secure mobile agent framework for systems management [J]. Journal of Network and Systems Management, 1999, 7 (3).

[33] Damianos Gavalas, Dominic Greenwood, Mohammed Ghanbari, et al. Implementing a highly scalable and adaptive agent 2 based management framework[C]. Global Telecommunications Conference, 2000.

[34] Hajji Hassan, Far Behrouz Honayoun. Distributed software agents for network fault management[J]. IEICE Transactions on Information and Systems, 2000, 20(4).

[35] Bohoris C, Pavlou G, Cruick Shank H. Usingmobile agents for network performancemanagement[J]. Network Operations and Management Symposium, 2000.

[36] Symeon Papavassiliou, Antonio Puliafito, Orazio Tomarchio, et al. Mobile agent 2 based approach for efficient network management and resource allocation: framework and application [J]. IEEE Journal on Selected Areas in Communications, 2002, 20(4).

[37] http://www.nets-find.net

[38] Huang D, Cao Q, Amit Smar, et al. New Architecture for Intra-Domain Network[J]. Communications of the ACM, 2006, 49(11): 64-72.

[39] Clark D, Blumenthal, Marjorie S. The end-to-end argument and application design: the role of trust[C]. TPRC, 2007.

[40] http://cleanslate.stanford.edu

[41] http://www.nets-find.net/index.php

[42] http://www.geni.net

[43] Chen Y, David B, Randy H. Algebra-based scalable overlay network monitoring: algorithms, evaluation and applications[J]. IEEE/ ACM Transaction on Networking, 2007, 15(5).

[44] Rubio Loyola J, Astorga A, Serrat J, et al. Platforms and software systems for an Autonomic Internet[C]. IEEE Globecom 2010.

[45] Tselentis G, Galis A, Gavras A, et al. Towards the future internet-emerging trends from European Research[M]. 2010.

[46] Rubio-Loyola J, Astorga A, Serrat J, et al. Manageability of future internet virtual networks from a practical viewpoint[C]. Towards the Future Internet-Emerging Trends from European

Research,2010.

[47] Jennings B,Brennan R,Donnelly W,et al. Challenges for federated,autonomic network management in the future internet[J]. Integrated network management-workshops, 2009:87-92.

[48] Ballani H,Francis P. A step towards network manageability[C]. ACM SIGCOMM,2007.

[49] Zafar M, Baker N, Moltchanov B, et al. Context management architecture for future internet services[C]. ICT Mobile Summit,2009.

[50] Prieto AG,Dudkowski D,Meirosu C,et al. Decentralized in network management for the future internet[C]. ICC Workshops,2009:1-5.

[51] Nate Foster,Rob Harrison,Michael J. Frenetic:a high-level language for OpenFlow networks [C]. Proceedings of the Workshop on Programmable Routers for Extensible Services of Tomorrow,2010.

[52] Min Zhu, Rajiv Ramanathan, Yuichiro Iwata, et al. Onix: a distributed control platform for large-scale production networks[C]. OSDI10: Proceedings of the 9th USENIX Conference on Operating Systems Design and Implementation,2010.

[53] Paul Subharthi,Pan Jianli,Jain Raj. Architectures for the future networks and the next generation internet:asurvey[J]. Computer Communications,2011:2-42.

[54] Martín Casado,Michael J,et al. Rethinking enterprise network control[C],IEEE/ACM Transactions on Networking,2009.

[55] Nick McKeown,Tom Anderson,Hari Balakrishnan,et al. OpenFlow: enabling innovation in campus networks[J],ACM SIGCOMM Computer Communication Review.

[56] Richard Wang,Dana Butnariu,Jennifer Rexford. OpenFlow-based server load balancing gone wild[C]. Proceedings of the 11th USENIX Conference on Hot Topics in Management of Internet,Cloud,Enterprise Networks and Services,2011.

[57] Ankur Kumar Nayak,Alex Reimers,Nick Feamster,et al. Resonance:dynamic access control for enterprise networks[C]. Proceedings of the 1st ACM Workshop on Research Enterprise Networking,2009.

[58] Albert Greenberg,James R Hamilton, Navendu Jain,et al. VL2:a scalable and flexible data center network[C]. Proceedings of the ACM SIGCOMM 2009 Conference on Data Communication,2009.

[59] Ali Mashtizadeh,Emré Celebi,Tal Garfinkel,Cai. et al. The design and evolution of live storage migration in VMware ESX[C]. Proceedings of the 2011 USENIX Conference on USENIX Annual Technical Conference,2011.

[60] Jeffrey C Mogul, Jean Tourrilhes,Praveen Yalagandula,et al. DevoFlow: cost-effective flow management for high performance enterprise networks[C]. Proceedings of the Ninth ACM SIGCOMM Workshop on Hot Topics in Networks,2010.

[61] Changhoon Kim, Matthew Caesar, Jennifer Rexford. Floodless in seattle: a calable ethernet architecture for large enterprises[C]. Proceedings of the ACM SIGCOMM 2008 Conference on

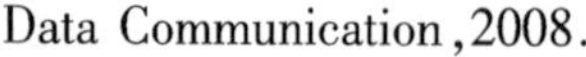

Data Communication, 2008.

[62] Hemant Gogineni, Albert Greenberg, David A Maltz, et al. MMS: an autonomic network-Layer foundation for network management [J]. IEEE Journal on Selected Areas in Communicartionns, 2010.

[63] Bob Lantz, Brandon Heller, Nick McKeown. A network in a laptop: rapid prototyping for software-defined networks [C]. Proceedings of the Ninth ACM SIGCOMM Workshop on Hot Topics in Networks, 2010.

[64] Matthew Caesar, Donald Caldwell, Nick Feamster, et al. Design and implementation of a routing control platform [C]. Proceedings of the 2nd Conference on Symposium on Networked Systems Design & Implementation, 2005.

[65] http://www.ontologyportal.org

[66] http://nmgroup.tsinghua.edu.cn

[67] Greenberg A, Hjalmtysson G, Maltz DA, et al. A clean slate 4D approach to network control and management [C]. SIGCOMM CCR 35, 2005: 41-54.

[68] Matthew Caesar, Donald Caldwell, Nick Feamster, et al. Design and implementation of a routing control platform [C]. Proceedings of the 2nd Conference on Symposium on Networked Systems Design & Implementation, 2005.

[69] Martin Casado, Tal Garfinkel, Aditya Akella, et al; SANE: a protection architecture for enterprise networks [C]. Proceedings of the 15th Conference on USENIX Security Symposium, 2006.

[70] Martin Casado, Michael J Freedman. Ethane: taking control of the enterprise [C]. Proceedings of the 2007 Conference on Applications, Technologies, Architectures, and Protocols for Computer Communications, 2007: 27-31.

[71] Natasha Gude, Teemu Koponen, Justin Pettit, et al. NOX: towards an operating system for networks [J]. ACM SIGCOMM Computer Communication Review, 2008.

[72] Xu Chen, Z. Morley Mao. A platform for automated and controlled network operations and configuration management [C]. CoNEXT'09 Proceedings of the 5th International Conference on Emerging Networking Experiments and Technologies, 2009.

[73] R Jain. Internet 3.0: Ten problems with current internet architecture and solutions for the next generation [C]. Proceedings of Military Communications Conference, 2006.

[74] Min Zhu, Rajiv Ramanathan, Yuichro Iwata et al. Onix: a distributed control platform for Large-scale production networks [C]. OSDI '10: Proceedings of the 9th USENIX Conference on Operating Systems Design and Implementation, 2010.

[75] Greenberg A, Hjalmtysson G, Maltz DA, et al. A clean slate 4D Approach to network control and Management [C]. SIGCOMM CCR 35, 2005.

[76] Matthew Caesar, Donald Caldwell, Nick Feamster, et al. Design and implementation of a routing control platform [C]. Proceedings of the 2nd Conference on Symposium on Networked

Systems Design & Implementation,2005.

[77] Martin Casado , Tal Garfinkel , Aditya Akella ,et al,Sanf: a protection architecture for enterprise networks[C]. Proceedings of the 15th conference on USENIX Security Symposium,2006.

[78] Martin Casado, Michael J Justin Pettit,et al. Ethane: taking control of the enterprise[C]. Proceedings of the 2007 Conference on Applications, Technologies, architectures, and Protocols for Computer communications,2007.

[79] Natasha Gude, Teemu Koponen, Justin Pettit,et al. NOX: towards an operating system for networks[J]. ACM SIGCOMM Computer Communication Review,2008.

[80] Hemant Gogineni, Albert Greenberg, David A Maltz,et al. MMS: an autonomic network-layer foundation for network management[J]. IEEE Journal on Selected Areas in Communications,2010.